21世纪高等学校计算机教育实用规划教材

Java语言程序设计
（第2版）

沈泽刚　秦玉平　编著

清华大学出版社
北京

内 容 简 介

本书详细介绍了 Java 编程语言的基本概念和基础知识，主要内容包括 Java 语言基本语法、流程控制结构、类与对象以及面向对象的特征、数组和字符串应用、异常处理、输入输出、泛型与集合、枚举、注解类型和内部类、多线程编程、图形用户界面和 JDBC 数据库编程等。本书由浅入深，循序渐进，用短小实用的实例说明编程概念，具有可操作性。同时，本书紧跟 Java 语言的发展，介绍了最新版本 Java 7 的新特征。本书每章附有适量习题，便于读者复习。

本书既可作为高等院校本、专科计算机专业或相关专业的程序设计基础或面向对象程序设计课程的教材，也可作为 Java 技术基础的培训教材，对于广大 Java 技术爱好者亦是一本有价值的参考资料。

本书封面贴有清华大学出版社防伪标签，无标签者不得销售。
版权所有，侵权必究。侵权举报电话：010-62782989　13701121933

图书在版编目(CIP)数据

Java 语言程序设计/沈泽刚，秦玉平编著. —2 版. —北京：清华大学出版社，2013(2018.1 重印)
21 世纪高等学校计算机教育实用规划教材
ISBN 978-7-302-33602-0

Ⅰ. ①J… Ⅱ. ①沈… ②秦… Ⅲ. ①JAVA 语言－程序设计－高等学校－教材 Ⅳ. ①TP312

中国版本图书馆 CIP 数据核字(2013)第 203893 号

责任编辑：魏江江　赵晓宁
封面设计：常雪影
责任校对：梁　毅
责任印制：刘海龙

出版发行：清华大学出版社
网　　址：http://www.tup.com.cn，http://www.wqbook.com
地　　址：北京清华大学学研大厦 A 座　　　　邮　编：100084
社 总 机：010-62770175　　　　　　　　　　邮　购：010-62786544
投稿与读者服务：010-62776969，c-service@tup.tsinghua.edu.cn
质 量 反 馈：010-62772015，zhiliang@tup.tsinghua.edu.cn
课 件 下 载：http://www.tup.com.cn，010-62795954
印 刷 者：北京富博印刷有限公司
装 订 者：北京市密云县京文制本装订厂
经　　销：全国新华书店
开　　本：185mm×260mm　　印　张：24.5　　字　数：615 千字
版　　次：2010 年 9 月第 1 版　　2014 年 1 月第 2 版　　印　次：2018 年 1 月第 7 次印刷
印　　数：11001～12000
定　　价：39.00 元

产品编号：053111-01

出版说明

随着我国高等教育规模的扩大以及产业结构调整的进一步完善,社会对高层次应用型人才的需求将更加迫切。各地高校紧密结合地方经济建设发展需要,科学运用市场调节机制,合理调整和配置教育资源,在改革和改造传统学科专业的基础上,加强工程型和应用型学科专业建设,积极设置主要面向地方支柱产业、高新技术产业、服务业的工程型和应用型学科专业,积极为地方经济建设输送各类应用型人才。各高校加大了使用信息科学等现代科学技术提升、改造传统学科专业的力度,从而实现传统学科专业向工程型和应用型学科专业的发展与转变。在发挥传统学科专业师资力量强、办学经验丰富、教学资源充裕等优势的同时,不断更新教学内容、改革课程体系,使工程型和应用型学科专业教育与经济建设相适应。计算机课程教学在从传统学科向工程型和应用型学科转变中起着至关重要的作用,工程型和应用型学科专业中的计算机课程设置、内容体系和教学手段及方法等也具有不同于传统学科的鲜明特点。

为了配合高校工程型和应用型学科专业的建设和发展,急需出版一批内容新、体系新、方法新、手段新的高水平计算机课程教材。目前,工程型和应用型学科专业计算机课程教材的建设工作仍滞后于教学改革的实践,如现有的计算机教材中有不少内容陈旧(依然用传统专业计算机教材代替工程型和应用型学科专业教材),重理论、轻实践,不能满足新的教学计划、课程设置的需要;一些课程的教材可供选择的品种太少;一些基础课的教材虽然品种较多,但低水平重复严重;有些教材内容庞杂,书越编越厚;专业课教材、教学辅助教材及教学参考书短缺,等等,都不利于学生能力的提高和素质的培养。为此,在教育部相关教学指导委员会专家的指导和建议下,清华大学出版社组织出版本系列教材,以满足工程型和应用型学科专业计算机课程教学的需要。本系列教材在规划过程中体现了如下一些基本原则和特点。

(1) 面向工程型与应用型学科专业,强调计算机在各专业中的应用。教材内容坚持基本理论适度,反映基本理论和原理的综合应用,强调实践和应用环节。

(2) 反映教学需要,促进教学发展。教材规划以新的工程型和应用型专业目录为依据。教材要适应多样化的教学需要,正确把握教学内容和课程体系的改革方向,在选择教材内容和编写体系时注意体现素质教育、创新能力与实践能力的培养,为学生知识、能力、素质协调发展创造条件。

(3) 实施精品战略,突出重点,保证质量。规划教材建设仍然把重点放在公共基础课和专业基础课的教材建设上;特别注意选择并安排一部分原来基础比较好的优秀教材或讲义修订再版,逐步形成精品教材;提倡并鼓励编写体现工程型和应用型专业教学内容和课程体系改革成果的教材。

(4) 主张一纲多本,合理配套。基础课和专业基础课教材要配套,同一门课程可以有多本具有不同内容特点的教材。处理好教材统一性与多样化,基本教材与辅助教材,教学参考书,文字教材与软件教材的关系,实现教材系列资源配套。

(5) 依靠专家,择优选用。在制订教材规划时要依靠各课程专家在调查研究本课程教材建设现状的基础上提出规划选题。在落实主编人选时,要引入竞争机制,通过申报、评审确定主编。书稿完成后要认真实行审稿程序,确保出书质量。

繁荣教材出版事业,提高教材质量的关键是教师。建立一支高水平的以老带新的教材编写队伍才能保证教材的编写质量和建设力度,希望有志于教材建设的教师能够加入到我们的编写队伍中来。

21世纪高等学校计算机教育实用规划教材编委会
联系人:魏江江 weijj@tup.tsinghua.edu.cn

前　言

Java 语言是当前计算机应用较为广泛的面向对象的程序设计语言之一。Java 语言凭借其具有的简单性、面向对象、可移植性、稳定性、安全性、多线程机制等众多优点,不但确立了在面向对象编程和网络编程中的主导地位,而且在企业应用和移动设备的开发中也有广泛应用。

正是由于 Java 语言的这些优点,它已经成为计算机专业和相关专业学生必须掌握的一门程序设计语言,本书正是为了帮助读者学习 Java 程序设计基础而编写的。本书从最基本的基础知识开始,逐步引导读者一步步进入精彩的 Java 世界。学完本书,读者会牢固地掌握 Java 编程核心内容和面向对象的编程思想,在此基础上可以进一步学习 Java EE 开发以及移动设备的开发。

本书的编写和取材着重体现了 Java 面向对象的程序设计思想和注重应用的理念。讲解力求做到突出重点、详析难点、解答疑点,使读者学习起来容易理解和掌握。采用通俗的语言,由浅入深,示例简明实用,适于自学。

全书共分 15 章,主要内容如下:

第 1 章介绍 Java 语言的起源和发展、面向对象编程的基本概念、简单 Java 程序的开发和运行、Java 关键字、标识符以及编码规范等。

第 2 章介绍 Java 语言的数据类型,这里重点讲解基本数据类型、常用运算符以及数据类型的转换等。

第 3 章介绍 Java 语言的流程控制结构,包括分支结构和循环结构,详细介绍 if 结构、switch 结构、while 循环、do-while 循环以及 for 循环结构。

第 4 章主要介绍 Java 类的定义以及对象的创建,其中包括方法的设计、static 修饰符的使用、包的概念以及类的导入等,另外还介绍了 Math 类。

第 5～第 6 章介绍 Java 数组和字符串及其应用,包括如何创建和使用数组和多维数组,如何创建和使用 String 类、StringBuilder 类和 StringBuffer 类。另外还介绍了正则表达式的应用。

第 7 章介绍 Java 语言的面向对象的特征,其中包括继承性、封装性和多态性以及抽象类与接口等。这是面向对象编程的重要内容,也是本书的重点内容。

第 8～第 10 章分别介绍 Java 异常处理、输入输出、集合与泛型等。

第 11 章介绍嵌套类的声明和使用,以及 Java 语言的枚举类型和注解类型。

第 12～第 13 章分别介绍 Java 国际化编程的基础知识和 Java 多线程编程。

第 14 章介绍 Java 图形用户界面和事件处理的程序设计，包括容器的布局、简单的绘图、事件处理以及常用组件。

第 15 章介绍 JDBC 数据库编程基础，包括数据库访问步骤、常用的 JDBC API 以及简单的示例。

本书每章附有一定量的习题，便于读者思考和练习，有助于读者较快地掌握所学的知识。与本书配套的《Java 语言程序设计题解与实验指导》（清华大学出版社出版）给出了全部习题参考答案和实验指导。为方便教师教学和学生学习，本书免费提供多媒体教学课件和全部示例程序源代码，可到清华大学网站（http://www.tup.tsinghua.edu.cn）下载。

本书由沈泽刚、秦玉平主编，艾青、张树明、伞晓丽、彭霞、刘雪娜、李金山等参加了部分编写和资料整理工作。

本书的写作参考了大量文献，在此对这些文献的作者表示衷心感谢。由于作者水平有限，书中难免存在不妥和错误之处，恳请广大读者和同行批评指正。

编　者
2013 年 4 月

目　　录

第 1 章　Java 语言概述 ……………………………………………… 1

1.1　Java 起源与发展 …………………………………………… 1
1.1.1　Java 的起源 …………………………………………… 1
1.1.2　Java 的发展历程 ……………………………………… 1
1.1.3　Java 语言的特点 ……………………………………… 2
1.2　面向对象编程概述 ………………………………………… 4
1.2.1　OOP 的产生 …………………………………………… 4
1.2.2　OOP 的优势 …………………………………………… 5
1.2.3　OO 的主要应用 ………………………………………… 5
1.3　简单的 Java 程序 …………………………………………… 6
1.3.1　JDK 的下载与安装 …………………………………… 6
1.3.2　第一个简单的程序 …………………………………… 6
1.3.3　第一个程序分析 ……………………………………… 8
1.3.4　集成开发环境 ………………………………………… 9
1.4　Java 字节码与虚拟机 ……………………………………… 10
1.4.1　Java 平台与 Java 虚拟机 …………………………… 10
1.4.2　Java 程序的运行机制 ………………………………… 10
1.5　Java 关键字和标识符 ……………………………………… 11
1.5.1　Java 关键字 …………………………………………… 11
1.5.2　Java 标识符 …………………………………………… 11
1.5.3　Java 编码规范 ………………………………………… 12
1.6　小结 ………………………………………………………… 13
1.7　习题 ………………………………………………………… 13

第 2 章　数据类型和运算符 …………………………………………… 15

2.1　简单程序的开发 …………………………………………… 15
2.2　数据类型 …………………………………………………… 16
2.2.1　Java 数据类型 ………………………………………… 16
2.2.2　整数类型 ……………………………………………… 18
2.2.3　浮点型 ………………………………………………… 19

2.2.4　字符型 ………………………………………………………… 21
　　　2.2.5　布尔型数据 ……………………………………………………… 22
　　　2.2.6　字符串型数据 …………………………………………………… 23
　2.3　常用运算符 ……………………………………………………………… 23
　　　2.3.1　算术运算符 ……………………………………………………… 23
　　　2.3.2　关系运算符 ……………………………………………………… 25
　　　2.3.3　位运算符 ………………………………………………………… 26
　　　2.3.4　逻辑运算符 ……………………………………………………… 28
　　　2.3.5　赋值运算符 ……………………………………………………… 29
　　　2.3.6　运算符的优先级和结合性 ……………………………………… 30
　2.4　数据类型转换 …………………………………………………………… 31
　　　2.4.1　自动类型转换 …………………………………………………… 31
　　　2.4.2　强制类型转换 …………………………………………………… 32
　　　2.4.3　表达式中类型自动提升 ………………………………………… 33
　2.5　小结 ……………………………………………………………………… 33
　2.6　习题 ……………………………………………………………………… 34

第3章　程序流程控制 ……………………………………………………………… 36
　3.1　分支结构 ………………………………………………………………… 36
　　　3.1.1　if 语句结构 ……………………………………………………… 36
　　　3.1.2　条件运算符 ……………………………………………………… 38
　　　3.1.3　switch 语句结构 ………………………………………………… 39
　3.2　循环结构 ………………………………………………………………… 41
　　　3.2.1　while 循环结构 …………………………………………………… 41
　　　3.2.2　do-while 循环结构 ……………………………………………… 43
　　　3.2.3　for 循环结构 ……………………………………………………… 44
　　　3.2.4　循环结构的嵌套 ………………………………………………… 45
　　　3.2.5　break 语句和 continue 语句 …………………………………… 45
　3.3　案例研究 ………………………………………………………………… 48
　　　3.3.1　一位数加法练习程序 …………………………………………… 48
　　　3.3.2　任意抽取一张牌 ………………………………………………… 49
　　　3.3.3　求最大公约数 …………………………………………………… 49
　　　3.3.4　打印输出若干素数 ……………………………………………… 50
　　　3.3.5　打印一年的日历 ………………………………………………… 51
　3.4　小结 ……………………………………………………………………… 53
　3.5　习题 ……………………………………………………………………… 53

第4章　类和对象基础 ……………………………………………………………… 56
　4.1　面向对象基础 …………………………………………………………… 56

   4.1.1 面向对象的基本概念 ··· 56
   4.1.2 面向对象的基本特征 ··· 57
 4.2 Java 类与对象 ··· 58
   4.2.1 类的定义 ··· 59
   4.2.2 对象的使用 ··· 62
   4.2.3 用 UML 图表示类 ·· 63
   4.2.4 理解栈与堆 ··· 64
 4.3 方法设计 ··· 64
   4.3.1 如何设计方法 ··· 64
   4.3.2 方法的调用 ··· 66
   4.3.3 方法重载 ··· 66
   4.3.4 构造方法 ··· 67
   4.3.5 方法参数的传递 ··· 70
 4.4 static 修饰符 ·· 71
   4.4.1 实例变量和静态变量 ··· 72
   4.4.2 实例方法和静态方法 ··· 73
   4.4.3 static 修饰符的一个应用 ······································ 74
   4.4.4 方法的递归调用 ··· 75
 4.5 Math 类 ·· 76
 4.6 对象初始化和清除 ··· 78
   4.6.1 实例变量的初始化 ··· 79
   4.6.2 静态变量的初始化 ··· 81
   4.6.3 垃圾回收器 ··· 82
   4.6.4 变量作用域和生存期 ··· 83
 4.7 包与类的导入 ··· 84
   4.7.1 包的管理 ··· 84
   4.7.2 类的导入 ··· 85
   4.7.3 Java 编译单元 ·· 86
 4.8 小结 ··· 87
 4.9 习题 ··· 87

第 5 章 数组及应用

 5.1 创建和使用数组 ··· 93
   5.1.1 数组定义 ··· 93
   5.1.2 数组的使用 ··· 95
   5.1.3 数组元素的复制 ··· 96
   5.1.4 数组作为方法参数和返回值 ··································· 98
   5.1.5 实例：随机抽取 4 张牌 ······································· 98
   5.1.6 实例：一个整数栈类 ··· 99

    5.1.7 可变参数的方法 ……………………………………………………… 101
    5.1.8 数组的排序 …………………………………………………………… 102
    5.1.9 数组的查找 …………………………………………………………… 103
  5.2 多维数组 ………………………………………………………………………… 104
    5.2.1 多维数组定义 ………………………………………………………… 104
    5.2.2 不规则数组 …………………………………………………………… 105
    5.2.3 数组元素的使用 ……………………………………………………… 105
    5.2.4 实例:打印杨辉三角形 ……………………………………………… 106
    5.2.5 实例:矩阵乘法 ……………………………………………………… 107
  5.3 小结 ……………………………………………………………………………… 108
  5.4 习题 ……………………………………………………………………………… 109

第 6 章 字符串及应用 ……………………………………………………………………… 113

  6.1 String 类 ………………………………………………………………………… 113
    6.1.1 创建 String 类对象 ………………………………………………… 113
    6.1.2 字符串类几个常用方法 ……………………………………………… 114
    6.1.3 字符串查找 …………………………………………………………… 115
    6.1.4 字符串与数组之间的转换 …………………………………………… 116
    6.1.5 字符串的解析 ………………………………………………………… 117
    6.1.6 字符串比较 …………………………………………………………… 117
    6.1.7 String 对象的不变性 ………………………………………………… 119
  6.2 命令行参数 ……………………………………………………………………… 120
  6.3 StringBuilder 类 ………………………………………………………………… 121
    6.3.1 创建 StringBuilder 对象 …………………………………………… 121
    6.3.2 StringBuilder 的访问和修改 ………………………………………… 121
    6.3.3 运算符"+"的重载 ………………………………………………… 123
  6.4 正则表达式 ……………………………………………………………………… 123
    6.4.1 模式匹配 ……………………………………………………………… 123
    6.4.2 Pattern 类 …………………………………………………………… 125
    6.4.3 Matcher 类 …………………………………………………………… 126
    6.4.4 量词和捕获组 ………………………………………………………… 128
  6.5 小结 ……………………………………………………………………………… 129
  6.6 习题 ……………………………………………………………………………… 130

第 7 章 Java 面向对象特征 ………………………………………………………………… 133

  7.1 类的继承 ………………………………………………………………………… 133
    7.1.1 类继承的实现 ………………………………………………………… 133
    7.1.2 方法覆盖 ……………………………………………………………… 135
    7.1.3 super 关键字的使用 ………………………………………………… 136

  7.1.4 子类的构造方法及调用过程 ·················· 137
  7.1.5 final 修饰符 ····························· 139
 7.2 Object 类 ····································· 140
  7.2.1 toString 方法 ·························· 141
  7.2.2 equals 方法 ···························· 141
  7.2.3 hashCode 方法 ·························· 142
  7.2.4 clone 方法 ····························· 142
  7.2.5 finalize 方法 ··························· 143
 7.3 基本类型包装类 ·································· 144
  7.3.1 Character 类 ··························· 144
  7.3.2 Boolean 类 ····························· 145
  7.3.3 Number 类及其子类 ····················· 145
  7.3.4 创建数值类对象 ·························· 146
  7.3.5 数值类的常量 ····························· 147
  7.3.6 自动装箱与自动拆箱 ······················ 147
  7.3.7 字符串转换为基本类型 ··················· 148
  7.3.8 BigInteger 和 BigDecimal 类 ············ 149
 7.4 封装性与访问修饰符 ······························ 150
  7.4.1 类的访问权限 ····························· 150
  7.4.2 类成员的访问权限 ······················· 151
 7.5 抽象类与接口 ··································· 152
  7.5.1 抽象方法和抽象类 ······················· 152
  7.5.2 接口及其定义 ····························· 154
  7.5.3 接口的实现 ······························· 155
 7.6 对象转换与多态性 ······························· 156
  7.6.1 对象转换 ································ 156
  7.6.2 instanceof 运算符 ······················· 158
  7.6.3 多态性与动态绑定 ······················· 158
  7.6.4 接口类型的使用 ·························· 159
 7.7 小结 ··· 160
 7.8 习题 ··· 160

第 8 章 异常处理与断言 ································ 168

 8.1 异常与异常类 ··································· 168
  8.1.1 异常的概念 ······························· 168
  8.1.2 Throwable 类及其子类 ·················· 169
 8.2 异常处理机制 ··································· 171
  8.2.1 异常的抛出与捕获 ······················· 171
  8.2.2 try-catch-finally 语句 ··················· 172

8.2.3　用 catch 捕获多个异常 ………………………………………………… 174
　　　8.2.4　声明方法抛出异常 …………………………………………………… 175
　　　8.2.5　用 throw 语句抛出异常 ……………………………………………… 177
　　　8.2.6　try-with-resources 语句 ……………………………………………… 177
　8.3　自定义异常类 ……………………………………………………………………… 180
　8.4　断言机制 …………………………………………………………………………… 181
　　　8.4.1　断言概述 ……………………………………………………………… 181
　　　8.4.2　启动和关闭断言 ……………………………………………………… 182
　　　8.4.3　何时使用断言 ………………………………………………………… 182
　　　8.4.4　一个使用断言的示例 ………………………………………………… 183
　8.5　小结 ………………………………………………………………………………… 184
　8.6　习题 ………………………………………………………………………………… 185

第 9 章　输入输出 …………………………………………………………………………… 189

　9.1　文件 I/O 概述 ……………………………………………………………………… 189
　　　9.1.1　文件系统和路径 ……………………………………………………… 189
　　　9.1.2　Path 对象 ……………………………………………………………… 190
　9.2　Files 类操作 ………………………………………………………………………… 191
　　　9.2.1　创建和删除目录和文件 ……………………………………………… 191
　　　9.2.2　文件属性操作 ………………………………………………………… 192
　　　9.2.3　文件和目录的复制与移动 …………………………………………… 194
　　　9.2.4　获取目录的对象 ……………………………………………………… 195
　　　9.2.5　小文件的读写 ………………………………………………………… 195
　9.3　字节 I/O 流 ………………………………………………………………………… 197
　　　9.3.1　InputStream 类和 OutputStream 类 …………………………………… 198
　　　9.3.2　读写二进制数据 ……………………………………………………… 199
　　　9.3.3　DataInputStream 类和 DataOutputStream 类 ………………………… 202
　　　9.3.4　文本文件和二进制文件 ……………………………………………… 204
　　　9.3.5　用 PrintStream 输出文本 ……………………………………………… 205
　　　9.3.6　格式化输出 …………………………………………………………… 206
　　　9.3.7　使用 Scanner 类读取文本文件 ………………………………………… 208
　9.4　字符 I/O 流 ………………………………………………………………………… 209
　　　9.4.1　Reader 类和 Writer 类 ………………………………………………… 210
　　　9.4.2　BufferedReader 类和 BufferedWriter 类 ……………………………… 210
　　　9.4.3　InputStreamReader 类和 OutputStreamWriter 类 …………………… 212
　　　9.4.4　PrintWriter 类 ………………………………………………………… 213
　　　9.4.5　标准输入输出流 ……………………………………………………… 213
　9.5　随机访问文件 ……………………………………………………………………… 214
　　　9.5.1　创建 SeekableByteChannel 对象 ……………………………………… 214

  9.5.2 SeekableByteChannel 接口的方法 ·············· 214
  9.5.3 ByteBuffer 类 ························· 215
 9.6 对象序列化 ····························· 217
  9.6.1 对象序列化与对象流 ···················· 217
  9.6.2 向 ObjectOutputStream 中写入对象 ············ 218
  9.6.3 从 ObjectInputStream 中读出对象 ············· 218
 9.7 小结 ································ 220
 9.8 习题 ································ 221

第 10 章 集合与泛型 ····························· 223

 10.1 集合框架 ····························· 223
  10.1.1 Collection 接口及操作 ·················· 223
  10.1.2 集合元素迭代 ······················ 224
  10.1.3 List 接口及实现类 ···················· 225
  10.1.4 Set 接口及实现类 ···················· 229
  10.1.5 对象顺序 ························ 232
  10.1.6 Queue 接口及实现类 ·················· 235
  10.1.7 集合转换 ························ 237
 10.2 Map 接口及实现类 ························ 238
  10.2.1 Map 接口 ······················· 238
  10.2.2 Map 接口的实现类 ··················· 239
 10.3 Arrays 类和 Collections 类 ···················· 242
  10.3.1 Arrays 类 ······················· 243
  10.3.2 Collections 类 ····················· 247
 10.4 泛型介绍 ····························· 249
  10.4.1 为何引进泛型 ······················ 249
  10.4.2 泛型类型 ························ 250
  10.4.3 泛型方法 ························ 251
  10.4.4 通配符(?)的使用 ···················· 252
  10.4.5 有界类型参数 ······················ 253
  10.4.6 类型擦除 ························ 254
 10.5 小结 ······························· 255
 10.6 习题 ······························· 255

第 11 章 嵌套类、枚举和注解 ························ 259

 11.1 嵌套类 ······························ 259
  11.1.1 静态嵌套类 ······················· 259
  11.1.2 成员内部类 ······················· 261
  11.1.3 局部内部类 ······················· 262

11.1.4　匿名内部类 ································· 263
11.2　枚举类型 ··· 264
　　　11.2.1　枚举类型的定义 ····························· 264
　　　11.2.2　枚举类型的方法 ····························· 265
　　　11.2.3　枚举在 switch 中的应用 ······················ 265
　　　11.2.4　枚举类型的构造方法 ························· 266
11.3　注解类型 ··· 267
　　　11.3.1　注解概述 ··································· 267
　　　11.3.2　标准注解 ··································· 268
　　　11.3.3　定义注解类型 ······························· 270
　　　11.3.4　标准元注解 ································· 271
11.4　小结 ··· 272
11.5　习题 ··· 273

第 12 章　国际化与本地化 ································· 276

12.1　国际化(i18n) ····································· 276
　　　12.1.1　Locale 类 ··································· 276
　　　12.1.2　TimeZone 类 ································ 278
12.2　时间、日期和日历 ································· 279
　　　12.2.1　Date 类 ····································· 279
　　　12.2.2　Calendar 类 ································· 280
　　　12.2.3　GregorianCalendar 类 ························ 281
12.3　数据格式化 ······································· 282
　　　12.3.1　DateFormat 类 ······························· 282
　　　12.3.2　NumberFormat 类 ···························· 285
12.4　资源包的使用 ····································· 287
　　　12.4.1　属性文件 ····································· 287
　　　12.4.2　使用 ResourceBundle 类 ······················ 288
　　　12.4.3　使用 ListResourceBundle 类 ··················· 290
12.5　小结 ··· 291
12.6　习题 ··· 291

第 13 章　多线程基础 ··································· 293

13.1　线程与线程类 ····································· 293
　　　13.1.1　线程的概念 ··································· 293
　　　13.1.2　Thread 类和 Runnable 接口 ···················· 294
13.2　线程的创建 ······································· 295
　　　13.2.1　继承 Thread 类 ······························· 295
　　　13.2.2　实现 Runnable 接口 ··························· 296

13.2.3 主线程 296
13.3 线程的状态与调度 297
　　13.3.1 线程的状态 297
　　13.3.2 线程的优先级和调度 298
　　13.3.3 控制线程的结束 299
13.4 线程同步与对象锁 300
　　13.4.1 资源共享问题 301
　　13.4.2 对象锁的实现 302
　　13.4.3 线程间的同步控制 303
13.5 小结 307
13.6 习题 308

第14章 图形用户界面 312

14.1 Swing概述 312
14.2 组件和容器 312
　　14.2.1 组件 313
　　14.2.2 容器 313
　　14.2.3 一个简单的Swing程序 313
　　14.2.4 顶级容器的使用 315
14.3 容器布局 316
　　14.3.1 FlowLayout布局管理器 316
　　14.3.2 BorderLayout布局管理器 317
　　14.3.3 GridLayout布局管理器 318
　　14.3.4 其他布局管理器 319
　　14.3.5 面板容器及容器的嵌套 319
14.4 在面板中绘图 321
　　14.4.1 在面板中绘图 321
　　14.4.2 Graphics类 321
　　14.4.3 Color类 321
　　14.4.4 Font类 322
14.5 事件处理 323
　　14.5.1 事件处理模型 323
　　14.5.2 事件类 324
　　14.5.3 事件监听器 324
　　14.5.4 事件处理的基本步骤 325
　　14.5.5 常见的事件处理 328
　　14.5.6 实例：升国旗奏国歌 331
14.6 常用组件 332
　　14.6.1 JLabel类 333

14.6.2　JButton 类 ··· 333
　　14.6.3　JTextField 类 ·· 335
　　14.6.4　JTextArea 类 ·· 337
　　14.6.5　JCheckBox 类 ··· 337
　　14.6.6　JRadioButton 类 ·· 338
　　14.6.7　JComboBox 类 ·· 340
　　14.6.8　JOptionPane 类 ··· 341
　　14.6.9　JFileChooser 类 ··· 343
　　14.6.10　菜单组件 ·· 344
14.7　小结 ·· 348
14.8　习题 ·· 348

第 15 章　数据库编程 ··· 351

15.1　JDBC 概述 ··· 351
　　15.1.1　两层和三层模型 ··· 351
　　15.1.2　JDBC 驱动程序与安装 ··· 352
　　15.1.3　JDBC API 介绍 ··· 353
15.2　数据库连接步骤 ·· 353
　　15.2.1　加载驱动程序 ··· 354
　　15.2.2　建立连接对象 ··· 354
　　15.2.3　创建语句对象 ··· 356
　　15.2.4　ResultSet 对象 ··· 357
　　15.2.5　关闭有关对象 ··· 358
15.3　数据库访问示例 ·· 359
　　15.3.1　访问 Microsoft Access 数据库 ·· 359
　　15.3.2　访问 PostgreSQL 数据库 ··· 360
15.4　预处理语句 ·· 361
　　15.4.1　创建 PreparedStatement 对象 ··· 361
　　15.4.2　带参数的 SQL 语句 ··· 362
　　15.4.3　DAO 设计模式及应用 ·· 363
15.5　可滚动和可更新的 ResultSet ·· 367
　　15.5.1　可滚动的 ResultSet ·· 367
　　15.5.2　可更新的 ResultSet ·· 368
　　15.5.3　实例：访问数据库的 GUI 程序 ······································· 370
15.6　小结 ··· 373
15.7　习题 ··· 373

参考文献 ·· 375

第 1 章 Java 语言概述

Java 语言是目前十分流行的面向对象程序设计语言，它具有简单性、平台无关性、安全性、分布性等许多优点，不但确立了在网络编程和面向对象编程中的主导地位，而且在移动设备和企业应用的开发中也有广泛应用。

本章首先介绍 Java 语言的起源和发展历程，然后介绍面向对象编程的产生和优势，接下来讲解如何开发 Java 程序以及字节码和虚拟机，最后介绍 Java 语言的关键字和标识符。

1.1 Java 起源与发展

1.1.1 Java 的起源

Java 语言最初是由美国 Sun Microsystems 公司的 James Gosling 等人开发的一种面向对象程序设计语言。在计算机发展历史上，只有少数几种编程语言对程序设计产生过根本性的影响，而 Java 语言可以毫不夸张地说是给计算机程序设计领域带来了一场变革。1995 年 Sun 公司发布的 Java 1.0 迅速地把 Web 变成一个高度交互环境，也给计算机语言的设计提出了一个新标准。

Java 语言的起源可以追溯到 20 世纪 90 年代初，Sun 公司提出了一个 Green 项目，主要开发用于电视机顶盒中的软件。Java 之父 James Gosling 最初打算使用 C++ 开发该系统，但后来发现 C++ 不能胜任这个工作，于是决定开发一种新的语言。他参考了 SmallTalk 和 C++ 语言，后来这个语言被起名为 Oak，这就是 Java 的前身。

1993 年 7 月，Sun 系统公司决定把 Oak 作为产品推出，因此必须注册商标，结果 Oak 没能通过商标测试，公司必须为该语言取一个新名字，于是将该语言取名为 Java。

Java 语言于 1995 年 5 月 23 日正式发布。Java 语言具有小巧、安全、平台无关以及可以开发一种称为 Applet 的程序的特点，该语言的发布立即引起巨大轰动。IBM、Novell、Oracle、Borland 以及 Microsoft 等公司纷纷购买了 Java 的使用许可。

1.1.2 Java 的发展历程

Java 语言具有强大生命力，其原因之一是它像软件一样不断推出新版本。多年来，Java 语言不断发展、演化和修订，使它一直站在计算机程序设计语言的前沿。从诞生以来，它已经做过多次或大或小的升级。

第一次主要升级是 Java 1.1 版，这次升级加入了许多新的库元素，改进了事件处理方式，重新修订了 1.0 版本库中的许多功能。

第二个主要版本是 Java 2,代表 Java 的第二代。Java 2 的标准版称为 J2SE(Java 2 Platform Standard Edition)。然而,Java 2 的内部版本号仍然是 1.2。

Java 的下一个升级是 J2SE 1.3,是 Java 2 版本首次较大的升级,增强了一些已有的功能。J2SE 1.4 进一步增强了 Java,该版本包括一些重要的新功能,如链式异常、基于通道的 I/O 以及 assert 关键字。

Java 的下一个版本是 J2SE 5,它是 Java 的又一次大的变革。以前版本提供的升级都是增量式的,但 J2SE 5 却从语言的功能方面做了重大改进,这些新功能的重要性也体现在使用的版本号是 5 上。下面列出该版本中的新功能:

- 枚举类型;
- 静态导入;
- 增强的 for 循环;
- 自动装箱/自动拆箱;
- 可变参数的方法;
- 泛型;
- 注解。

2006 年 Sun 公司推出了 Java SE 6 并决定修改 Java 平台的名称,把 2 从版本号中去掉了。因此,Java 平台的名称是 Java SE,官方产品名称是 Java Platform Standard Edition 6,对应的 Java 开发工具包叫 JDK 6。和 J2SE 5 一样,Java SE 6 中的 6 是指产品的版本号,内部的开发版本号是 1.6。Java SE 6 对 Java 的改进不大。

Java 的最新版本是 Java SE 7,是 Oracle 公司于 2010 年收购 Sun Microsystem 公司后发布的第一个主版本,对应的 Java 开发工具包是 JDK 7,其内部版本号是 1.7。Java SE 7 包含许多新功能,对语言和 API 库做了许多增强,同时还升级了 Java 运行时系统来支持非 Java 语言。本书将介绍 Java SE 7 中增加的新功能,这些新内容如下所示:

- 二进制整数字面量;
- 在数值字面量中使用下划线;
- 用 String 对象控制 switch 语句;
- 创建泛型实例使用菱形运算符;
- 使用一个 catch 捕获多个异常;
- 使用 try-with-resources 的 try 语句实现自动资源管理。

本书对 J2SE 5 和 Java SE 7 中的新功能和语言特征都进行了详细介绍,以反映 Java 语言的最新进展。

1.1.3 Java 语言的特点

在 Java 诞生时,世界上已有上千种不同的编程语言,Java 语言之所以能存在和发展,并具有生命力,是因为它有着与其他语言不同的特点。Sun 公司在 Java 语言白皮书中(http://java.sun.com/docs/white/langenv)描述了 Java 语言的特点。

1. 简单

没有一种语言是简单的,但与流行的面向对象程序设计语言 C++ 相比,Java 要简单一些。在 Java 之前,C++ 是主要的软件开发语言。Java 模仿了 C++,但进行了一定的简化和改进。例如，C++的指针、运算符重载以及多重继承常常使程序复杂化，Java语言中就去除了这些概念。

另外，Java语言实现了内存空间的自动分配和回收，而C++要求程序员分配和回收内存。在语法方面，Java语言的概念要少于C++。清晰的语法使得Java程序容易编写和阅读。

2. 面向对象

Java的核心是面向对象程序设计。C++语言是面向对象的语言，但C++保留了C语言的非面向对象的成分。Java语言可以说是纯面向对象的语言，也支持面向对象的主要特征，如封装性、继承性以及多态性等。

本书的主要目标就是使读者初步掌握面向对象的基本概念和程序设计方法。

3. 分布性

Java语言提供了强大的网络编程的支持，比C++语言更适合于网络编程。支持WWW客户机/服务器的计算模式。通过Java提供的类库可以处理TCP/IP协议，用户可以通过URL地址在网络上访问对象。因此Java是一种适合Internet和分布式环境的技术，所以有人说Java就是网络编程语言。

4. 解释型

Java程序的运行与其他高级语言编写的程序的最大的不同是Java程序是解释执行的。所谓解释执行是指Java程序并不是将源程序编译成机器码，而是编译成一种称为字节码的中间代码，然后这种中间代码只有在Java虚拟机上才能运行。

5. 平台独立

所谓平台独立(platform-independent)是指用Java编写的程序编译成字节码后不依赖于任何平台，无须修改就可在任何平台上运行，只要这种平台上安装了Java虚拟机即可。

6. 可移植

Java程序不用重新编译就能在任何平台上运行，从而具有很强的可移植性。在一个平台上编写的程序可以不用修改就能在各种平台上运行，真正实现"一次编写，到处运行"(write once, run everywhere)。

7. 健壮性

Java语言是强类型语言，不但在编译时检查代码，而且在运行时也检查代码。Java编译器可以检查出许多其他语言运行时才能发现的错误，在运行时也可以检查出错误，这就需要程序员编写异常处理的代码，从而可以进一步提高程序的健壮性。

8. 安全性

Java不支持指针数据类型，不允许程序员直接对内存操作，因此避免了C/C++语言的指针操作带来的危险。Java还提供了内存管理机制，即通过自动的"垃圾回收"功能清除内存垃圾。Java语言除语言本身加强了安全性外，其运行环境也提供了安全性保障机制。

9. 高性能

Java语言是一种解释型语言。一般来说，解释型语言的程序性能不如编译型的语言，但Java语言的字节码经过仔细设计，很容易使用即时编译技术(just in time, JIT)将字节码直接转换成高性能的本机代码。

10. 多线程

多线程是程序同时执行多个任务的能力。例如，一边下载视频文件一边播放录像就可以视为多线程。Java 内在支持多线程编程，因而用 Java 编写的应用程序可以同时执行多个任务。多线程技术在图形用户界面(GUI)和网络程序设计中非常实用。在 GUI 程序设计中，有许多任务同时进行，用户可能边听录音边浏览网页。在网络程序设计中，一个服务器可能同时为多个客户服务。

11. 动态性

Java 程序带有多种运行时类型信息，用于运行时校验和解决对象访问问题。这使得在一种安全、有效的方式下动态地连接代码成为可能，类仅在需要时才被链接。对 Java 小应用程序来说，在运行时系统中，字节码内的小段程序可以动态地更新。

Java 语言正是由于具有上述这些优点，从一发布就引起了很大轰动。近年来，以 Java 语言为基础产生了很多技术，这些技术应用在各个领域，甚至超越了计算机领域，应用广泛、需求巨大、市场广阔。目前 Java 语言还处在发展中，每一个新的版本都对旧的版本中不足之处进行修正，并增加新的功能，可以相信，Java 语言在未来的程序开发中将占据越来越重要的地位。

1.2 面向对象编程概述

使用 Java 语言的一个重要原因是 Java 是面向对象(object oriented, OO)的语言。OO 技术是应用程序开发的流行范式。这种方法很容易模拟现实世界对象的概念，如员工对象、账户对象等。

1.2.1 OOP 的产生

面向对象程序设计(object oriented programming, OOP)是一种功能强大的设计方法。从计算机诞生以来，为适应程序不断增长的复杂程度，程序设计方法论也发生了巨大的变化。例如，在计算机发展初期，程序设计是通过使用计算机输入二进制机器指令来完成的。在程序仅限于几百条指令的情况下，这种方法是可以接受的。随着程序规模的增长，人们发明了汇编语言，这样程序员就可以使用代表机器指令的符号表示法来处理大型、复杂的程序。随着程序规模的继续增长，高级语言的引入为程序员提供了更多的工具，这些工具可以使他们能够处理更复杂的程序。第一个广泛使用的语言是 FORTRAN，尽管该语言具有许多优点，但它很难设计出清晰、简洁、易懂的程序。

20 世纪 60 年代诞生了结构化程序设计方法，Pascal 和 C 语言是使用这种方法的语言。结构化语言的使用使编写中等复杂程度的程序变得轻松。结构化语言的特点是支持子程序、局部变量、丰富的控制结构，不建议使用 GOTO 语句。尽管结构化语言是一个功能强大的工具，但是在项目很大时仍然显得力不从心。

面向对象程序设计采纳了结构化程序设计的思想精华，并且提出了一些新的概念。广义上讲，一个程序可以用下面两种方法组织：一是围绕代码(发生了什么)；二是围绕数据(谁受了影响)。如果仅使用结构化程序设计技术，那么程序通常围绕代码来组织。

面向对象程序则以另一种方式工作，围绕数据来组织程序。在面向对象语言中，需要定义数据和作用于数据的例程。为支持面向对象的设计原理,所有 OOP 语言,包括 Java 在内,都支持三个特性:封装、多态性和继承。

1.2.2 OOP 的优势

OOP 完全不同于传统的面向过程的程序设计,极大地降低了软件开发的难度,使编程就像搭积木一样简单,OOP 的优势包括代码易维护、可重用以及可扩展。OOP 的好处是实实在在的,这正是大多数现代编程语言(包括 Java)均是面向对象的原因所在。

1. 易维护(maintainability)

现代的软件规模往往都十分巨大。一个系统有上百万行的代码已是很平常的。C++之父 Bjarne Stroustrup 曾经说过,当一个系统变得越来越大时,就会给开发者带来很多问题。其原因在于,大型程序的各个部分之间是相互依赖的。当修改程序的某个部分时可能影响到其他部分,而这种影响是不能轻易被发现的。采用 OOP 方法就可以很容易地使程序模块化,这种模块化大大减少了维护的问题。在 OOP 中,模块是可以继承的,因为类(对象的模板)本身就是一个模块。好的设计应该允许类包含类似的功能性和有关数据。OOP 中经常用到的一个术语是耦合,表示两个模块之间的关联程度。不同部分之间的松耦合会使代码更容易实现重用,这是 OOP 的另一个优势。

2. 可重用(reusability)

可重用是指之前写好的代码可以被代码的创建者或需要该代码功能的其他人重用。因此,OOP 语言通常提供一些预先设计好的类库供开发员使用。Java 就提供了几百个类库或应用编程接口(API),这些都是经过精心设计和测试的。用户也可以编写或发布自己的类库。支持编程平台中的可重用性,是十分吸引人的,因为可以大大缩短开发时间。

可重用性不仅适用于重用类和其他类型的代码,在 OOP 系统中设计应用程序时,针对 OOP 设计问题的解决方案也可以重用,这些解决方案称为设计模式,为了便于使用,每种设计模式都有一个名字。

3. 可扩展(extensibility)

可扩展是指一种软件在投入使用之后,其功能可以被扩展或增强。在 OOP 中,可扩展性主要通过继承实现。可以扩展现有的类,对它添加一些方法和数据,或修改不适当的方法的行为。如果某个基本功能需要多次使用,但又不想让类提供太具体的功能,就可以设计一个泛型类,以后可以对它进行扩展,使它能够提供特定于某个应用程序的功能。

1.2.3 OO 的主要应用

OO 技术主要包括下面三个领域。

- 面向对象分析(object oriented analysis,OOA):是指了解和分析问题域所涉及的对象、对象间的关系和作用(即操作),然后构造问题的对象模型,力争该模型能真实地反映出所要解决的实际问题。
- 面向对象设计(object oriented design,OOD):是在对问题的对象模型的分析基础上,在软件系统内设计各个对象、对象间的关系(如层次关系、继承关系等)、对象间的通信方式(如消息模式)等,总之是设计各个对象应做些什么。
- 面向对象编程(object oriented programming,OOP):是指软件功能的编码实现,包

括每个对象的内部功能的实现；确立对象哪些处理能力应在哪些类中进行描述；确定并实现系统的界面、输出的形式及其他控制机理等，总之是实现在OOD阶段所规定的各个对象所应完成的任务。

Java与面向对象方法是密不可分的，所有的Java程序至少在某种程度上都是面向对象的。由于OOP对Java的重要性，所以在开始编写哪怕是一个很简单的Java程序之前，理解OOP的基本原理都是非常有用的。

1.3 简单的Java程序

使用Java语言可以开发多种类型的程序，这些程序应用在许多不同领域，这使得Java变成非常流行的编程语言。用Java可开发下面类型的程序：
- 控制台和窗口应用程序；
- 在浏览器中执行的Java小应用程序；
- 在服务器上运行的Servlet、JSP、JSF以及其他Java EE标准支持的基于Web的应用程序；
- 嵌入式应用程序，如在Android系统下运行的程序。

由于本书是Java语言的基础教材，因此只讨论控制台和窗口应用程序。

1.3.1 JDK的下载与安装

在编写和运行Java程序之前，必须在计算机上安装Java开发包（Java development kit，JDK）。JDK可以从Oracle官方网站免费下载。在本书编写时，JDK的最新版本是JDK 7，Java SE 7使用的就是这个版本。由于JDK 7包含许多以前版本不支持的新功能，因此读者在编译和运行本书的程序时，请使用JDK 7或更高版本。

JDK可从www.oracle.com/tecnetwork/java/javase/downloads/index.html免费下载。找到下载页，根据计算机的系统不同下载相应的文件，按照指示安装即可。

安装完JDK后就可以编译运行程序了。在JDK中包含两个主要工具，一是Java编译器javac；第二个是Java解释器java。注意，JDK是命令行工具，运行在命令提示环境，它不是窗口应用程序，也不是集成开发环境。

在用Java编程时，需要用到核心类库中的类。即使资深的Java程序员，在编程过程中也需要经常从文档中查看有关类库。因此，需要从下面地址下载Java API文档并安装到计算机中：

http://www.oracle.com/technetwork/java/javase/downloads/index.html

以下网址还提供了在线API文档：

http://download.oracle.com/javase/7/docs/api

1.3.2 第一个简单的程序

Java应用程序是独立的，可以直接在Java平台上运行的程序。本书主要介绍这种类型的程序。程序1.1的功能是在控制台输出一个字符串。

程序 1.1　Welcome.java

```java
/*该文件的文件名必须为：Welcome.java */
public class Welcome{
  public static void main(String []args){
    //打印输出一行文本
    System.out.println("Welcome to Java World!");
  }
}
```

开发 Java 程序通常分三步：编辑源程序；编译源程序；执行程序。图 1-1 给出了具体过程。

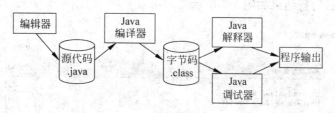

图 1-1　Java 程序的开发、执行流程

1. 编辑源程序

编辑 Java 源程序可以使用任何文本编辑器（如 Windows 的记事本），也可以使用专门的集成开发工具。常见的集成开发工具有 NetBeans、Eclipse 等。这里使用 Windows 的记事本编写源程序，如图 1-2 所示。

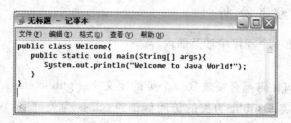

图 1-2　Java 源文件的编辑

源程序输入完毕后，选择"文件"→"保存"命令，打开"另存为"对话框，在"保存在"列表框中选择文件的保存位置，这里将文件保存在 D:\study 目录中（假设该目录已经存在），在"文件名"文本框中输入源程序的文件名，如 Welcome.java。

注意：输入文件名时应加双引号，否则文件将可能被保存为文本文件。

启动一个命令行窗口，进入 D:\study 目录，使用 DIR 命令，可以查看到文件 Welcome.java 被保存到磁盘上。

2. 编译生成字节码

接下来，需要将 Welcome.java 源文件编译成字节码（Byte Code）文件。编译源文件需要使用 JDK 的 javac 命令，如下所示：

D:\study> **javac** Welcome.java

若源程序没有语法错误,该命令执行后返回到命令提示符,编译成功。在当前目录下产生一个 Welcome.class 字节码文件,该文件的扩展名为 class,主文件名与程序中的类名相同,该文件也称为类文件。可以使用 DIR 命令查看生成的类文件。

提示:假如正确安装了 JDK,而在尝试编译程序时,计算机找不到 javac,说明没有指定命令工具的路径。例如,在 Windows 中,就需要设置 PATH 环境变量,使其指向 JDK 的 bin 目录。

3. 执行字节码

源程序编译成功生成字节码文件后可以使用 Java 解释器执行该程序。注意,这里不要加上扩展名 class,运行结果如图 1-3 所示。

D:\study> **java** Welcome

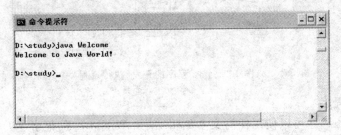

图 1-3　程序的运行结果

1.3.3　第一个程序分析

下面简单说明第一个程序中涉及的内容。

1. 类定义

Java 程序的任何代码都必须放到一个类的定义中。public class Welcome 就是定义一个名为 Welcome 的类。public 为类的访问修饰符,class 为关键字,Welcome 为类名,其后用一对大括号括起来,称为类体。

2. main 方法

Java 应用程序的标志是类体中定义一个 main 方法,main 方法是程序执行的入口点,它类似于 C 语言的 main 函数。main 方法的格式如下:

```java
public static void main(String[] args){
    …
}
```

public 是方法的访问修饰符,static 说明该方法为类方法,void 说明该方法的返回值为空。main 方法必须带有一个字符串数组的参数 String[] args,可以通过命令行向程序中传递参数。方法的定义也要括在一对大括号中,大括号内可以书写合法的 Java 语句。

3. 输出语句

本程序 main 方法中只有一行语句:

```java
System.out.println("Welcome to Java World!");
```

该语句的功能是在标准输出设备上打印输出一个字符串,字符串字面值用双引号定界。Java 语言的语句要以分号(;)结束。

System 为系统类;out 为 System 类中定义的静态成员变量,是标准输出设备,通常指显示器。println() 是输出流 out 中定义的方法,功能是打印输出字符串并换行。若不带参数,仅起到换行的作用。另一个常用的方法是 print(),该方法输出后不换行。

4. 源程序命名

在 Java 语言中,一个源程序文件被称为一个编译单元。它是包含一个或多个类定义的文本文件。Java 编译器要求源程序文件必须以 java 为扩展名。当编译单元中有 public 类时,主文件名必须与 public 类的类名相同(包括大小写),如本例的源程序文件名应该是 Welcome.java。若编译单元中没有 public 类,源程序的主文件名可以任意。

注意:Java 语言在任何地方都区分大小写,如 main 不能写成 Main,否则编译器可以编译,但在程序执行时解释器会报告一个错误,因为它找不到 main 方法。

5. 程序注释

像其他大多数编程语言一样,Java 允许在源程序中加入注释。注释是对程序功能的解释或说明,是为阅读和理解程序的功能提供方便。所有注释的内容都被编译器忽略。

Java 源程序支持三种类型的注释。

(1) 多行注释,以 /* 开始,以 */ 结束的一行或多行文字。

例如:

/* 该文件的文件名必须为 Welcome.java */

(2) 单行注释,以双斜杠 // 开头,在该行的末尾结束。

例如:

// 这里是注释内容

(3) 文档注释,以 /** 开始,以 */ 结束的多行。文档注释是 Java 特有的,主要用来生成类定义的 API 文档。关于文档注释的更详细信息,请参阅有关文献。

1.3.4 集成开发环境

本书的所有程序都可以使用 JDK 提供的命令行工具编译和运行,但为了加快程序的开发,可以使用集成开发环境(integrated development enviroment,IDE)。使用 IDE 有助于检查代码的语法,还可以自动补全代码,提示类中包含的方法,可以对程序进行调试和跟踪。此外,编写代码时,还会自动进行编译。运行 Java 程序的时候,只需要单击按钮就可以了。因此,大大缩短了开发时间。在开发和部署商业应用程序时,IDE 十分有用。

对于初学者,建议使用 JDK 命令行工具编译和运行程序,等到真正理解了 Java 程序运行机制或需开发大型程序时再使用 IDE。最常用的两个 Java IDE 是 Eclipse(http://www.eclipse.org)和 NetBeans(http://netbeans.org/downloads/),这两个 IDE 都是免费和开源的。

1.4 Java字节码与虚拟机

在传统的编程中,源代码是要编译成可执行代码的。这种可执行代码只能在所设计的平台上运行。换句话说,为Windows编写和编译的代码只能在Windows上运行,在Linux中编写的代码就只能在Linux上运行。Java程序则编译成字节码(bytecode)。字节码不能直接运行,因为它不是本机代码(Native Code)。字节码只能在Java虚拟机(Java Virtual Machine,JVM)上运行。JVM是一种解释字节码的本机应用程序。Sun公司使JVM在众多平台上都可用,从而使Java成为一种跨平台的语言。每一个字节码都可以在任何一种操作系统上运行。

1.4.1 Java平台与Java虚拟机

平台(platform)是指程序运行的软件或硬件环境。大多数平台是指操作系统和硬件的组合,如Windows平台、Linux平台等。Java平台与其他平台不同,仅是一种运行在其他硬件平台之上的软件平台,Java平台包括两部分,如图1-4所示。

(1) Java虚拟机(JVM)。

(2) Java应用程序接口(Java API)。

JVM是在一台计算机上用软件也可以用硬件实现的模拟的计算机,定义了自己的指令集合、寄存器集、类文件格式、栈、垃圾收集堆和存储区等。JVM是Java平台的基础,是构建于其他硬件平台基础上的。目前,JVM适用于Windows、UNIX、Linux、Free BSD以及世界上在用的其他所有主流操作系统。

图1-4 Java虚拟机与Java平台

Java API是现成的软件组件,提供各种功能,如图形用户界面等。Java API被组织成称为包的类库。从图1-4可看到Java API和JVM位于程序和硬件之间。从中还可看到Java字节码不是针对具体的硬件的编码,因此,只要硬件平台上安装了JVM,字节码无须修改就可以在其上运行。作为一种平台独立的环境,在JVM上运行程序要比本地代码慢一些。然而可以通过使用智能编译器、即时编译技术,加快程序解释运行的速度,甚至可以达到本地代码的运行速度。

1.4.2 Java程序的运行机制

当执行Java程序时,使用Java解释器java.exe。假设执行Welcome.class,使用下面命令:

```
D:\study> java Welcome
```

Java解释器首先将JVM加载到内存,然后字节码程序在JVM上运行要经过下面三个步骤:

(1) 加载代码。加载代码由类加载器(Class Loader)完成,它为程序的执行加载所需要的全部类,包括被程序代码中的类所继承的类和被其调用的类。

(2) 校验代码。接下来,JVM将类的字节码输入字节码校验器(Bytecode Verifier)以检测代码段格式并进行规则检查,同时对字节码进行安全性校验。

(3) 执行代码。最后,通过校验的字节码由运行时解释器(Runtime Interpreter)翻译和执行。

JVM 对字节码的解释执行通常采取两种方式来实现。一种是解释型工作方式,通过解释器将字节码翻译成机器码,然后由即时运行部件立即将机器码送硬件执行;另一种是编译型工作方式,通过代码生成器先将字节码翻译成适用于本系统的机器码,然后再送硬件执行。

1.5 Java 关键字和标识符

1.5.1 Java 关键字

每种语言都定义了自己的关键字。所谓关键字(keywords)是该语言事先定义的一组词汇,这些词汇具有特殊的用途,用户不能将它们定义为标识符。Java 语言定义了 50 个关键字,如下所示。

abstract	continue	for	new	switch
assert	default	goto	package	synchronized
boolean	do	if	private	this
break	double	implements	protected	throw
byte	else	import	public	throws
case	enum	instanceof	return	transient
catch	extends	int	short	try
char	final	interface	static	void
class	finally	long	strictfp	volatile
const	float	native	super	while

说明:

(1) goto 和 const 尽管是 Java 语言中保留的两个关键字,但没有被使用,因此不能将其作为标识符使用。

(2) assert 是 Java 1.4 版增加的关键字,用来实现断言机制,enum 是 Java 5 版增加的关键字,用来定义枚举类型。

1.5.2 Java 标识符

在程序设计语言中,标识符(identifier)用来为变量、方法、对象和类进行命名。Java 语言规定,标识符必须以字母、下划线(_)或美元符($)开头,其后可以是字母、下划线、美元符或数字,长度没有限制。如下面是一些合法的标识符:

intTest, Manager_Name, _var, $ Var

Java 标识符是区分大小写的,下面两个标识符是不同的:

myName , MyName

1.5.3 Java 编码规范

编写正确、可以运行的 Java 程序固然重要,但是编写出易于阅读和可维护的程序同样重要。一般来说,在软件的生命周期中,80%的花费耗费在维护上,因此在软件的生命周期中,很可能由其他人来维护代码。无论谁拿到代码,都希望它是清晰、易读的代码。

采用统一的编码规范是使代码易于阅读的方法之一。编码规范包括文件名、文件的组织、缩进、注释、声明、语句、空格以及命名规范等。

首先是缩进的问题,程序代码的不同部分应有一定的缩进,请参阅程序 1.1。如类体中代码应缩进,方法体中的语句也应有缩进。Java 规范建议的缩进为 4 个字符,有的学者也建议缩进 2 个字符,这可根据自己的习惯决定,但只要一致即可。

Java 程序的代码块都是用一对大括号定界,如类体、方法体、初始化块等。关于大括号有两种写法,一是行末格式,即左大括号写在上一行的末尾,右大括号写在下一行,如程序 1.1 所示;另一种格式称为次行格式,即将左大括号单独写在下一行,如以下代码所示:

```java
public class Welcome
{
  public static void main(String[] args)
  {
    System.out.println("Welcome to Java World!");
  }
}
```

这两种格式没有好坏之分,但 Sun 的文档规范推荐使用行末格式,这样使代码更紧凑,且占据较少空间,本书使用行末格式。

在编写 Java 程序中通常还要指定各种名称,常见的包括类名、方法名、变量名,这些名称的确定也应遵循一定的规范。在 Java 中,不推荐使用无意义的单个字母命名,应该使用有意义的单词或单词组合为对象命名。有两种命名方法:PascalCase 和 camelCase。

PascalCase 称为帕斯卡拼写法,即将命名的所有单词的首字母大写,然后直接连接起来,单词之间没有连接符,如 NumberOfStudent,AccountBook 等。

camelCase 称为骆驼拼写法,它与 PascalCase 拼写法的不同之处是将第一个单词(虚词不算)的首字母小写,如 firstName,currentValue 等。

在 Java 程序中类名和接口名一般使用 PascalCase 拼写法,且应该用名词命名。

例如:

Student,AccountBook,ArrayIndexOutOfBoundsException

变量名和方法名一般应用 camelCase 拼写法。

例如:

balanceAccount,setName(),getTheNumberOfStudent()

常量的命名应该全部大写并用下划线将词分隔开。

例如:

MAX_ARRAY_SIZE,MY_NAME

1.6 小　　结

编译和运行 Java 程序需要使用 Java 开发工具 JDK,可以从 Oracle 的官方网站下载,也可以使用 Eclipse、NetBeans 等图形用户界面的开发工具。

开发 Java 程序主要步骤是编辑源程序、将源程序编译成字节码文件(类文件),最后使用解释器运行程序。

Java 程序运行在 Java 虚拟机上,是一种通过软件实现的运行平台。正是由于 Java 虚拟机,才使 Java 程序具有平台独立性和可移植性。

每种语言都有保留字,它们具有特殊意义,不能作为他用。标识符用来为类、方法、变量和语句块等命名,应该遵循一定规则。

1.7 习　　题

1. 开发 Java 程序需要安装什么软件?安装后需设置什么环境变量?
2. 开发与运行 Java 程序需要经过哪些主要步骤和过程,用到哪些工具?
3. JDK 的编译命令是什么?如果编译结果报告说找不到文件,通常会是哪些错误?
4. Java 源程序编译成功后可以获得什么文件?
5. 运行编译好的字节码文件使用什么命令?Java 解释器完成哪些任务?
6. 下面是本章出现的几个术语,请解释其含义。

JVM、JRE、JDK、OOP、IDE、API

7. 下面是几段 Java 代码,观察其中是否有错误,说明错在何处。

(1)
```
public class MyProgram{
    System.out.println("This is a Java program! ");
}
```

(2)
```
public class MyProgram
    public static void main(String[] args){
      System.out.println("This is a Java program!")
    }
```

(3)
```
public static void main(String[] args){
    Systern.out.println("This is a Java program!");
}
```

(4)
```
public class MyProgram{
    public static void Main(String[] args) {
      System.out.println("This is a Java program! ");
    }
}
```

8. 在下列词语中,(　　)是 Java 的关键字。

　　A. main　　　　　B. default　　　　　C. implement　　　　　D. import

9. 下面的标识符(　　)是合法的。

　　A. MyGame　　　　　　　　　　　B. _isRight

C. 2JavaProgram　　　　　　D. Java-Virtual-Machine
E. _$12ab

10. 在下列词语中，(　　)是合法的 Java 标识符。
A. longStringWithMeaninglessName　　B. $int
C. bytes　　　　　　　　　　　　　　D. finalist

11. 什么是 Java 虚拟机？什么是 Java 平台？

第 2 章　数据类型和运算符

每种语言都有它所支持的数据类型、运算符和控制结构。Java 语言中既有基本数据类型，又有引用数据类型，同时支持丰富的运算符。

本章将介绍 Java 语言的数据类型和各种运算符的使用，为后续章节的学习打下基础。学习本章后，应该掌握 Java 语言的数据类型并能正确使用运算符。

2.1　简单程序的开发

本节通过开发一个简单的计算圆面积的程序，说明 Java 程序的开发过程。编写程序涉及设计算法和将算法转换成代码两个步骤。算法描述了如何解决问题和解决问题的步骤。算法可以使用自然语言或伪代码（自然语言和编程语言的混合）描述。例如，对上述求圆面积的问题可以描述如下：

第 1 步：读取半径值。
第 2 步：使用下面公式计算面积：

$$area = radius * radius * \pi$$

第 3 步：显示面积值。

编写代码就是将算法转换成程序。在 Java 程序中首先定义一个 ComputeArea 类，其中定义 main 方法，如下所示：

```java
public class ComputeArea{
  public static void main(String[ ] args){
    //第1步：读入半径值
    //第2步：计算面积
    //第3步：显示面积
  }
}
```

本程序的第 2 和第 3 步比较简单。第 1 步的读取半径值比较难。首先应该定义两个变量来存储半径和面积。

```
double radius;
double area;
```

变量代表内存中存储数据和计算结果的位置，每个变量需要指定其存储的数据类型和名称。double 是数据类型，radius 和 area 是变量名。在程序中通过变量名操纵变量值。变量名应尽量使用有意义的名称。

要从键盘读取数据可以使用 Scanner 类的 nextInt() 或 nextDouble()。首先创建 Scanner 类的一个实例,然后调用 nextDouble 方法读取 double 数据:

```
Scanner input = new Scanner(System.in);        //创建一个 Scanner 实例 input
double radius = input.nextDouble();            //通过 input 实例读取一个 double 型数
```

程序 2.1　ComputeArea.java

```java
import java.util.Scanner;

public class ComputeArea{
  public static void main(String[] args){
    double radius;
    double area;
    Scanner input = new Scanner(System.in);
    System.out.print("请输入半径值:");
    radius = input.nextDouble();
    area = Math.PI * radius * radius;
    System.out.println("圆的面积为:" + area);
  }
}
```

程序运行结果如下:

请输入半径值:10
圆的面积为:314.1592653589793

由于 Scanner 类存放在 java.util 包中,因此程序使用 import 语句导入该类。在 main 方法中使用 Scanner 类的构造方法创建了一个 Scanner 类的对象,在其构造方法中以标准输入 System.in 作为参数。得到 Scanner 对象后,就可以调用它的有关方法来获得各种类型的数据。程序中使用 nextDouble() 得到一个浮点型数据,然后将其赋给 double 型变量 radius。最后输出语句输出以该数为半径的圆的面积。程序中圆周率使用 Math 类的 PI 常量。

提示:如果输入的数据与要获得的数据不匹配,会产生 InputMismatchException 运行时异常。

使用 Scanner 类对象还可以从键盘上读取其他类型的数据,如 nextInt() 读取一个整数,nextLine() 读取一行文本。关于 Scanner 类的其他方法可参阅 9.3 节。

2.2　数据类型

在程序设计中,数据是程序的必要组成部分,也是程序处理的对象。不同的数据有不同的类型,不同的数据类型有不同的数据结构、不同的存储方式,并且参与的运算也不同。

2.2.1　Java 数据类型

Java 语言的数据类型可分为基本数据类型(primitive data type)和引用数据类型(reference data type),如表 2-1 所示。

表 2-1 Java 语言的数据类型

基本数据类型	整数类型	字节型	byte
		短整型	short
		整型	int
		长整型	long
	浮点类型	单浮点型	float
		双浮点型	double
	布尔类型	boolean	
	字符类型	char	
引用数据类型	数组 name [ ]	类 class	接口 interface
	枚举类型 enum	注解类型 @interface	

本节主要讨论基本数据类型,引用数据类型在后面的章节介绍。

1. 基本数据类型

从表 2-1 中可以看到,Java 共有 8 种基本数据类型。基本数据类型在内存中所占的位数是固定的,不依赖于所用的机器,这也正是 Java 跨平台的体现。各种基本数据类型在内存中所占位数及取值范围如表 2-2 所示。

表 2-2 Java 基本数据类型

数据类型	占字节数	所占位数	数的范围
boolean	1	1	只有 true 和 false 两个值
byte	1	8	$-2^7 \sim 2^7 - 1$
short	2	16	$-2^{15} \sim 2^{15} - 1$
int	4	32	$-2^{31} \sim 2^{31} - 1$
long	8	64	$-2^{63} \sim 2^{63} - 1$
char	2	16	$0 \sim 65\ 535$
float	4	32	$3.4e-038 \sim 3.4e+038$
double	8	64	$1.7e-308 \sim 1.7e+308$

另外,Java 语言还有 void 类型,它主要用于指定方法的返回值。

2. 变量及赋值

变量(variable)是在程序运行中其值可以改变的量。一个变量应该有一个名字,在内存中占据一定的存储单元。Java 有两种类型的变量:基本类型的变量和引用类型的变量。基本类型的变量包括数值型(整数型和浮点型)、布尔型和字符型。引用类型的变量包括类、接口、枚举和数组等。

变量在使用之前必须定义,变量的定义包括变量的声明和赋值。变量声明的一般格式为:

```
[modifier] type varName[ = value][,varName[ = value]…];
```

其中,modifier 为变量的修饰符、type 为变量的类型、varName 为变量名。下面声明了几个不同类型的变量。

```
int   age;
```

```
double   d1,d2;
char     ch1, ch2;
```

使用赋值运算符"="来给变量赋值,一般称为变量的初始化。如下是几个赋值语句。

```
age = 21;
ch1 = 'A';
d1 = d2 = 0.618;      //可以一次给多个变量赋值
```

也可以在声明变量的同时给变量赋值。

例如:

```
boolean b = false;
```

3. 常量和字面量

常量(constant)是在程序运行过程中,其值不能被改变的量。常量实际上是一个由 final 关键字修饰的变量,一旦为其赋值,其值在程序运行中就不能被改变。

例如,下面是几个常量的定义:

```
final double PI = 3.1415926;
final   int  MAX_ARRAY_SIZE = 22;
final   int  SNO;
```

常量可以在声明的同时赋值,也可以声明后赋值。不管哪种情况,一旦赋值便不允许修改。

字面量(literals)是某种类型值的表示形式,字面量有三种类型:基本类型的字面量、字符串字面量以及 null 字面量。基本类型的字面量有 4 种类型:整数型、浮点型、布尔型、字符型。例如,123、−789 为整型字面量;3.456、2e3 为浮点型字面量;true、false 为布尔型字面量;'g'、'我'为字符字面量。

下面详细说明各种基本数据类型的使用。

2.2.2 整数类型

Java 语言提供了 4 种整数类型,分别是字节型(byte)、短整型(short)、整型(int)和长整型(long)。这些整数类型都是有符号数,可以为正值或负值。每种类型的整数在 JVM 中占的位数不同,因此能够表示的数的范围也不同。

注意:不要把整数类型的宽度理解成实际机器的存储空间,一个字节型的数据可能使用 32 位存储。

Java 的整型字面量有 4 种表示形式:

(1) 十进制数,如 0、257、−365。

(2) 二进制数,是以 0b 或 0B 开头的数,如 0B101010 表示十进制数 42。

(3) 八进制数,是以 0 开头的数,如 0124 表示十进制数 84,−012 表示十进制数 −10。

(4) 十六进制数,是以 0x 或 0X 开头的整数,如 0x124 表示十进制数的 292。

注意:整型字面量具有 int 类型,在 JVM 中占 32 位。对于 long 型值,可以在后面加上 l 或 L,如 125L,它在 JVM 中占 64 位。

Java 的整型变量使用 byte、short、int、long 等声明,下面是几个整型变量的定义:

```
byte   b = 120 ;
short  s = 1000;
int    i = 99999999;
long   l = -9223372036854775808 ;  //这是 long 型数据的最小值
```

注意:在给变量赋值时,不能超出该数据类型所允许的范围,否则编译器给出错误提示。

```
byte b = 200 ;
```

编译错误说明类型不匹配,不能将一个 int 型的值转换成 byte 型值。因为 200 超出了 byte 型数据的范围(-128~127),因此编译器拒绝编译。

在表示较大的整数时,可能需要用到长整型 long。例如下列程序计算一光年的距离。

程序 2.2 LightYear.java

```
public class LightYear{
  public static void main(String[] args){
    int speed = 300000;         // 光速为每秒 300000 公里
    int days = 365;             // 假设一年为 365 天
    long seconds;
    long distance;
    seconds = days * 24 * 60 * 60;
    distance = speed * seconds;
    System.out.println("一光年的距离是 " + distance + " 公里.");
  }
}
```

程序运行结果如下:

一光年的距离是 9460800000000 公里.

如果把该程序的变量 seconds 和 distance 的类型声明为 int 类型,编译不会出现错误,但结果不正确。

2.2.3 浮点型

浮点型的数就是通常所说的实数。在 Java 中有两种浮点类型的数据:float 型和 double 型。这两种类型的数据在 JVM 中所占的位数不同,float 型占 32 位,double 型占 64 位。因此,通常将 float 型称为单精度浮点型,将 double 型称为双精度浮点型。它们符合 IEEE-754 标准。

浮点型字面量有两种表示方法。

(1) 十进制数形式,由数字和小数点组成,且必须有小数点,如 0.256、345、256.、256.0 等。

(2) 科学记数法形式,如 256e3、256e-3,它们分别表示 256×10^3 和 256×10^{-3}。e 之前必须有数字,e 后面的指数必须为整数。

浮点数运算不会因溢出而导致异常。如果下溢,则结果为 0,如果上溢,结果为正无穷大或负无穷大(显示标识符为 Infinity 或 －Infinity)。此外若出现没有数学意义的结果，Java 用 NaN(Not a Number)表示，如 0.0/0.0 的结果为 NaN。这些常量已在基本数据类型包装类中定义。

浮点型变量的定义使用 float 和 double 关键字，如下两行分别声明了两个浮点型变量 pi 和 e：

```
float  pi = 3.1415926F;
double  e = 2.71828;
```

注意：浮点型常量默认的类型是 double 型数据。如果表示 float 型常量数据，必须在后面加上 F 或 f，double 型数据也可加 D 或 d。

下列程序定义了几个数值型变量，并输出其值。

程序 2.3　NumberDemo.java

```java
public class NumberDemo{
  public static void main(String[] args){
      byte b = 0x18;                  // 十六进制整数
      short s = 0200;                 // 八进制整数
      int i = 0b101010;               // 二进制整数
      long l = 0x11111111L;
      float f = .333F;                // float 型值必须加 F 或 f
      double d = .00001005;
      System.out.println("byte b = " + b);
      System.out.println("short s = " + s);
      System.out.println("int i = "   + i);
      System.out.println("long l = " + l);
      System.out.println("float f = " + f);
      System.out.println("double d = " + d);
  }
}
```

程序运行结果为：

```
byte b = 24
short s = 128
int i = 42
long l = 286331153
float f = 0.333
double d = 1.005E-5
```

如果一个数值字面量太长，读起来会比较困难。因此，从 Java 7 开始，对数值型字面量的表示可以使用下划线(_)将一些数字进行分组，这可以增强代码的可读性。下划线可以用在浮点型数和整型数(包括二进制、八进制、十六进制和十进制)的表示中。下面是一些使用下划线的例子：

```
210703_19901012_2415        // 表示一个身份证号
1234_5678_9012_3456         // 表示一个信用卡号
0b0110_00_1                 // 二进制字面量表示一个字节
```

```
3.14_15F                    // 表示一个 float 类型值
0xE_44C5_BC_5               // 表示一个 32 位的十六进制字面量
0450_123_12                 // 表示一个 24 位的八进制字面量
```

在数值字面量中使用下划线对数据的内部表示和显示没有影响。例如,如果用 long 型表示一个信用卡号,这个值在内部仍使用 long 型数表示,显示也是整数。

```
long creditNo = 1234_5678_9012_1234L;
System.out.println(creditNo);    //输出为 1234567890121234
```

注意:在数值字面量中使用下划线只是提高代码的可读性,编译器将忽略所有的下划线。另外,下划线不能放在数值的最前面和最后面,也不能放在浮点数小数点的前后。

2.2.4 字符型

字符在计算机内部是以一组 0 和 1 的序列表示的。将字符转化为其二进制表示的过程称为编码(encoding)。字符有多种不同的编码方法,编码方案定义了字符如何编码。大多数计算机采用 ASCII,它是表示所有大小写字母、数字、标点符号和控制字符的 7 位编码方案。

与 ASCII 不同,Java 语言使用 Unicode(统一码)为字符编码,它是由 Unicode Consortium 建立的一种编码方案。Unicode 字符集最初使用两个字节(16 位)为字符编码,表示 65 536 个字符。新版 Unicode 4.0 标准使用 UTF-16 为字符编码,可以表示更多的字符,它可以表示世界各国的语言符号,包括希腊语、阿拉伯语、日语以及汉语等。ASCII 字符集是 Unicode 字符集的子集。

字符型字面量用单引号将字符括起来,大多数可见的 Unicode 码字符都可用这种方式表示,如'a'、'@'、'我'等。对于不能用单引号直接括起来的符号,需要使用转义序列来表示。表示方法是用反斜杠(\)表示转义,如\'表示单引号、\n 表示换行,常用的转义序列如表 2-3 所示。

表 2-3 常见的转义字符序列

转义字符	说明	转义字符	说明
\'	单引号字符	\b	退格
\"	双引号字符	\r	回车
\\	反斜杠字符	\n	换行
\f	换页	\t	水平制表符
\ddd	3 位八进制数表示的字符	\uxxxx	4 位十六进制数表示的字符

在 Java 程序中用 3 位八进制数表示字符的格式为\ddd,如\141 表示字符 a。也可以用 4 位十六进制数表示字符,格式为\uxxxx,如\u0062 表示字符 b,\u4F60 和\u597D 分别表示中文的"你"和"好"。任何的 Unicode 字符都可用这种方式表示。

字符型变量使用 char 定义,在内存中占 16 位,表示的数据范围是 0~65 535。字符型变量的定义如下:

```
char c = 'a';
char c1 = 97;
```

Java 字符型数据实际上是 int 型数据的一个子集,因此可以与其他数值型数据混合运算,但字符型数据不能与 int 型数据直接相互转换。一般情况下,char 类型的数据可直接转换为 int 类型的数据,而 int 类型的数据转换成 char 类型的数据需要强制转换。

例如:

```
int  i = 66;
char c = 'a';
i = c;       // 合法
c = i;       // 不合法
```

2.2.5 布尔型数据

布尔型数据用来表示逻辑真或逻辑假。布尔型常量很简单,只有 true 和 false 两个值,分别用来表示逻辑真和逻辑假。

布尔型变量使用 boolean 关键字声明,如下面语句声明了布尔型变量 t 并为其赋初值 true:

```
boolean t = true;
```

所有关系表达式的返回值都是布尔型的数据,如表达式 10<9 的结果为 false。布尔型数据也经常用于分支结构和循环结构的条件中,请参阅 3.1 节和 3.2 节。

注意:与 C/C++ 语言不同,Java 语言的布尔型数据不能与数值数据相互转换,即 false 和 true 不对应于 0 和非 0 的整数值。

下面程序演示了字符型数据和布尔型数据的使用。

程序 2.4 CharBoolDemo.java

```java
public class CharBoolDemo{
    public static void main(String[] args){
        boolean b;
        char ch1,ch2;
        ch1 = 'Y';
        ch2 = 65;
        System.out.println("ch1 = " + ch1 + ",ch2 = " + ch2);
        b = ch1 == ch2;
        System.out.println(b);
        ch2 ++;
        System.out.println("ch2 = " + ch2);
    }
}
```

程序运行结果为:

```
ch1 = Y , ch2 = A
false
ch2 = B
```

在 Java 程序中可以将一个正整数的值赋给字符型变量,只要范围在 0~65 536 之间就可以,但输出仍然是字符。语句"b = ch1 = = ch2;"是将 ch1 和 ch2 的比较结果赋给变量 b,由于 ch1 与 ch2 的值不相等,因此输出 b 的值为 false。语句"ch2++;"说明字符型数据可以完成整数运算,但运算结果不能超出 char 类型的范围。如果 ch2 的初值是 65 536,程序会产生编译错误。

2.2.6 字符串型数据

在 Java 程序中经常要使用字符串类型。字符串是字符序列,不属于基本数据类型,是一种引用类型。字符串在 Java 中是通过 String 类实现的。可以使用 String 声明和创建一个字符串对象。还可以通过双引号定界符创建一个字符串字面量。

例如:

"This is a string."

注意:一个字符串字面量不能分在两行来写。例如,下面的代码会产生编译错误。

```
String s2 = "This is an important
            point to note."
```

对于较长的字符串,可以使用加号将两个字符串连接:

```
String s1 = "Java strings" + " are important.";
String s2 = "This is an important "
            + "point to note." ;
```

可以将一个 String 和一个基本类型或另一个对象连接在一起。例如,下面这行代码就是将一个 String 和一个整数连接在一起。

```
String s3 = "String number " + 3;
```

2.3 常用运算符

运算符和表达式是 Java 程序的基本组成要素。把表示各种不同运算的符号称为运算符(operator),参与运算的各种数据称为操作数(operand)。为了完成各种运算,Java 语言提供了多种运算符,不同的运算符用来完成不同的运算。表达式(expression)是由运算符和操作数按一定语法规则组成的符号序列。以下是合法的表达式:

a + b,(a + b) * (a − b),"name = " + "李 明"

每个表达式经过运算后都会产生一个确定的值。一个常量或一个变量是最简单的表达式。

2.3.1 算术运算符

算术运算符一般用于对整型数和浮点型数运算。算术运算符有加(+)、减(−)、乘(*)、除(/)和取余数(%)5 个二元运算符和正(+)、负(−)、自增(++)、自减(−−)4 个一元运算符。

1. 二元运算符

二元运算符＋、－、＊、/和％分别用来进行加、减、乘、除和取余运算。％运算符用来求两个操作数相除的余数，操作数可以为整数，也可以为浮点数。例如，7 ％ 4 的结果为 3，10.5 ％ 2.5 的结果为 0.5。当操作数含有负数时，情况有点复杂。这时的规则是余数的符号与被除数相同且余数的绝对值小于除数的绝对值。

例如：

```
10 % 3 = 1
10 % -3 = 1
-10 % 3 = -1
-10 % -3 = -1
```

在操作数涉及负数求余运算中，可通过下面规则计算：先去掉负号，再计算结果，结果的符号取被除数的符号。如求－10 ％ －3 的结果，去掉负号求 10 ％ 3，结果为 1。由于被除数是负值，因此最终结果为－1。

在整数除法及取余运算中，如果除数为 0，则抛出 ArithmeticException 异常。当操作数有一个是浮点数时，如果除数为 0，除法运算将返回 Infinity 或－Infinity，求余运算将返回 NaN。有关异常的概念请参阅第 8 章。

＋运算符不但用于计算两个数值型数据的和，还可用于字符串对象的连接。例如，下面的语句输出字符串"abcde"。

```
System.out.println("abc" + "de");
```

当＋运算符的两个操作数一个是字符串而另一个是其他数据类型，系统会自动将另一个操作数转换成字符串，然后再进行连接。例如下面代码输出"abc123"。

```
int x = 1, y = 2, z = 3;
System.out.println("abc" + x + y + z);
```

但要注意，下面代码输出"6abc"。

```
System.out.println(x + y + z + "abc");
```

2. 一元运算符

一元运算符正（＋）和负（－）用来改变操作数的符号，而＋＋和－－运算符主要用于对变量的操作，分别称为自增和自减运算符，＋＋表示加 1，－－表示减 1。它们又都可以使用在变量的前面或后面，如果放在变量前，表示给变量加 1 后再使用该变量；若放在变量的后面，表示使用完该变量后再加 1。例如，假设当前变量 x 的值为 5，执行下面语句后 y 和 x 的值如下：

```
y = x++;      y = 5   x = 6
y = ++x;      y = 6   x = 6
y = x--;      y = 5   x = 4
y = --x;      y = 4   x = 4
```

自增和自减运算符可以作用于浮点型变量，如下列代码是合法的。

```
double d = 3.15;
```

d ++; // 执行后 d 的结果为 4.15

请注意下面程序的输出结果。

程序 2.5　IncrementTest.java

```java
public class IncrementTest{
  public static void main(String[] args){
    int i = 3;
    int s = (i++) + (i++) + (i++);
    System.out.println("s = " + s + " ,i = " + i);
    i = 3;
    s = (++i) + (++i) + (++i);
    System.out.println("s = " + s + " ,i = " + i);
  }
}
```

程序的输出结果为：

```
s = 12 ,i = 6
s = 15 ,i = 6
```

第一次计算 s 时是 3＋4＋5，最后 i 的值为 6，第二次计算 s 时是 4＋5＋6，最后 i 的值也为 6。

2.3.2　关系运算符

关系运算符(也称比较运算符)用来比较两个值的大小。Java 支持的关系运算符如表 2-4 所示。

表 2-4　关系运算符

运算符	含义	运算符	含义
>	大于	<=	小于等于
>=	大于等于	==	等于
<	小于	!=	不等于

关系运算符一般用来构成条件表达式，比较的结果返回 true 或 false。假设定义了下面的变量：

```
int p = 9;
int q = 65;
char c = 'A';
```

下面的表达式的返回值都是 true。

```
p < q
c >= q
```

在 Java 语言中，任何类型的数据(包括基本类型和引用类型)都可以用"＝＝"和"!＝"比较是否相等，但只有基本类型的数据(布尔型数据除外)可以比较哪个大哪个小。比较结果通常作为判断条件。

例如：

if (x == y)

2.3.3 位运算符

位运算有两类：位逻辑运算(bitwise)和移位运算(shift)。位逻辑运算符包括按位取反（~）、按位与（&）、按位或（|）和按位异或（^）4 种。移位运算符包括左移（<<）、右移（>>）和无符号右移（>>>）3 种。位运算符只能用于整型数据，包括 byte、short、int、long 和 char 类型。设 a = 10, b = 3，表 2-5 列出了各种位运算符的功能与示例。

表 2-5 位运算符

运算符	功能	示例	结果
~	按位取反	~a	−11
&	按位与	a & b	2
|	按位或	a | b	11
^	按位异或	a ^ b	9
<<	按位左移	a << b	80
>>	按位右移	a >> b	1
>>>	按位无符号右移	a >>> b	1

在 Java 语言中，整数是用补码表示的。在补码表示中，最高位为符号位，正数的符号位为 0，负数的符号位为 1。若一个数为正数，补码与原码相同；若一个数为负数，补码为原码的反码加 1。

例如，+42 的补码为：

00000000 00000000 00000000 00101010

−42 的补码为：

11111111 11111111 11111111 11010110

1. 位逻辑运算符

位逻辑运算是对一个整数的二进制位进行运算。设 A、B 表示操作数中的一位，位逻辑运算的规则如表 2-6 所示。

表 2-6 位逻辑运算的运算规则

A	B	~A	A&B	A|B	A^B
0	0	1	0	0	0
0	1	1	0	1	1
1	0	0	0	1	1
1	1	0	1	1	0

~运算符是对运算数的每一位按位取反。例如，~42 的结果为−43。因为 42 的二进制补码为 00000000 00000000 00000000 00101010，按位取反后结果为 11111111 11111111 11111111 11010101，即为−43。对任意一个整型数 i，都有等式成立：

~i = -i-1

再看以下按位与运算。

```
int a = 51, b = -16;
int c = a & b;
System.out.println("c = " + c);
```

上面代码的输出结果为：

c = 48

按位与运算的过程如下：

```
  00000000  00000000  00000000  00110011          51
 &11111111  11111111  11111111  11110000       & -16
 ---------  --------  --------  --------       -----
  00000000  00000000  00000000  00110000          48
```

如果两个操作数宽度（位数）不同，在进行按位运算时要进行扩展。例如一个 int 型数据与一个 long 型数据按位运算，先将 int 型数据扩展到 64 位，若为正，高位用 0 扩展，若为负，高位用 1 扩展，然后再进行位运算。

2. 移位运算符

Java 语言提供了 3 个移位运算符：左移运算符（<<）、右移运算符（>>）和无符号右移运算符（>>>）。

左移运算符（<<）用来将一个整数的二进制位序列左移若干位。移出的高位丢弃，右边添 0。例如，整数 7 的二进制序列为：

00000000 00000000 00000000 00000111

若执行 7 << 2，结果为：

00000000 00000000 00000000 00011100

结果是 7 左移 2 位，相当于 7 乘 4。

右移运算符（>>）用来将一个整数的二进制位序列右移若干位。移出的低位丢弃。若为正数，移入的高位添 0，若为负数，移入的高位添 1。

无符号右移运算符（>>>）也是将一个整数的二进制位序列右移若干位。它与右移运算符的区别是，不论正数还是负数左边一律移入 0。例如，-192 的二进制序列为：

11111111 11111111 11111111 01000000

若执行 -192 >> 3，结果为 -24。

11111111 11111111 11111111 11101000

若执行 -192 >>> 3，结果为 536870888。

00011111 11111111 11111111 11101000

注意：位运算符和移位运算符都只能用于整型数或字符型数据，不能用于浮点型数据。

2.3.4 逻辑运算符

逻辑运算符的运算对象只能是布尔型数据，并且运算结果也是布尔型数据。逻辑运算符包括以下几种：逻辑非(!)、短路与(&&)、短路或(||)、逻辑与(&)、逻辑或(|)、逻辑异或(^)。假设 A、B 是两个逻辑型数据，则逻辑运算的规则如表 2-7 所示。

表 2-7 逻辑运算的运算规则

A	B	!A	A&B	A|B	A^B	A&&B	A||B
false	false	true	false	false	false	false	false
false	true	true	false	true	true	false	true
true	false	false	false	true	true	false	true
true	true	false	true	true	false	true	true

从表 2-7 可以看出，对一个逻辑值 A，逻辑非(!)运算是当 A 为 true 时，!A 的值为 false，当 A 的值为 false，!A 的值为 true。

对逻辑"与"(&& 或 &)和逻辑"或"(|| 或 |)运算都有两个运算符。它们的区别是，&& 和 || 为短路运算符，而 & 和 | 为非短路运算符。对短路运算符，当使用 && 进行"与"运算时，若第一个(左面)操作数的值为 false 时，就可以判断整个表达式的值为 false，因此，不再继续求解第二个(右边)表达式的值。同样当使用"||"进行"或"运算时，若第一个(左面)操作数的值为 true 时，就可以判断整个表达式的值为 true，因此，不再继续求解第二个(右边)表达式的值。对非短路运算符(& 和 |)，将对运算符左右的表达式求解，最后计算整个表达式的结果。

对"异或"(^)运算，当两个操作数一个是 true，一个是 false 时，结果就为 true，否则结果为 false。

程序 2.6 LogicalDemo.java

```
public class LogicalDemo{
   public static void main(String[] args){
     int x = 1, y = 2, z = 3 ;
     boolean u = false;
     u = !((x >= --y || y++< z-- ) && y == z);
     System.out.println("u = " + u);

     y = 2;
     u = !(( x>= --y | y++< z-- ) & y == z);
     System.out.println("u = " + u);
   }
}
```

程序输出结果为：

u = true
u = false

该程序在第一次求 u 时先计算 x>=--y，结果为 true，此时不再计算 y++<z--，

因此 y 的值为 1,z 的值为 3,再计算 y == z 结果为 false,最外层括号中的值为 false,因此 u 的值为 true。在第二次计算 u 的值时,x、y、z 的值仍然是 1、2、3,在计算 x >= --y 的结果为 true 后,仍然要计算 y++<z-- 的值,结果 y 与 z 的值都为 2,因此后面的表达式值也为 true,取非后最终 u 值为 false。

上面的结果说明,在相同的条件下,使用短路还是非短路逻辑运算符,计算的结果可能不同。

2.3.5 赋值运算符

赋值运算符(assignment operator)用来为变量指定新值。赋值运算符主要有两类,一类是使用等号(=)赋值,把一个表达式的值赋给一个变量或对象;另一类是扩展的赋值运算符。下面分别讨论这两类赋值运算符。

1. 赋值运算符

赋值运算符"="的一般格式为:

```
variableName = expression;
```

这里,variableName 为变量名,expression 为表达式。其功能是将等号右边表达式的值赋给左边的变量。

例如:

```
int x = 10;
int y = x + 20;
```

赋值运算必须是类型兼容的,即左边的变量必须能够接受右边的表达式的值,否则会产生编译错误。例如,下面的语句会产生编译错误。

```
int j = 3.14 ;
```

因为 3.14 是 double 型数据,不能赋给整型变量,因为可能丢失精度。编译器的错误提示是 Type mismatch:cannot convert double to int。

使用等号(=)可以给对象赋值,这称为引用赋值。将右边对象的引用值(地址)赋给左边的变量,这样,两个变量地址相同,即指向同一对象。

例如:

```
Date d1 = new Date();
Date d2 = d1;
```

此时 d1、d2 指向同一个对象。对象引用赋值与基本数据类型的拷贝赋值是不同的。在第 4 章将详细讨论对象的引用赋值。

2. 扩展赋值运算符

在赋值运算符(=)前加上其他运算符,即构成扩展赋值运算符。它的一般格式为:

```
variableName op = expression;
```

这里 op 为运算符,其含义是将变量 variableName 的值与 expression 的值做 op 运算,结果赋给 variableName。例如,下面两行是等价的:

```
a + = 3;
a = a + 3;
```

扩展赋值运算符有 11 个，设 a = 15，b = 3，表 2-8 给出了所有的扩展的赋值运算符及其使用方法。

表 2-8 扩展的赋值运算符

扩展赋值运算符	表达式	等价表达式	结果
+=	a += b	a = a + b	18
-=	a -= b	a = a - b	12
*=	a *= b	a = a * b	45
/=	a /= b	a = a / b	5
%=	a %= b	a = a % b	0
&=	a &= b	a = a & b	3
|=	a |= b	a = a | b	15
^=	a ^= b	a = a ^ b	12
<<=	a <<= b	a = a << b	120
>>=	a >>= b	a = a >> b	1
>>>=	a >>>= b	a = a >>> b	1

2.3.6 运算符的优先级和结合性

运算优先级是指在一个表达式中出现多个运算符又没有用括号分隔时，先运算哪个后运算哪个。常说的"先算乘除后算加减"指的就是运算符优先级问题。不同的运算符有不同的运算优先级。

结合性是指对某个运算符构成的表达式，计算时如果先取运算符左边的操作数，然后取运算符，则该运算符是左结合的，若先取运算符右侧的操作数，后取运算符，则是右结合的。如赋值运算符就是右结合的。表 2-9 按优先级的顺序列出了各种运算符和结合性。

表 2-9 按优先级从高到低的运算符

优先级	运算符	名称	结合性
1	++	自增	右结合
	--	自减	
	+, -	正、负	
	~	按位取反	
	!	逻辑非	
	(cast)	类型转换	
2	*, /, %	乘、除和求余	左结合
3	+, -	加、减	左结合
	+	字符串连接	
4	<<, >>, >>>	左移、右移、无符号右移	左结合
5	<, <= , >, >= , instanceof	小于、小于等于、大于、大于等于、实例运算符	左结合
6	==, !=	相等、不相等	左结合
7	&	按位与、逻辑与	左结合

续表

优先级	运算符	名称	结合性
8	^	按位异或、逻辑异或	左结合
9	|	按位或、逻辑或	左结合
10	&&	逻辑与(短路)	左结合
11	||	逻辑或(短路)	左结合
12	?:	条件运算符	右结合
13	=	赋值	右结合
	+=,-=,*=,/=,%=	扩展赋值	

无须死记硬背运算符的优先级。必要时可以在表达式中使用圆括号,圆括号的优先级最高。圆括号还可以使表达式显得更加清晰。例如,考虑以下代码:

```
int x = 5;
int y = 5;
boolean z = x * 5 == y + 20;
```

因为"*"和"+"的优先级比"=="高,比较运算之后,z 的值是 true。但是,这个表达式的可读性比较差。使用圆括号把最后一行修改如下:

```
boolean z = (x * 5) == (y + 20);
```

最后结果相同。该表达式要比不使用括号的表达式清晰得多。

2.4 数据类型转换

通常整型、实型、字符型数据可能需要混合运算或相互赋值,涉及类型转换的问题。Java 语言是强类型的语言,即每个常量、变量、表达式的值都有固定的类型,而且每种类型都是严格定义的。在 Java 程序编译阶段,编译器要对类型进行严格的检查,任何不匹配的类型都不能通过编译器。例如,在 C/C++ 中可以把浮点型的值赋给一个整型变量,在 Java 中这是不允许的。如果一定要把一个浮点型的值赋给一个整型变量,需要进行类型转换。

在 Java 中,基本数据类型的转换分为自动类型转换和强制类型转换两种。

2.4.1 自动类型转换

自动类型转换也称加宽转换,是指将具有较少位数的数据类型转换为具有较多位数的数据类型。

例如:

```
byte b = 64;
int i = b;    // 字节型数据 b 自动转换为整型
```

将 byte 型变量 b 的值赋给 int 型变量 i,这是合法的,因为 int 型数据占的位数多于 byte 型数据占的位数,这就是自动类型转换。

以下类型之间允许自动转换:

• 从 byte 到 short、int、long、float 或 double;

- 从 short 到 int、long、float 或 double；
- 从 char 到 int、long、float 或 double；
- 从 int 到 long、float 或 double；
- 从 long 到 float 或 double；
- 从 float 到 double。

从一种整数类型扩大转换到另一种整数类型时，不会有信息丢失的危险。同样，从 float 转换为 double 也不会丢失信息。但从 int 或 long 转换为 float，从 long 转换为 double 可能发生信息丢失。

例如，下面代码的输出就丢失了精度。

```
int n = 123456789 ;
float f = n ;        // 可自动转换, 但丢失了精度
System.out.println(f) ; //输出结果是 1.23456792E8
```

当使用二元运算符对两个值进行计算时，如果两个操作数类型不同，一般要自动转换成更宽的类型。例如，计算 n + f，其中 n 是整数，f 是浮点数，则结果为 float 型数据。对于宽度小于 int 型数据的运算，结果为 int 型。

注意：布尔型数据不能与其他任何类型的数据相互转换。

2.4.2 强制类型转换

可以将位数较多的数据类型转换为位数较少的数据类型，如将 double 型数据转换为 byte 型数据，这时需要通过强制类型转换来完成。其语法是在圆括号中给出要转换的目标类型，随后是待转换的表达式。

例如：

```
byte  b = 5;
double d = 333.567;
b = (byte) d;              // 将 double 型值强制转换成 byte 型值
System.out.println(b);
```

上面语句的最后输出结果是 77。转换过程是先把 d 截去小数部分转换成整数，但转换成的整数也超出了 byte 型数据的范围，因此最后只得到该整数的低 8 位，结果为 77。

由此可以看到，强制类型转换有时可能要丢失信息。因此，在进行强制类型转换时应测试转换后的结果是否在正确的范围。

一般来说，以下类型之间的转换需要进行强制转换：

- 从 short 到 byte 或 char；
- 从 char 到 byte 或 short；
- 从 int 到 byte、short 或 char；
- 从 long 到 byte、short、char 或 int；
- 从 float 到 byte、short、char、int 或 long；
- 从 double 到 byte、short、char、int、long 或 float。

2.4.3 表达式中类型自动提升

除了赋值可能发生类型转换外,在含有变量的表达式中也有类型转换的问题,如下所示:

```java
byte a = 40;
byte b = 50;
byte c;
c = a + b;              // 编译错误
c = (byte)(a + b);      // 正确
int i = a + b;
```

上面代码中,尽管 a + b 的值没有超出 byte 型数据的范围,但是如果将其赋给 byte 型变量 c 将产生编译错误。这是因为,在计算表达式 a + b 时,编译器首先将操作数类型提升为 int 类型,最终计算出的 a + b 的结果 90 是 int 类型。如果要将计算结果赋给 c,必须使用强制类型转换。这就是所谓的表达式类型的提升。

下面代码不发生编译错误,即常量表达式不发生类型提升。

```java
c = 40 + 50;
```

自动类型转换和强制类型转换也发生在对象中,对象的强制类型转换也使用括号实现。关于对象类型的转换问题,请参阅第 7 章。

下面的程序要求用户从键盘输入一个 double 型数,输出该数的整数部分和小数部分。

程序 2.7　FractionDemo.java

```java
import java.util.Scanner;
public class FractionDemo {
    public static void main(String[]args){
        System.out.print("请输入一个浮点数: ");
        Scanner sc = new Scanner(System.in);
        double d = sc.nextDouble();
        System.out.println("整数部分: "+(int)d );
        System.out.println("小数部分: "+(d - (int)d));
    }
}
```

下面是程序的一次运行结果:

```
请输入一个浮点数: 2.71828
整数部分: 2
小数部分: 0.71828
```

2.5　小　　结

Java 语言的数据类型分为基本数据类型和引用数据类型。基本数据类型包括 boolean、char、byte、short、int、long、float 和 double 等 8 种,引用数据类型包括数组、类、接口和枚举等。

运算符和表达式是 Java 程序的基本要素。Java 运算符包括算术运算符、关系运算符、逻辑运算符、位运算符、赋值运算符和条件运算符等。在运算过程中可能需要数据类型的转换,其中包括自动类型转换和强制类型转换。

2.6 习　　题

1. Java 的基本数据类型有哪几种？int 型的数据最大值和最小值分别是多少？Java 引用数据类型有哪几种？

2. 什么是常量？什么是变量？字符字面量和字符串字面量有何不同？

3. Java 的字符使用何种编码？这种编码能表示多少个字符？

4. 下面(　　)语句会发生编译错误或警告。
    A. char d = "d";　　　　　　B. float f = 3.1415;
    C. int i = 34;　　　　　　　D. byte b = 257;
    E. boolean isPresent = true;

5. 什么是自动类型转换？什么是强制类型转换？试举例说明。

6. 如何从键盘上输入整数、浮点数和字符串？

7. 下面(　　)范围的值可以给 byte 型变量赋值。
    A. 依赖于基本硬件　　　　　B. $0 \sim 2^8 - 1$
    C. $0 \sim 2^{16} - 1$　　　　　　D. $-2^7 \sim 2^7 - 1$
    E. $-2^{15} \sim 2^{15} - 1$

8. 下面(　　)范围的值可以给 short 型的变量赋值。
    A. 依赖于基本硬件　　　　　B. $0 \sim 2^{16} - 1$
    C. $0 \sim 2^{32} - 1$　　　　　　D. $-2^{15} \sim 2^{15} - 1$
    E. $-2^{31} \sim 2^{31} - 1$

9. 选出 3 个合法的对 float 变量的声明。(　　)
    A. float foo = -1;　　　　　B. float foo = 1.0;
    C. float foo = 42e1;　　　　D. float foo = 2.02f;
    E. float foo = 3.03d;　　　　F. float foo = 0x0123;

10. 修改下面程序的错误之处。

```
public class Test{
   public static void main(String[] args){
      unsigned   byte b = 0;
      b = b - 1;
      System.out.println("b = " + b);
   }
}
```

11. 在下列表达式中,(　　)表达式的值相等。
    A. 3/2　　　B. 3<2　　　C. 3 * 4　　　D. 3 << 2
    E. 3 * 2^2　　F. 3 <<< 2

12. 下面代码的输出结果为(　　)。

```
int op1 = 51;
int op2 = -16;
System.out.println("op1 ^ op2 = "+(op1 ^ op2));
```

  A. op1 ^ op2 = 11000011   B. op1 ^ op2 = 67

  C. op1 ^ op2 = -61   D. op1 ^ op2 = 35

13. 下面程序输出的 j 值为( )。

```
public class Test{
    public static void main(String[] args){
        int i = 0xFFFFFFF1;
        int j = ~i;
        System.out.println("j = " + j);
    }
}
```

  A. 0   B. 1   C. 14   D. -15

  E. 第 3 行产生编译错误   F. 第 4 行产生编译错误

14. 写出下面程序输出结果。

```
public class Test{
    public static void main(String[] args){
        System.out.println(6 ^ 3);
    }
}
```

15. 设 x=1,y=2,z=3,u=false,写出下列表达式的结果。

  ① y+=z--/++x;   ② u=y>z^x!=z   ③ u=z<<y==z*2*2

16. 编写程序,从键盘上输入一个 double 型的华氏温度,然后将其转换为摄氏温度输出。转换公式为摄氏度 =(5/9)×(华氏度-32)。

17. 编写程序,从键盘上输入圆柱底面半径和高,计算并输出圆柱的体积。

18. 编写程序,从键盘上输入你的体重(单位:公斤)和身高(单位:米),计算你的身体质量指数(Body Mass Index,BMI),该值是衡量一个人是否超重的指标。计算公式为 BMI=体重/身高的平方。

19. 编写程序,计算贷款的每月支付额。程序要求用户输入贷款的年利率、总金额和年数,程序计算月支付金额和总偿还金额,并将结果显示输出。计算贷款的月支付额公式如下:

$$\frac{贷款总额 \times 月利率}{1-\dfrac{1}{(1+月利率)^{年数\times 12}}}$$

第 3 章　程序流程控制

流程控制是所有编程语言的基本功能,主要用来控制程序中各语句的执行顺序。在 Java 语言中最主要的流程控制方式是结构化程序设计中规定的三种基本控制结构,即顺序结构、分支结构和循环结构。

顺序结构比较简单,它的执行过程是从所描述的第一个操作开始,按顺序依次执行后续的操作,直到序列的最后一个操作。前面的例子都是顺序结构的。本章主要讨论分支结构和循环结构。

3.1　分支结构

分支结构也叫选择结构。Java 语言提供了两种分支结构,即 if-else 结构和 switch 结构。

3.1.1　if 语句结构

1. 单分支结构

if-else 结构是最常用的分支结构,可以实现单分支和双分支结构。单分支的 if 结构的一般格式如下:

```
if (condition){
    statements;
}
```

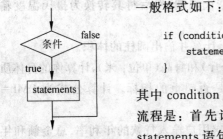

图 3-1　单分支结构

其中 condition 为布尔表达式,它的值为 true 或 false。程序执行的流程是:首先计算 condition 表达式的值,若其值为 true,则执行 statements 语句序列,否则转去执行 if 结构后面的语句,如图 3-1 所示。

编写程序,从键盘上读取一个整数,检查该数是否能同时被 5 和 6 整除,是否能被 5 或被 6 整除,是否只能被 5 或只能被 6 整除。

程序 3.1　CheckNumber.java

```java
import java.util.Scanner;
public class CheckNumber{
  public static void main(String[] args){
    Scanner sc = new Scanner(System.in);
    System.out.print("请输入一个整数: ");
    int num = sc.nextInt();
```

```
        if(num % 5 == 0 && num % 6 == 0){
            System.out.println( num + " 能被5和6同时整除.");
        }

        if(num % 5 == 0 || num % 6 == 0){
            System.out.println( num + " 能被5或6整除.");
        }

        if(num % 5 == 0 ^ num % 6 == 0){
            System.out.println( num + " 能只被5或只被6整除.");
        }
    }
}
```

下面是程序运行的一次结果：

请输入一个整数：12
12 能被 5 或 6 整除.
12 能只被 5 或只被 6 整除.

2. 双分支结构

双分支的 if 结构的一般格式如下：

```
if (condition){
    statements1;
}else{
    statements2;
}
```

该结构的执行流程是,首先计算 condition 的值,如果为 true,则执行 statements1 语句序列,否则执行 statements2 语句序列,如图 3-2 所示。当 if 或 else 部分只有一条语句时,大括号可以省略,但推荐使用大括号。

下面的程序要求从键盘上输入一个年份,输出该年是否是闰年。符合下面两个条件之一的年份即为闰年：

① 能被 4 整除,但不能被 100 整除。
② 能被 400 整除。

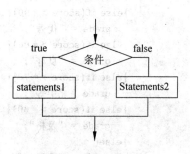

图 3-2 双分支结构

程序 3.2   LeapYear.java

```
import java.util.Scanner;
public class LeapYear{
    public static void main(String[] args){
        Scanner sc = new Scanner(System.in);
        System.out.print("请输入年份：");
        int year = sc.nextInt();
        if((year % 4 == 0 && year % 100 != 0)||year % 400 == 0){
            System.out.println(year + " 年是闰年.");
        }else{
            System.out.println(year + " 年不是闰年.");
        }
    }
}
```

}

程序输出结果为:

请输入年份:2013
2013年不是闰年.

3. 阶梯式 if-else 结构

如果程序逻辑需要多个选择,可以在 if 语句中使用一系列的 else 语句,这种结构有时称为阶梯式 if-else 结构。下面程序要求输入学生的百分制成绩,打印输出等级的成绩。等级规定为,90 分(包括)以上的为"优秀",80 分(包括)以上的为"良好",70 分(包括)以上的为"中等",60 分(包括)以上的为"及格",60 分以下为"不及格"。

程序 3.3 ScoreGrade.java

```java
import java.util.Scanner;

public class ScoreGrade{
  public static void main(String[] args){
    Scanner sc = new Scanner(System.in);
    System.out.print("请输入成绩: ");
    double score = sc.nextDouble();
    String grade = "";
    if(score > 100 || score < 0){
       System.out.println("输入的成绩不正确.");
       System.exit(0);          //结束程序运行
    }else if(score >= 90){
       grade = "优秀";
    }else if(score >= 80){
       grade = "良好";
    }else if(score >= 70){
       grade = "中等";
    }else if(score >= 60){
       grade = "及格";
    }else{
       grade = "不及格";
    }
    System.out.println("你的成绩为: " + grade);
  }
}
```

下面是程序的一次运行结果:

请输入成绩:78
你的成绩为:中等

3.1.2 条件运算符

条件运算符(conditional operator)的格式如下:

condition ? expr1: expr2

因为有三个操作数,又称为三元运算符。这里 condition 为关系或逻辑表达式,其计算结果为布尔值。如果该值为 true,则计算表达式 expr1 的值,并将计算结果作为整个条件表达式的结果;如果该值为 false,则计算表达式 expr2 的值,并将计算结果作为整个条件表达式的结果。

条件运算符可以实现 if-else 结构。例如,若 max,a,b 是 int 型变量,下面结构:

```
if (a > b) {
  max = a;
}
else {
  max = b;
}
```

用条件运算符表示为:

```
max = (a > b)? a : b;
```

从上面可以看到使用条件运算符会使代码简洁,但是不容易理解。现代的编程,程序的可读性变得越来越重要,因此推荐使用 if-else 结构,毕竟并没有多输入多少代码。

3.1.3 switch 语句结构

如果需要从多个选项选择其中一个,可以使用 switch 语句。switch 语句主要实现多分支结构,一般格式如下:

```
switch (expression){
  case value1:
    statements    [break;]
  case value2:
    statements    [break;]
  ⋮
  case valuen:
    statements    [break;]
  [default:
    statements]
}
```

其中 expression 是一个表达式,它的值必须是 byte、short、int、char、enum 类型或 String 类型。case 子句用来设定每一种情况,后面的值必须与表达式值类型相容。程序进入 switch 结构,首先计算 expression 的值,然后用该值依次与每个 case 中的常量(或常量表达式)的值进行比较,如果等于某个值,则执行该 case 子句中后面的语句,直到遇到 break 语句为止。

break 语句的功能是退出 switch 结构。如果在某个情况处理结束后就离开 switch 结构,则必须在该 case 结构的后面加上 break 语句。

default 子句是可选的,当表达式的值与每个 case 子句中的值都不匹配时,就执行 default 后的语句。如果表达式的值与每个 case 子句中的值都不匹配,且又没有 default 子句,则程序不执行任何操作,而是直接跳出 switch 结构,执行后面的语句。

编写程序,从键盘输入一个年份(如2000年)和一个月份(如2月),输出该月的天数(为29)。

程序 3.4　SwitchDemo.java

```java
import java.util.Scanner;

public class SwitchDemo{
  public static void main(String[] args) {
    Scanner input = new Scanner(System.in);
    System.out.print("Enter a year: ");
    int year = input.nextInt();
    System.out.print("Enter a month: ");
    int month = input.nextInt();
    int numDays = 0;
    switch (month) {
       case 1: case 3: case 5:
       case 7: case 8: case 10:
       case 12:
           numDays = 31;
           break;
       case 4: case 6: case 9: case 11:
           numDays = 30;
           break;
       case 2:      // 对于2月需要判断是否是闰年
           if (((year % 4 == 0) &&
              !(year % 100 == 0))
              || (year % 400 == 0))
             numDays = 29;
           else
             numDays = 28;
           break;
       default:
           System.out.println("月份非法.");
           break;
    }
    System.out.println("该月的天数为: "   + numDays);
  }
}
```

下面是程序的一次运行结果:

```
Enter a year: 2000
Enter a month: 2
该月的天数为: 29
```

在Java SE 7中,可以在switch语句的表达式中使用String对象,下面代码根据月份的字符串名称输出数字月份。

程序 3.5　StringSwitchDemo.java

```java
import java.util.Scanner;
public class StringSwitchDemo {
```

```java
public static void main(String[] args) {
    String month = "";
    int monthNumber = 0;
    Scanner input = new Scanner(System.in);
    System.out.println("请输入一个月份的英文名称：");
    month = input.next();
    switch (month.toLowerCase()) {
        case "january": monthNumber = 1;break;
        case "february": monthNumber = 2;break;
        case "march": monthNumber = 3; break;
        case "april": monthNumber = 4; break;
        case "may": monthNumber = 5; break;
        case "june": monthNumber = 6; break;
        case "july": monthNumber = 7; break;
        case "august": monthNumber = 8; break;
        case "september": monthNumber = 9; break;
        case "october": monthNumber = 10; break;
        case "november": monthNumber = 11; break;
        case "december": monthNumber = 12; break;
        default:
            monthNumber = 0; break;
    }

    if (monthNumber == 0) {
      System.out.println("输入的月份名非法");
    }else {
      System.out.println(month + "是" + monthNumber + "月");
    }
  }
}
```

程序中 month.toLowerCase() 是将字符串转换成小写字符串。switch 表达式中的字符串与每个 case 中的字符串进行比较。

3.2 循环结构

在程序设计中，有时需要反复执行一段相同的代码，这时就需要使用循环结构来实现。Java 语言提供了 4 种循环结构：while 循环、do-while 循环、for 循环和增强的 for 循环。

一般情况下，一个循环结构包含 4 部分内容。

① 初始化部分：设置循环开始时的程序状态。

② 循环条件：循环条件一般是一个布尔表达式，当表达式的值为 true 时执行循环体，为 false 时退出循环。

③ 迭代部分：改变变量的状态。

④ 循环体部分：需要重复执行的代码。

3.2.1 while 循环结构

while 循环是 Java 最基本的循环结构，这种循环是在某个条件为 true 时，重复执行一个语句或语句块。它的一般格式如下：

```
[initialization]
while (boolean_expression ){
    // 循环体
    [iteration]
}
```

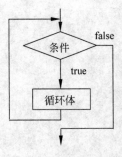

图 3-3 while 循环结构

其中,initialization 为初始化部分;boolean_expression 为一个布尔表达式,是循环条件;中间的部分为循环体,用一对大括号定界; iteration 为迭代部分。

该循环首先判断循环条件,当条件为 true 时,一直反复执行循环体。这种循环一般称为"当循环"。一般用在循环次数不确定的情况下。while 循环的执行流程如图 3-3 所示。

下面一段代码使用 while 结构求 1～100 之和。

```
int n = 1;
int sum = 0;
while(n <= 100){
    sum = sum + n;
    n = n + 1;
}
System.out.println("sum = " + sum);    // 输出 sum = 5050
```

程序 3.6 采用 while 循环结构,计算下面级数之和:

$$\frac{1}{3}+\frac{3}{5}+\frac{5}{7}+\frac{7}{9}+\frac{9}{11}+\frac{11}{13}+\cdots+\frac{95}{97}+\frac{97}{99}$$

程序 3.6 SeriesSum.java

```
public class SeriesSum{
  public static void main(String[] args){
    int n = 1;
    double sum = 0;
    while( n < 99){
      sum = sum + (double) n / (n + 2);    // 将一个操作数转换成 double
      n = n + 2;
    }
    System.out.println("sum = " + sum);
  }
}
```

程序输出结果为:

sum = 45.124450303050196

下面的程序随机产生一个 100～200 的整数,用户从键盘上输入所猜的数,程序显示是否猜中的消息,如果没有猜中要求用户继续猜,直到猜中为止。

程序 3.7 GuessNumber.java

```
import java.util.Scanner;
public class GuessNumber{
```

```java
    public static void main(String[] args){
        int magic = (int)(Math.random() * 101) + 100;
        Scanner sc = new Scanner(System.in);
        System.out.print("请输入你猜的数: ");
        int guess = sc.nextInt();
        while(guess != magic){
          if(guess > magic)
            System.out.print("错误!太大,请重猜: ");
          else
            System.out.print("错误!太小,请重猜: ");
          guess = sc.nextInt();
        }
        System.out.println("恭喜你,答对了!\n该数是: " + magic);
    }
}
```

程序中使用了 java.lang.Math 类的 random 方法,该方法返回一个 0.0~1.0(不包括 1.0)的 double 型的随机数。程序中该方法乘以 101 再转换为整数,得到 0~100 的整数,再加上 100,则 magic 的范围就为 100~200 的整数。

3.2.2 do-while 循环结构

do-while 循环的一般格式如下:

```
[initialization]
do{
  // 循环体
  [iteration]
}while(termination);
```

do-while 循环执行过程如图 3-4 所示。

该循环首先执行循环体,然后计算条件表达式。如果表达式的值为 true,则返回到循环的开始继续执行循环体,直到 termination 的值为 false 循环结束。这种循环一般称为"直到型"循环。该循环结构与 while 循环结构的不同之处是,do-while 循环至少执行一次循环体。

编写程序,要求用户从键盘上输入若干个 double 型数(输入 0 则结束),程序计算并输出这些数的总和与平均值。

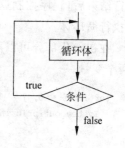

图 3-4 do-while 循环结构

程序 3.8 DoWhileDemo.java

```java
import java.util.Scanner;
public class DoWhileDemo {
  public static void main(String[] args) {
    double sum = 0, avg = 0;
    int n = 0;
    double number;
    Scanner input = new Scanner(System.in);
```

```
        do{
          System.out.print("Enter a number: ");
          number = input.nextDouble();
          if(number != 0){
             sum = sum + number;
             n = n + 1;
          }
        }while(number!= 0);
        avg = sum / n;
        System.out.println("sum = " + sum);
        System.out.println("avg = " + avg);
     }
  }
```

3.2.3 for 循环结构

for 循环是 Java 语言中 4 种循环结构中功能最强,也是使用最广泛的循环结构。它的一般格式如下:

```
for (initialization; termination; iteration){
   // 循环体
}
```

在 for 循环中,initialization 为循环的初始化部分,termination 为循环的条件,iteration 为迭代部分,三部分需用分号隔开。for 循环开始执行时首先执行初始化部分,该部分在整个循环中只执行一次。在这里可以定义循环变量并赋初值,可以定义多个循环变量,中间用逗号分隔,这里也是 Java 语言唯一可以使用逗号运算符的地方。

接下来判断循环的终止条件,若为 true 则执行循环体部分,否则退出循环。当循环体执行结束后,程序控制返回到迭代部分,执行迭代,然后再次判断终止条件,若为 true 则反复执行循环体。

在初始化部分可以声明多个变量,它们的作用域在循环体内,如下面循环中声明了 i 和 j 两个变量。

```
for(int i = 0, j = 10 ; i < j ; i++, j-- ){
   System.out.println("i = " + i + ",j = " + j);
}
```

for 循环中的一部分或全部可为空,循环体也可为空,但分号不能省略。

例如:

```
for ( ;  ; ){}
```

for 循环和 while 循环及 do-while 循环有时可相互转换。例如,有下面的 for 循环:

```
for(int i = 0, j = 10 ; i < j ; i++, j-- ){
    System.out.println("i = " + i + ",j = " + j);
}
```

可以转换为下面等价的 while 循环结构。

```
int i = 0, j = 10;
while(i < j){
  System.out.println("i = " + i + ",j = " + j);
  i++;
  j-- ;
}
```

提示：在 Java 5 中增加了一种新的循环结构,称为增强的 for 循环,主要用于对数组和集合对象的元素迭代。关于增强的 for 循环在 5.1.2 节中讨论。

3.2.4 循环结构的嵌套

在一个循环结构的循环体中可以嵌套另一个完整的循环结构,称为**循环的嵌套**。内嵌的循环还可以嵌套循环,这就是多层循环。同样,在循环体中也可以嵌套另一个选择结构。

下面程序打印输出九九乘法表,这里使用了循环的嵌套。

程序 3.9　NineTable.java

```
public class Ninetable{
  public static void main(String[] args){
    int i , j;
    for(i = 1; i <= 9; i++){
      for(j = 1; j <= i; j++)
        System.out.print(j +" * " + i +" = " + i*j +" ");
      System.out.println();
    }
  }
}
```

程序输出结果为:

```
1*1=1
1*2=2   2*2=4
1*3=3   2*3=6   3*3=9
1*4=4   2*4=8   3*4=12  4*4=16
1*5=5   2*5=10  3*5=15  4*5=20  5*5=25
1*6=6   2*6=12  3*6=18  4*6=24  5*6=30  6*6=36
1*7=7   2*7=14  3*7=21  4*7=28  5*7=35  6*7=42  7*7=49
1*8=8   2*8=16  3*8=24  4*8=32  5*8=40  6*8=48  7*8=56  8*8=64
1*9=9   2*9=18  3*9=27  4*9=36  5*9=45  6*9=54  7*9=63  8*9=72  9*9=81
```

3.2.5　break 语句和 continue 语句

在 Java 循环体中可以使用 continue 语句和 break 语句。

1. break 语句

break 语句是用来跳出 while、do、for 或 switch 结构的执行,该语句有两种格式:

```
break;
break lable;
```

break 语句的功能是结束本次循环,控制转到其所在循环的后面执行。对各种循环均直接退出,不再计算循环控制表达式。下面程序演示了 break 语句的使用。

程序 3.10　BreakDemo.java

```java
public class BreakDemo{
  public static void main(String[] args){
    int n = 1;
    int sum = 0;
    while(n <= 100){
      sum = sum + n;
      if(sum > 100){
        break;   // 若条件成立退出循环
      }
      n = n + 2;
    }
    System.out.println("n = " + n);
    System.out.println("sum = " + sum);
  }
}
```

程序输出结果为:

```
n = 21
sum = 121
```

使用 break 语句只能跳出当前的循环体。如果程序使用了多重循环,又需要从内层循环跳出或者从某个循环开始重新执行,此时可以使用带标签的 break。

考虑下面代码:

```
start:
for(int i = 0; i < 3; i++){
  for(int j = 0; j < 4; j++){
    if(j==2){
      break start;}
    System.out.println(i +": " + j);
  }
}
```

这里,标签 start 用来标识外层的 for 循环,因此语句 break start;跳出了外层循环。上述代码的运行结果如下:

```
0 : 0
0 : 1
```

2. continue 语句

continue 语句与 break 语句类似,但它只终止执行当前的迭代,导致控制权从下一次迭代开始。该语句有下面两种格式:

```
continue;
continue label;
```

以下代码会输出 0~9 的数字，但不会输出 5。

```java
for(int i = 0; i < 10; i++){
  if(i == 5){
    continue;
  }
  System.out.println(i);
}
```

当 i 等于 5 时，if 语句的表达式运算结果为 true，使得 continue 语句得以执行。因此，后面的输出语句不能执行，控制权从下一次循环处继续，即 i 等于 6 时。

continue 语句也可以带标签，用来标识从哪一层循环继续执行。下面是使用带标签的 continue 语句的例子。

```java
start:
for(int i = 0; i < 3; i++){
  for(int j = 0; j < 4; j++){
    if(j == 2){
      continue start;
    }
    System.out.println(i + " : " + j);
  }
}
```

这段代码的运行结果如下：

```
0 : 0
0 : 1
1 : 0
1 : 1
2 : 0
2 : 1
```

注意：

（1）带标签的 break 可用于循环结构和带标签的语句块，而带标签的 continue 只能用于循环结构。

（2）标签命名遵循标识符的命名规则，不相互包含的块名字可相同。

（3）带标签的 break 和 continue 语句不能跳转到不相关的标签块。

提示： 在 C/C++ 语言中可以使用 goto 语句从内层循环跳到外层循环，但是在 Java 语言尽管将 goto 作为关键字，但不能使用，也没有意义。

下面的程序在循环体中使用了带标签的 break 语句和 continue 语句。

程序 3.11 LabelDemo.java

```java
public class LabelDemo{
  public static void main(String[] args){
    outer:
    for(int i = 0; i < 3; i++){
      System.out.println("i = " + i);
      inner:
```

```java
      for(int j = 0; j < 100; j++){
        if(j == 20){
          break outer;}
        if(j % 3 ==0){
          continue inner; }
        System.out.print(j + "  ");
      }
      System.out.println("This will not be print.");
    }
    System.out.print("\\n");
    System.out.println("Loop Finish");
  }
}
```

该程序在执行内层循环时,当 j 的值为 20 时,执行 break outer;程序结束 outer 循环,若 j 能被 3 整除,返回到内层循环的迭代处继续执行。

程序输出结果为:

```
i = 0
1  2  4  5  7  8  10  11  13  14  16  17  19
Loop Finish
```

3.3 案例研究

3.3.1 一位数加法练习程序

为一年级小学生编写一位数加法运算练习程序。程序开始运行随机生成两个一位数,让学生输入计算结果,程序给出结果是否正确。

程序 3.12　AdditionQuiz.java

```java
import java.util.Scanner;

public class AdditionQuiz {
  public static void main(String[]args){
    int number1 = (int)(Math.random() * 10);
    int number2 = (int)(Math.random() * 10);
    Scanner input = new Scanner(System.in);
    System.out.print(number1 + "+" + number2 + "=");
    int answer = input.nextInt();
    if(answer == number1 + number2){
      System.out.println("恭喜你,答对了!");
    }else{
      System.out.println("很遗憾,答错了!");
      System.out.println(number1 + "+" + number2 +" = " + (number1 + number2));
    }
  }
}
```

下面是程序的一次运行结果：

```
1 + 6 = 10
很遗憾,答错了!
1 + 6 = 7
```

3.3.2 任意抽取一张牌

从一副纸牌中任意抽取一张,并打印出抽取的是哪一张牌。已知,一副牌有 4 种花色,黑桃、红桃、方块和梅花。每种花色有 13 张牌,共有 52 张牌。可以将这 52 张牌编号,从 0～51。规定编号 0～12 为黑桃,13～25 为红桃,26～38 为方块,39～51 为梅花。

可以使用整数的除法运算来确定是哪一种花色,用求余数运算确定是哪一张牌。例如,假设抽出的数是 n,计算 n/13 的结果,若为 0,则牌的花色为黑桃;若为 1,则牌的花色为红桃;若为 2,则牌的花色为方块;若为 3,则牌的花色为梅花。计算 n%13 的结果可得到第几张牌。

程序 3.13   PickCards.java

```java
public class PickCards {
  public static void main(String[] args){
    int card = (int) (Math.random() * 52);
    String suit = "", rank = "";
    switch(card / 13){    // 确定牌的花色
      case 0: suit = "黑桃";break;
      case 1: suit = "红桃";break;
      case 2: suit = "方块";break;
      case 3: suit = "梅花";break;
    }
    switch(card % 13){    // 确定是第几张牌
      case 0: rank = "A";break;
      case 10: rank = "J";break;
      case 11: rank = "Q";break;
      case 12: rank = "K";break;
      default: rank = "" + (card %13 +1);
    }
    System.out.println("你抽取的牌是:" + suit + " " + rank);
  }
}
```

下面是程序的一次运行结果：

```
你抽取的牌是: 梅花 2
```

3.3.3 求最大公约数

两个整数的最大公约数(greatest common divisor,GCD)是能够同时被两个数整除的最大整数。例如,4 和 2 的最大公约数是 2,16 和 24 的最大公约数是 8。

求两个整数的最大公约数有多种方法。一种方法是,假设求两个整数 m 和 n 的最大公约数,显然 1 是一个公约数,但它可能不是最大的。可以依次检查 k(k=2,3,4,…)是否是 m 和 n 的最大公约数,直到 k 大于 m 或 n 为止。

程序 3.14 GCD.java

```java
import java.util.Scanner;

public class GCD{
  public static void main(String[] args){
    Scanner input = new Scanner(System.in);
    System.out.print("Enter first integer: ");
    int m = input.nextInt();
    System.out.print("Enter second integer: ");
    int n = input.nextInt();

    int gcd = 1;
    int k = 2;
    while(k <= m && k <= n){
      if(m%k == 0 && n%k == 0) // 判断k是否能同时被n1和n2整除
        gcd = k;
      k++;
    }
    System.out.println("The GCD of " + m + " and " + n + " is " + gcd);
  }
}
```

下面是程序的一次运行结果:

```
Enter first integer: 16
Enter second integer: 24
The GCD of 16 and 24 is 8
```

计算两个整数 m 与 n 的最大公约数还有一个更有效的方法,称为辗转相除法或称欧几里得算法,其基本步骤如下:计算 r = m%n,若 r == 0,则 n 是最大公约数。若 r != 0,执行 m = n,n = r,再次计算 r = m%n,直到 r==0 为止,最后一个 n 即为最大公约数。请读者自行编写程序实现上述算法。

3.3.4 打印输出若干素数

下列程序计算并输出前 50 个素数,每行输出 10 个。

程序 3.15 PrimeNumber.java

```java
public class PrimeNumber{
  public static void main(String[] args){
    int count = 0;
    int number = 2;
    boolean isPrime;
    System.out.println("The first 50 primes are: \\n");
    while(count < 50){
      isPrime = true;
```

```
        for(int divisor = 2; divisor * divisor <= number; divisor ++){
            if(number % divisor == 0){
                isPrime = false;
                break;
            }
        }
        if(isPrime){
            count ++;
            if(count % 10 == 0)
                System.out.println(number);
            else
                System.out.print(number + " ");
        }
        number ++;
    }
  }
}
```

程序输出结果如下：

The first 50 primes are:

```
2    3    5    7    11   13   17   19   23   29
31   37   41   43   47   53   59   61   67   71
73   79   83   89   97   101  103  107  109  113
127  131  137  139  149  151  157  163  167  173
179  181  191  193  197  199  211  223  227  229
```

3.3.5 打印一年的日历

编写程序提示用户从键盘上输入一个年份（如 2013）和该年第一天是星期几，星期用数字表示，0 表示星期日，1 表示星期一等。程序打印该年的每月的月历，如下所示。

```
           January   2013
    -----------------------------------
    Sun  Mon  Tue  Wed  Thu  Fri  Sat
                    1    2    3    4    5
     6    7    8    9    10   11   12
    13   14   15   16   17   18   19
    20   21   22   23   24   25   26
    27   28   29   30   31
    ...
           December  2013
    -----------------------------------
    Sun  Mon  Tue  Wed  Thu  Fri  Sat
     1    2    3    4    5    6    7
     8    9    10   11   12   13   14
    15   16   17   18   19   20   21
    22   23   24   25   26   27   28
    29   30   31
```

程序要求输入的年份用于计算是否是闰年(二月份有 29 天),程序用变量 startDay 记录 1 月 1 日是星期几,然后使用(startDay+daysOfMonth)%7 表达式计算其他月 1 日是星期几。

程序 3.16　PrintCalendar.java

```java
import java.util.Scanner;

public class PrintCalendar {
  public static void main(String[] args){
    Scanner input = new Scanner(System.in);
    System.out.print("Enter full year(e.g.2010): ");
    int year = input.nextInt();
    System.out.print("Enter the day(0 Sunday)of first day: ");
    int startDay = input.nextInt();
    int month = 0;              // 存储月份
    for(month = 1; month < 13; month++){
      String monthName = "";
      switch(month){
        case 1: monthName = "January";break;
        case 2: monthName = "February";break;
        case 3: monthName = "March";break;
        case 4: monthName = "April";break;
        case 5: monthName = "May";break;
        case 6: monthName = "June";break;
        case 7: monthName = "July";break;
        case 8: monthName = "August";break;
        case 9: monthName = "September";break;
        case 10: monthName = "October";break;
        case 11: monthName = "November";break;
        case 12: monthName = "December";
      }
      int daysOfMonth = 0;   // 存储当前月的天数
      if(month == 1||month == 3||month == 5||month == 7
         ||month == 8||month == 10||month == 12)
        daysOfMonth = 31;
      if(month == 4||month == 6||month == 9||month == 11)
        daysOfMonth = 30;
      if(month == 2){
        if(year % 4 == 0&&year % 100!= 0||year % 400 == 0)
          daysOfMonth = 29;
        else
          daysOfMonth = 28;
      }
      System.out.println("          " + monthName + "   " + year);
      System.out.println("---------------------------------------------");
      System.out.println(" Sun Mon Tue Wed Thu Fri Sat");
      int i;
      for(i = 0;i < startDay;i++)
        System.out.print("    ");
      for(i = 1; i <= daysOfMonth;i++){
        System.out.printf(" %4d",i);
```

```
            if((startDay + i) % 7 == 0)
              System.out.println();
          }
          startDay = (startDay + daysOfMonth) % 7;
          System.out.println("\n");
        }
      }
    }
```

运行该程序输入年 2013,输入星期 2(2013 年 1 月 1 日是星期二)可以输出 2013 年每月日历。

3.4 小　　结

分支结构和循环结构是结构化程序设计的两种重要程序流程控制结构。分支结构可以通过 if-else 和 switch 实现,循环结构包括 while 循环、do-while 循环、for 循环和增强的 for 循环。分支结构和循环结构可以相互嵌套。

3.5 习　　题

1. 写出下面程序运行的结果。

```
public class Foo{
  public static void main(String[] args){
    int i = 1;
    int j = i++;
    if((i > ++j) && (i++ == j)){
      i += j;
    }
    System.out.println("i = " + i +", j = " + j);
  }
}
```

2. 给定下面代码段,问变量 i 可使用(　　)3 种数据类型。

```
switch (i) {
  default:
    System.out.println("Hello");
}
```

　A. char　　　　B. byte　　　　C. float　　　　D. double
　E. Object　　　F. enum

3. 给定下面程序段,输出结果为(　　)。

```
int i = 1, j = 0;
switch(i) {
  case 2:    j += 6;
  case 4:    j += 1;
```

```
        default:    j += 2;
        case 0:    j += 4;
    }
    System.out.println(j);
```

  A. 6   B. 1   C. 2   D. 4

4. 下面的程序有错误：

```
public class IfWhileTest {
    public static void main (String []args) {
        int x = 1, y = 6;
        if(x = y)
            System.out.println("Equal ");
        else
            System.out.println("Not equal ");
        while (y-- )  { x++; }
        System.out.println("x = " + x + "  y = " + y);
    }
}
```

若使程序输出下面结果，应如何修改程序。

```
Not equal
x = 7  y = -1
```

5. 下面程序段执行后，i、j 的值分别为( )。

```
int i = 1, j = 10;
do{
    if(i++>--j)   continue;
}while(i < 5);
```

  A. i = 6 j = 5   B. i = 5 j = 5
  C. i = 6 j = 4   D. i = 5 j = 6

6. 下面程序输出 2~100 的所有素数，请填空。

```
public class PrimeDemo {
    public static void main(String[] args){
        int i = 0, j = 0;
        for(i = 2; i <= 100; i++){
            for(j = 2; j < i; j++){
                if(i % j == 0)
                    _____
            }
            if(_____)
                System.out.print(i + "  ");
        }
    }
}
```

7. 下面程序的执行结果为( )。

```
public class FooBar{
  public static void main(String[] args){
    int i = 0, j = 5;
    tp: for(; ; i++){
      for(; ; --j)
        if(i > j)   break tp;
    }
    System.out.println("i = " + i + ",j = " + j);
  }
}
```

A. i = 1, j = -1   B. i = 0, j = -1
C. i = 1, j = 4   D. i = 0, j = 4
E. 在第 4 行产生编译错误

8. 下列程序的输出结果是(   )。

```
public class Ternary{
  public static void main(String[] args){
    int a = 5;
    System.out.println("值为 - " + ((a < 5) ? 9.9 : 9));
  }
}
```

A. 值为-9   B. 值为-5   C. 发生编译错误   D. 都不是

9. 编写程序，接受用户从键盘上输入 10 个整数，比较并输出其中的最大值和最小值。

10. 求解"鸡兔同笼问题"：鸡和兔在一个笼里，共有腿 100 条，头 40 个，问鸡兔各有几只？

11. 从键盘上输入一个百分制的成绩，输出五级制的成绩，如输入 85，输出"良好"，要求使用 switch 结构实现。

12. 编写程序，从键盘上输入一个整数，计算并输出该数的各位数字之和。

例如：

请输入一个整数：8899123
各位数字之和为：40

13. 假设大学的学费年增长率为 7.8%，编程计算多少年后学费翻一番？

14. 编写程序，求出所有的水仙花数。水仙花数是这样的三位数，它各位数字的立方和等于这个三位数本身，如 $371 = 3^3 + 7^3 + 1^3$，371 就是一个水仙花数。

15. 从键盘上输入两个整数，计算这两个数的最小公倍数和最大公约数并输出。

16. 编写程序，求出 1~1000 的所有完全数。完全数是其所有因子（包括 1 但不包括该数本身）的和等于该数。例如，28=1+2+4+7+14，28 就是一个完全数。

17. 编写程序读入一个整数，显示该整数的所有素数因子。例如，输入整数为 120，输出应为 2、2、2、3、5。

18. 编写程序，计算当 $n=10\,000, 20\,000, \cdots, 100\,000$ 时 π 的值。求 π 的近似值公式如下：

$$\pi = 4 \times \left(1 - \frac{1}{3} + \frac{1}{5} - \frac{1}{7} + \frac{1}{9} - \frac{1}{11} + \frac{1}{13} + \cdots + \frac{1}{2n-1} - \frac{1}{2n+1}\right)$$

第 4 章　类和对象基础

Java 语言是面向对象的语言,类和对象是 Java 语言最基本的要素。本章首先介绍面向对象的基本概念;然后介绍如何定义类、如何定义类的成员变量和成员方法,如何创建和使用对象,如何定义重载方法和构造方法、方法参数的传递,static 变量和方法的使用,包的概念和 import 语句的使用等。

4.1　面向对象基础

4.1.1　面向对象的基本概念

为了理解 Java 面向对象的程序设计思想,这里简单介绍有关面向对象的基本概念。

1. 对象

在现实世界中,对象(object)无处不在。人们身边存在的一切事物都是对象。如一个人、一辆汽车、一台电视机、一所学校甚至一个地球,这些都是对象。除了这些可以触及的事物是对象外,还有一些抽象的概念,如一次会议、一场足球比赛、一个账户等也都可以抽象为一个对象。

一个对象一般具有两方面的特征:状态和行为。状态用来描述对象的静态特征,行为用来描述对象的动态特征。

例如,一辆汽车可以用生产厂家、颜色、最高时速、出厂年份、价格等描述其状态。汽车可以启动、加速、转弯和停止等,这些是汽车所具有的行为或者说施加在汽车上的操作。再如,一场足球比赛可以通过比赛时间、比赛地点、参加的球队和比赛结果等特性来描述。软件对象也是对现实世界对象的状态和行为的模拟,如软件中的窗口就是一个对象,它可以有自己的状态和行为。

通过上面的说明,可以给"对象"下一个定义,即对象是现实世界中的一个实体,它具有如下特征:有一个状态用来描述它的某些特征。有一组操作,每个操作决定对象的一种功能或行为。

因此,对象是其自身所具有的状态特征及可以对这些状态施加的操作结合在一起所构成的实体。一个对象可以非常简单,也可以非常复杂。复杂的对象往往是由若干个简单对象组合而成的。例如,一辆汽车就是由发动机、轮胎、车身等许多其他对象组成。

2. 类

类(class)是面向对象系统中最重要的概念。在日常生活中经常提到类这个词,如人类、鱼类、鸟类等。类可以定义为具有相似特征和行为的对象的集合,如人类共同具有的区别于其他动物的特征有直立行走、使用工具、使用语言交流等。所有的事物都可以归到某类中。例如,家用电器是一类电子产品。

属于某个类的一个具体的对象称为该类的一个实例(instance)。例如,我的汽车是汽车类的一个实例。实例与对象是同一个概念。

类与实例的关系是抽象与具体的关系。类是多个实例的综合抽象,实例是某个类的个体实物。在Java语言中,类是一种数据类型。对于汽车类(Car)可以通过下面方式定义。

```
public class Car{
    private String model;              // 品牌
    private double price;              // 价格
    private int year;                  // 生产年份

    public void start(){}              // 启动方法
    public void speedUp (double speed){}   // 加速方法
    public void speedDown (double speed){} // 减速方法
    public void stop(){}               // 停止方法
}
```

要创建一个汽车类的实例,可以使用new运算符。
例如:

```
Car myCar = new Car();
```

3. 消息

对象与对象之间不是孤立的,它们之间存在着某种联系,这种联系是通过消息传递的。例如,开汽车就是人向汽车传递消息。

一个对象发送的消息包含三个方面的内容:接收消息的对象;接收对象采用的方法;方法所需要的参数。请看下面两行代码。

```
myCar.start();                         // 启动汽车
myCar.speedUp(50);                     // 加速到50公里/小时
```

这里,myCar是接收消息的对象,start()和speedUp()是接收对象采用的方法,50为speedUp()的参数。一般发送消息的对象不用指定。

4.1.2 面向对象的基本特征

为支持面向对象的设计原理,所有OOP语言,包括Java在内,都有三个特性:封装性、继承性和多态性。

1. 封装性

封装(encapsulation)就是把对象的状态(属性)和行为(方法)结合成一个独立的系统单位,并尽可能地隐藏对象的内部细节。例如,一辆汽车就是一个封装体,它封装了汽车的状态和操作。

封装使一个对象形成两个部分:接口部分和实现部分。对用户来说,接口部分是可见的,而实现部分是不可见的。

封装提供了两种保护。首先封装可以保护对象,防止用户直接存取对象的内部细节;

其次封装也保护了客户端,防止对象实现部分的改变可能产生的副作用,即实现部分的改变不会影响到客户端的改变。

在对象中,代码或数据对该对象来说都可以是私有的(private)或公有的(public)。私有代码和数据仅能被对象本身的其他部分访问,不能被该对象外的任何程序部分所访问。当代码或数据是公有时,虽然它们是定义在对象中的,但程序的其他部分也可以访问。

类是 Java 的基本封装单位。类定义了对象的形式,指定了数据和操作数据的代码。Java 使用一个类规范来构造对象。对象是类的实例。因此,类在本质上是指定如何构建对象的一系列规定。

组成类的代码或数据称为类的成员(member)。具体来说,类定义的数据称为成员变量(member variable)或实例变量(instance variable)。处理这些数据的代码称为成员方法(member method)或简称为方法(method)。方法是子例程在 Java 中的术语。

2. 继承性

继承(inheritance)的概念普遍存在于现实世界中。它是一个对象获得另一个对象的属性的过程。继承之所以重要,是因为它支持层次结构的概念。在现实世界中,许多知识都是通过层次结构方式进行管理的。例如,一个富士苹果是苹果类的一部分,而苹果又是水果类的一部分,水果类则是食物类的一部分。食物类具有的某些特性(可食用,有营养)也适用于它的子类水果,如图 4-1 所示。除了这些特性以外,水果类还具有与其他食物不同的特性(多汁、味甜等)。苹果类则定义了属于苹果的特性(长在树上、非热带植物)。

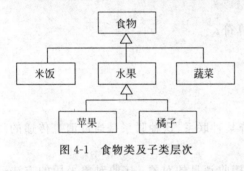

图 4-1 食物类及子类层次

如果不使用层次结构,那么对象就不得不明确定义出自己的特征。如果使用继承,那么对象就只需定义使自己在类中不同的属性就可以了,至于基本的属性则可以从自己的父类继承。

继承性体现了类之间的是一种(is-a)关系。类之间的关系还有组合、关联等。

3. 多态性

多态性(polymorphism)是面向对象编程语言的一个重要特性。所谓多态,是指一个程序中相同的名字表示不同含义的情况。面向对象的程序中的多态有多种情况。在简单的情况下,在同一个类中定义了多个名称相同的方法,即方法重载,另一种情况是子类中定义的与父类中的方法同名的方法,即方法覆盖。这两种情况都称为多态,且前者称为静态多态,后者称为动态多态。有关 Java 语言的多态性请参阅 7.6 节。

4.2 Java 类与对象

本节讨论使用 Java 语言定义类和创建对象。类和对象这两个术语在 Java 语言中非常重要。Java 程序的所有代码都存放在类中,程序的运行就是各种对象的相互作用。

类是组成 Java 程序的基本要素,封装了一类对象的状态和行为,是这一类对象的原形。定义一个新的类,就创建了一种新的数据类型,实例化一个类,就得到一个对象。

4.2.1 类的定义

可以说 Java 程序一切都是对象。要想得到对象,首先必须定义类(也可以使用事先定义好的类),然后创建对象。先看下列程序代码。

程序 4.1 Circle.java

```java
public class Circle{
  double radius;                          // 成员变量

  public void setRadius(double r){        // 成员方法
    radius = r;
  }
  public double getRadius(){
    return radius;
  }
  public double perimeter(){
    return 2 * Math.PI * radius;
  }
  public double area(){
    return Math.PI * radius * radius;
  }
}
```

程序定义了一个 Circle 类表示圆,编译该程序可得到一个 Circle.class 类文件。在该类中定义了一个变量 radius 表示圆的半径,另外定义了 4 个方法,分别是设置和返回圆的半径、求圆的周长和面积。其中,圆周率使用了 java.lang.Math.PI 常量。有了 Circle 类,就可以创建该类的对象,然后调用对象的方法完成有关操作,如求一个圆的面积等。

一个类的定义包括类声明和类体的定义两个部分。

1. 类声明

类声明的一般格式为:

```
[public][abstract|final] class ClassName [extends SuperClass]
            [implements InterfaceNameList]{
  //成员变量声明
  //成员方法声明
}
```

说明:

(1) 类的修饰符。

类的访问修饰符可以是 public 或默认。若类用 public 修饰,则该类称为公共类,公共类可被任何包中的类使用。若不加 public 修饰符,类只能被同一包中的其他类使用。如果类使用 abstract 修饰符,则该类为抽象类,抽象类不能被实例化,即不能创建该类的对象。若用 final 修饰则该类为最终类,最终类不能被继承。

(2) class ClassName。

类的定义使用 class 关键字,ClassName 为类名,类名是由类的定义者确定的。一般类名以大写字母开头,如 Circle、Employee、MyPoint、ComplexNumber 等,这是 Java 类命名的约定(不是必须的)。

(3) extends SuperClass。

如果一个类要继承某个类需使用 extends 指明该类的超类,SuperClass 为超类名,即定义该类继承了哪个类。如果定义类的时候没有指明所继承的超类,那么它自动继承 Object 类,Object 类是 Java 的根类。因为 Java 只支持单继承,所以一个类至多只能有一个超类。有关继承的概念将在 7.1 节讲述。

(4) implements InterfaceNameList。

该选项定义该类实现哪个或哪些接口。一个类可以实现多个接口,若实现多个接口,接口名中间用逗号分开。有关接口的概念将在 7.6 节讲述。

2. 成员变量的定义

类声明结束后是一对大括号,大括号括起来的部分称为类体。类体中通常定义两部分内容:成员变量(member variable)和成员方法(member method)。成员变量和成员方法称为成员(members)。成员变量提供类及对象的状态,成员方法实现类及对象的行为。

成员变量的声明格式为:

```
[public|protected|private][static][final][transient][volatile]
    type   variableName[ = value];
```

说明:

(1) 变量的访问修饰符。

public|protected|private 为变量的访问修饰符。用 public 修饰的变量为公共变量,公共变量可以被任何方法访问;用 protected 修饰的变量称为保护变量,保护变量可以被同一个包中的类或子类访问;没有使用访问修饰符,该变量只能被同一个包中的类访问;用 private 修饰的变量称为私有变量,私有变量只能被同一个类的方法访问。

(2) 实例变量和类变量。

如果变量用 static 修饰,则该变量称为类变量,类变量又称为静态变量。没有用 static 修饰的变量称为实例变量。关于实例变量和类变量的使用,请参阅 4.4 节。

(3) 变量类型和变量名。

type variableName 用来指定成员变量的类型和变量名。成员变量的类型可以是任何 Java 数据类型,包括基本数据类型和引用数据类型。

(4) 使用 final 修饰的变量叫做最终变量,也称为标识符常量。常量可以在声明时赋初值,也可以在后面赋初值,一旦为其赋值,就不能再改变了。

(5) 用 transient 修饰的变量称为临时变量。临时变量在对象序列化时不被作为持久状态的一部分存储。

(6) 用 volatile 修饰的变量称为共享变量。在多线程的程序中,共享变量可以被异步修改。

3. 成员方法的定义

类体中另一个重要的成分是成员方法。方法用来实现对象的动态特征,也是在类的对象上可完成的操作。Java 的方法与 C/C++中的函数类似,是一段用来完成某种操作的程序片段。与 C/C++语言不同的是,Java 的方法必须定义在类体内,不能定义在类体外。

成员方法的定义包括方法的声明和方法体的定义,一般格式如下:

```
[public|protected|private][static]
    [final|abstract][native][synchronized]
    returnType  methodName ([paramList])[throws ExceptionList]{
        //方法体
}
```

说明:

(1) 方法返回值与方法名。

mehtodName 为方法名,每个方法都要有一个方法名。returnType 为方法的返回值类型,返回值类型可以是任何数据类型(包括基本数据类型和引用数据类型)。若一个方法没有返回值,则 returnType 应为 void。

例如:

public void setRadius(double r)

(2) 方法参数。

在方法名的后面是一对括号,括号内是方法的参数列表,声明格式为:

type paramName1 [,type paramName2 …]

type 为参数的类型,paramName 为参数名,这里的参数称为**形式参数**。方法可以没有参数,也可以有一个或多个参数。如果有多个参数,参数的声明中间用逗号分开。

例如:

public void methodA(String s, int n)

该方法声明了两个参数,在调用方法时必须提供相应的实际参数。

(3) 访问修饰符。

public、protected 和 private 为方法的访问修饰符。private 方法只能在同一个类中被调用,protected 方法可以在同一个类、同一个包中的类以及子类中被调用,而用 public 修饰的方法可以在任何类中调用。一个方法如果缺省访问修饰符,则称包可访问的,即可以被同一个类的方法访问和同一个包中的类访问。

(4) 实例方法和类方法。

没有用 static 修饰的方法称为实例方法,用 static 修饰的方法称为类方法。关于 static 修饰符的使用,请参阅 4.4 节。

(5) final 和 abstract 方法。

用 final 修饰的方法称为最终方法,最终方法不能被覆盖。方法的覆盖与继承有关。用 abstract 修饰的方法称为抽象方法。

(6) synchronized 和 native 修饰符。

用 synchronized 修饰的方法称为同步方法。同步方法主要用于开发多线程的程序。有关多线程请参考第 13 章的内容。用 native 修饰的方法称为本地方法,本地方法用来调用其他语言(如 C 语言)编写的函数。

(7) 声明方法抛出异常。

如果方法本身对其抛出的异常不处理,可以声明方法抛出异常。异常的声明使用

throws 关键字,后面给出异常名称的列表。有关异常处理请参阅第 8 章。

提示:在类体中,经常需要定义类的构造方法,构造方法用于创建新的对象。有些专家认为,构造方法不是方法,也不是类的成员。

4.2.2 对象的使用

有了类就可以创建对象并指定对象的初始状态,然后通过调用对象的方法实现对象的操作。下列程序使用 Circle 类求给定半径的圆的周长和面积。

程序 4.2　CircleTest.java

```
public class CircleTest{
  public static void main(String[ ] args){
    Circle cc ;
    cc = new Circle(); // 创建一个 Circle 类对象
    cc.setRadius(10);
    System.out.println("半径 = " + cc.radius);
    System.out.println("周长 = " + cc.perimeter());
    System.out.println("面积 = " + cc.area());
  }
}
```

程序运行结果为:

半径 = 10.00
周长 = 62.83
面积 = 314.16

1. 创建对象

为了使用对象,一般还要声明一个对象名,即声明对象的引用(reference),然后使用 new 运算符调用类的构造方法创建对象。对象声明格式如下:

TypeName objectName;

TypeName 为引用类型名,可以是类名也可以是接口名,objectName 是对象名或引用名或实例名。例如,在 CircleTest 类中有如下两条语句:

Circle　cc;
cc = new Circle();

该语句执行的效果如图 4-2 所示。代码声明了一个 Circle 类的引用,实际上 cc 只保存着实际对象的内存地址。当该语句执行后,程序创建了一个实际对象。这里使用 new 运算符调用 Circle 类的构造方法并把对该对象的引用赋给 cc。创建一个对象也叫实例化,对象也称为类的一个实例。

若要声明多个同类型的对象名,可用逗号分开。

Circle c1, c2;

通常在声明对象引用的同时创建对象。

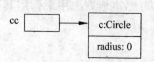

图 4-2　创建对象 cc 后的效果

```
Circle cc = new Circle();
Integer i = new Integer("18");        // 创建一个 Integer 类的对象
String s = new String("Hello");       // 创建一个 String 类的对象
Date d = new Date();                  // 创建一个 Date 类的对象
```

若对象仅在创建处使用,也可以不声明引用名,如下面语句直接创建一个 Circle 对象,然后调用其 getRadius 方法。

```
new Circle().getRadius();
```

2. 对象的使用

创建了一个对象引用后,就可以通过该引用来操作对象。使用对象主要是通过对象的引用访问对象的成员变量和调用对象的成员方法。例如,在 CircleTest.java 程序中,使用下面语句访问对象 cc 的成员变量 radius 和调用对象 cc 的成员方法:

```
System.out.println("半径 = " + cc.radius);
System.out.println("面积 = " + cc.area());
```

访问对象的成员变量和调用对象的方法是通过点号运算符(.)实现的。访问成员变量必须在变量的访问修饰符允许的情况下才能访问。如果 Circle 类中的成员变量的访问修饰符为 private 的,语句:

```
System.out.println("半径 = " + cc.radius);
```

就会发生编译错误。这是因为 main 方法属于 CircleTest 类,不能访问其他类中定义的私有成员。

3. 对象引用赋值

对于基本数据类型的变量赋值,是将变量的值的一个拷贝赋给另一个变量。
例如:

```
int x = 10;
int y = x;                            //将 x 的值 10 赋值给变量 y
```

对于对象的赋值是将对象的引用(地址)赋值给变量。
例如:

```
Circle c1 = new Circle();
Circle c2 = c1;                       // 将 c1 的引用赋给对象 c2
```

上面的赋值语句执行结果是把 c1 的引用赋值给了 c2,即 c1 和 c2 的地址相同,也就是 c1 和 c2 指向同一个对象,如图 4-3 所示。

由于引用变量 c1 和 c2 指向同一个对象,这时如果修改了 c1 对象,如执行 c1.setRadius(10),则输出 c2 的半径值也将为 10。

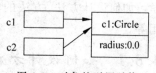

图 4-3 对象的引用赋值

4.2.3 用 UML 图表示类

统一建模语言(Unified Modeling Language,UML)是一种面向对象的建模语言,运用统一、标准化的标记和定义实现对软件系统进行面向对象的描述和建模。

在 UML 中可以用类图描述一个类。图 4-4 所示是 Employee 类的类图,用长方形表示,一般包含三个部分:上面是类名,中间是成员变量清单,下面是方法清单。

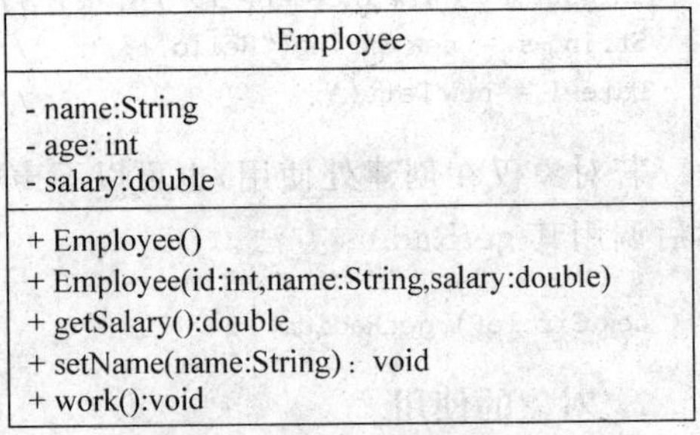

从图中可以看到,Employee 类包含三个私有成员变量,两个构造方法和三个普通方法。在 UML 图中,成员变量和类型之间用冒号分隔。方法的参数列表放在圆括号中,参数需指定名称和类型,它的返回值类型写在一个冒号后面。

Employee
- name:String
- age: int
- salary:double
+ Employee()
+ Employee(id:int,name:String,salary:double)
+ getSalary():double
+ setName(name:String) : void
+ work():void

图 4-4 Employee 类的类图

在一个 UML 类图中,可以包含有关类成员访问级别的信息。public 成员的前面加一个＋,protected 成员前加♯,private 成员前加一,不加任何前缀的成员被看作具有默认访问级别。

4.2.4 理解栈与堆

当 Java 程序运行时,JVM 需要给数据分配内存空间。内存空间在逻辑上分为栈(stack)与堆(heap)两种结构。理解栈与堆对理解 Java 程序运行机制很有帮助。当 Java 程序运行时,被调用方法参数和方法中定义的局部变量都存储在内存栈中,当程序使用 new 运算符创建对象时,JVM 将在堆中分配内存。

假设已经定义了 Employee 类,在 main()中创建该类的一个对象,

```
public static void main(String[] args){
    Employee emp = new Employee("LiMing",20,4500.00);
}
```

当 main()执行时,JVM 首先在栈中为其命令行参数 args 分配空间,这里假设传递两个参数 Args1 和 Args2,然后为局部变量 emp 分配空间。如果在执行程序时传递两个命令行参数,JVM 将在堆中创建 String 数组,若在 main()中创建了 Employee 对象,则该对象在堆中分配内存,上述代码执行后的栈与堆的情况如图 4-5 所示。

4.3 方 法 设 计

在 Java 程序中,操作都是通过调用方法完成的。前面介绍了方法声明的格式,本节将学习如何设计方法、方法的重载、构造方法、方法的参数传递、静态方法和方法的递归调用等。

4.3.1 如何设计方法

在类的设计中,方法的设计尤为重要。设计方法包括方法的返回值、参数以及方法的实现等。

1. 方法的返回值

方法的返回值是方法调用结束后返回给调用者的数据。很多方法需要返回一个数据,这时要指定方法返回值,具体是在声明方法时要指定返回值的类型。有返回值的方法需要

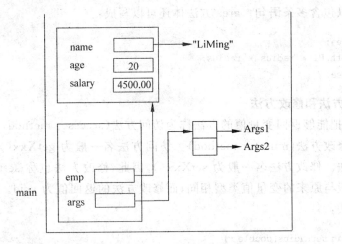

图 4-5　程序运行时栈和堆示意图

使用 return 语句将值返回给调用者,它的一般格式是:

return expression ;

这里,expression 是返回值的表达式,当调用该方法时,该表达式的值返回给调用者。例如,Circle 类的 area 方法需返回面积值,因此需要指定返回值类型,如下所示:

```
public double area(){
    return Math.PI * radius * radius;
}
```

如果方法调用结束后不要求给调用者返回数据,则方法没有返回值,此时返回类型用 void 表示,在方法体中可以使用 return 语句表示返回 void,格式如下:

return ;

注意:这里没有返回值,仅表示将控制转回到调用处。当然,也可以缺省 return,这时当方法中的最后一个语句执行完以后,程序自动返回到调用处。例如,Circle 类的 setRadius 方法没有 return 语句。

2. 方法的参数

方法可以没有参数,也可以有参数。没有参数的方法在定义时只需一对括号。例如,Circle 类的 perimeter 方法、area 方法都没有参数。

有参数的方法在定义时要指定参数的类型和名称,指定的参数称为形式参数。例如 Circle 类 setRadius 方法带一个 double 型参数。对带参数的方法,在调用方法时要为其传递实际参数。方法的参数类型可以是基本类型,也可以是引用类型。

3. 方法的实现

方法声明的后面是一对大括号,大括号内部是方法体。方法体是对方法的实现,包括局部变量的声明和所有合法的 Java 语句。

方法的实现是在方法体中通过编写有关的代码,实现方法所需要的功能。例如,在 Circle 类的 area 方法是要计算圆的面积,因此通过有关公式计算得到结果,然后将其返回。

方法体中可以包含多条语句。area 方法体还可以写成：

```
double area;
area = Math.PI * radius * radius;
return area;
```

4. 访问方法和修改方法

一般地，把能够返回变量值的方法称为访问方法（accessor method），把能够修改变量值的方法称为修改方法（mutator method）。访问方法名一般为 getXxx()，因此，访问方法也称 getter 方法。修改方法名一般为 setXxx()，因此，修改方法也称 setter 方法。访问方法的返回值一般与原来的变量值类型相同，而修改方法的返回值为 void。例如，Circle 类中定义的两个方法：

```
public void setRadius(double r)
public double getRadius()
```

分别是修改方法和访问方法。这种设计也是 Java Beans 规范所要求的。

5. 方法签名

在一个类中可定义多个方法，通过方法签名区分这些方法。方法签名（signature）是指方法名、参数个数、参数类型和参数顺序的组合。

注意：方法签名的定义不包括方法的返回值。方法签名将用在方法重载、方法覆盖和构造方法中。

4.3.2 方法的调用

一般来说，要调用类的实例方法应先创建一个对象，然后通过对象引用调用。
例如：

```
Circle cc = new Circle();
cc.setRadius(10);
```

如果要调用类的静态方法，通常使用类名调用。
例如：

```
double rand = Math.random();    //返回一个随机浮点数
```

在调用没有参数的方法时，只使用圆括号即可，对于有参数的方法需要提供实际参数。关于方法参数的传递将在 4.3.5 节讨论。

方法调用主要使用在三种场合：
- 用对象引用调用类的实例方法；
- 类中的方法调用本类中的其他方法；
- 用类名直接调用 static 方法。

4.3.3 方法重载

Java 语言提供了方法重载的机制，允许在一个类中定义多个同名的方法，这称为方法重载(method overloading)。实现方法重载,要求同名的方法要么参数个数不同,要么参数类型不同,仅返回值不同不能区分重载的方法。方法重载就是在类中允许定义签名不同的方法。

在类中定义了重载方法后,对重载方法的调用与一般方法的调用相同,下列程序在 OverloadDemo 类中定义了 4 个重载的 show 方法。

程序 4.3　OverloadDemo.java

```java
public class OverloadDemo{
    public void show(){
        System.out.println("No parameters.");
    }
    public void show(int a,int b){
        System.out.println("a = " + a + ",b = " + b);
    }
    public void show(double d){
        System.out.println("d = " + d);
    }
    public void show(int a){
        System.out.println("a = " + a);
    }
    public static void main(String[] args){
        OverloadDemo od = new OverloadDemo();
        od.show();
        od.show(10);
        od.show(50,60);
        od.show(100.0);
    }
}
```

程序运行结果为:

```
No parameters.
a = 10
a = 50, b = 60
d = 100.0
```

在调用重载的方法时还可能发生自动类型转换。假设没有定义带一个 int 参数的 show 方法,od.show(10);语句将调用带 double 参数的 show 方法。

通过方法重载可实现编译时多态(静态多态),编译器根据参数的不同调用相应的方法,具体调用哪个方法是由编译器在编译阶段静态决定的。前面经常使用的输出语句中的 println()就是重载方法的典型例子,它可以接受各种类型的参数。

4.3.4　构造方法

构造方法也叫构造器(constructor),是类的一种特殊方法。Java 中的每个类都有构造方法,它的作用是在创建对象时初始化对象的状态。构造方法也有名称、参数和方法体。构造方法与普通方法的区别是:

- 构造方法的名称必须与类名相同;

- 构造方法不能有返回值,也不能返回 void;
- 构造方法必须在创建对象时用 new 运算符调用。

构造方法定义的格式为:

```
[public | protected | private]ClassName([paramList]) {
    //方法体
}
```

这里,public|protected|private 为构造方法的访问修饰符,它用来决定哪些类可以使用该构造方法创建对象。这些访问修饰符与一般方法的访问修饰符的含义相同。ClassName 为构造方法名,它必须与类名相同。paramList 为参数列表,构造方法可以带有参数。

1. 默认构造方法

默认构造方法(default constructor)是不带参数的构造方法。在定义一个类时,若没有定义构造方法,Java 编译器自动提供一个默认构造方法。例如,对于 Circle 类,编译器就提供了下面的默认构造方法:

```
public Circle(){}
```

在 Circle 类没有定义构造方法,但使用 new Circle()创建了 Circle 类的对象,这实际是调用了类的默认构造方法。

构造方法主要作用是初始化类的成员变量。对类的成员变量,若声明时没有明确赋初值,则当使用默认构造方法初始化对象时,新建对象的成员变量值都被赋予默认值。

使用编译器提供的默认构造方法为成员变量初始化时,对于不同类型的成员变量,其默认值不同。整型数据的默认值是 0、浮点型数据默认值是 0.0、字符型数据默认值是 '\u0000'、布尔型数据默认值是 false、引用类型数据默认值是 null。

2. 带参数构造方法

如果希望在创建一个对象时就将其成员变量设置为某个值,而不是采用默认值。这时可以定义带参数构造方法。例如,在创建一个 Circle 对象时就将圆的半径初始化为给定的值,则可以定义如下带 double 型参数的构造方法。

```
public Circle(double r){
    radius = r;
}
```

然后,在创建 Circle 对象时可以指定圆的半径,如可用下面代码创建一个半径为 10 的圆:

```
Circle cc = new Circle(10);
```

注意,一旦为类定义了带参数的构造方法,编译器就不再提供默认的构造方法了。创建对象时,编译器就会调用我们提供的构造方法。假设只定义了上面的构造方法,再使用下面语句创建对象:

```
Circle cc = new Circle();
```

编译器就会给出如下错误提示:

The constructor Circle() is undefined

含义是没有定义无参构造方法。如果还希望使用默认构造方法创建对象,也可以自己定义默认构造方法。

例如:

```java
public Circle(){
  radius = 0.0 ;
}
```

3. 构造方法的重载

构造方法也可以重载。如对 Circle 类就可以定义一个默认构造方法和带一个参数的构造方法。

```java
public Circle(){
  radius = 0.0;
}
public Circle(double d){
  radius = d;
}
```

通过重载构造方法,就可以有多种方式创建对象。由于有了这些重载的构造方法,在创建 Circle 对象时就可以根据需要选择不同的构造方法。

4. this 关键字的使用

this 关键字表示对象本身。在一个方法的方法体或参数中,也可能声明与成员变量同名的局部变量,此时的局部变量会隐藏成员变量。要使用成员变量就需要在前面加上 this 关键字,请看下面的程序。

程序 4.4　ABTest.java

```java
class AB{
  int a , b ;                                    // a, b 是成员变量
  public void init(int x){
    a = x ;
    int b = 5 ;                                  // 局部变量b隐藏了成员变量b
    System.out.println("a = " + a + "  b = " + b);   // 这里的b是局部变量
  }
  public void display(){
    System.out.println("a = " + a + "  b = " + b);   // 这里的b是成员变量
  }
}
public class ABTest{
  public static void main(String[] args){
    AB ab = new AB();
    ab.display();
    ab.init(6);
    ab.display() ;
  }
}
```

}

程序的运行结果:

a = 0 b = 0
a = 6 b = 5
a = 6 b = 0

在 AB 类的 init 方法中,声明了一个与成员变量同名的局部变量 b,并为其赋值 5,因此在输出语句中,输出 b 的值为 5。此处若需要使用成员变量 b,就应该使用 this 关键字,如下所示:

```
System.out.println("a = " + this.a + "  b = " + this.b);
```

同样在定义方法时,方法参数名也可以与成员变量同名。这时在方法体中要引用成员变量也必须加上 this。例如,在 Circle 类中可以像下面这样定义设置圆半径的方法:

```
public void setRadius(double radius){
    this.radius = radius;
}
```

这里,参数名与成员变量同名,因此在方法体中通过 this.radius 使用成员变量 radius,而没有带 this 的变量 radius 是方法的参数。

在构造方法中也可以使用 this。

例如:

```
public Circle(double radius){
    this.radius = radius;
}
```

this 关键字的另一个用途是在一个构造方法中调用该类的另一个构造方法。例如,假设在 Circle 类定义了一个构造方法 Circle(double radius),现在又要定义一个无参数的构造方法,这时可以在下面的构造方法中调用该构造方法,如下所示:

```
public Circle(){
    this(1.0);
}
```

注意:如果在构造方法中调用另一个构造方法,则该语句必须是第一条语句。

综上所述,this 关键字主要使用在下面三种情况。
- 解决局部变量与成员变量同名的问题;
- 解决方法参数与成员变量同名的问题;
- 用来调用该类的另一个构造方法。

Java 语言规定,this 只能用在非 static 方法(实例方法和构造方法)中,不能用在 static 方法中。实际上,在对象调用一个非 static 方法时,向方法传递了一个引用,这个引用就是对象本身,在方法体中用 this 表示。

4.3.5 方法参数的传递

很多情况下,调用方法需要向方法传递参数,那么参数是如何传递的呢? 在 Java 语言中,方法的参数传递是按值传递,即在调用方法时将实际参数的值的一个拷贝传递给方法中的形式参数,方法调用结束后实际参数的值并不改变。形式参数是局部变量,其作用域只在方法内部,离开方法后自动释放。

尽管参数传递是按值传递的,但对于基本数据类型的参数和引用数据类型的参数的传递还是不同的。对于基本数据类型的参数,是将实际参数值的一个拷贝传递给方法,方法调用结束后,对原来的值没有影响。当参数是引用类型时,实际传递的是引用值,因此在方法的内部有可能改变原来的对象。

下列程序说明了这两种类型的参数传递。

程序 4.5　PassByValue.java

```java
public class PassByValue {
    public void change(int y){
        y = y * 2;
        System.out.println("y = " + y);
    }
    public void change(Circle cc){
        cc.setRadius(100);
    }
    public static void main(String[]args){
        PassByValue pv = new PassByValue();
        int x = 100;
        pv.change(x);
        System.out.println("x = " + x);
        Circle c = new Circle(10);
        System.out.println("c 的半径 = " + c.getRadius());
        pv.change(c);
        System.out.println("c 的半径 = " + c.getRadius());
    }
}
```

程序的运行结果为:

```
y = 200
x = 100
c 的半径 = 10.0
c 的半径 = 100.0
```

从程序运行结果可以看到,当参数为基本数据类型时,若在方法内修改了参数的值,在方法返回时,原来的值不变。当参数为引用类型时,传递的是引用,方法返回时引用没有改变,但对象可能已经改变了。

4.4　static 修饰符

如果成员变量用 static 修饰,则该变量称为静态变量或类变量(class variable),否则称为实例变量(instance variable)。如果成员方法用 static 修饰,则该方法称为静态方法或类方法(class method),否则称为实例方法(instance method)。

4.4.1 实例变量和静态变量

实例变量和静态变量的区别是：在创建类的对象时，Java 运行时系统为每个对象的实例变量分配一块内存，然后可以通过该对象来访问该实例变量。不同对象的实例变量占用不同的存储空间，因此它们是不同的。对于静态变量，Java 运行时系统在类装载时为这个类的每个静态变量分配一块内存，以后再生成该类的对象时，这些对象将共享同名的静态变量，每个对象对静态变量的改变都会影响到其他对象。

下面的类定义了一个静态变量 x。

程序 4.6 Counter.java

```java
public class Counter{
    int y;                    // 实例变量
    static int x = 0;         // 静态变量
    public Counter(){
        x ++;
    }
}
```

这里成员变量 x 是静态变量。这意味着在任何时刻不论有多少个 Counter 类的对象都只有一个 x。可能有一个、多个甚至没有 Counter 类的实例，总是只有一个 x。静态变量 x 在类 Counter 被装载时就分配了空间。在每次调用构造方法时静态变量 x 都被增1，所以可以知道创建了多少个 Counter 类的实例。

可以通过下面两种方法访问静态变量：
- 通过类的任何实例访问；
- 通过类名访问。

可以通过实例名访问静态变量，但这种方法可能产生混乱的代码。下面代码说明了原因：

```java
Counter c1 = new Counter();
Counter c2 = new Counter();
c1.x = 100;
c2.x = 200;
System.out.println(c1.x);           // 输出结果为 200
```

如果忽略了 x 是静态变量，可能认为 c1.x 的结果为 100，实际上它的值为 200，因为 c1.x 和 c2.x 引用的是同一个变量。

最好的方法是通过类名访问静态变量，下面的代码与上面的代码效果相同：

```java
Counter c1 = new Counter();
Counter c2 = new Counter();
Counter.x = 100;
Counter.x = 200;
System.out.println(Counter.x);
```

通常，static 与 final 一起使用来定义类常量。例如，Java 类库中的 Math 类中就定义了两个类常量：

```
public static final double E = 2.718281828459045 ;    //自然对数的底
public static final double PI = 3.141592653589793 ;   //圆周率
```

可以通过类名直接使用这些常量。例如,下面语句可输出半径为 10 的圆的面积:

```
System.out.println("面积 = " + Math.PI * 10 * 10);
```

Java 类库中的 System 类中也定义了三个类变量,分别是 in、out 和 err,它们分别表示标准输入设备(通常是键盘)、标准输出设备(通常是显示器)和标准错误输出设备。我们使用的 System.out 就是用类名访问的类常量。因为 out 是 PrintSteam 类型的常量,可以调用 PrintSteam 类的方法 println()来输出信息。

4.4.2 实例方法和静态方法

实例方法和静态方法的区别是:实例方法可以对当前的实例变量进行操作,也可以对静态变量进行操作,但静态方法只能访问静态变量。实例方法必须由对象来调用,而静态方法除了可以由对象调用外,还可以由类名直接调用。另外在静态方法中不能使用 this 和 super 关键字。

请看下列程序。

程序 4.7　SomeClass.java

```
public class SomeClass{
    static int i = 48;
    int j = 5;
    public static void display(){
        i = i + 100;
        System.out.println("i = " + i);
        // j = j * 5 ; 该语句会产生编译错误
        // System.out.println("j = " + j);
    }
}
```

这里,display 方法是静态的,它可以访问静态成员 i。但它不能访问成员 j,因为 j 是实例变量,因此程序中后两行会导致编译器错误,因为 j 是非静态的,它必须通过实例访问。编译器的错误消息为:

non-static variable j cannot be referenced from a static context.

通常使用类名访问静态方法。
例如:

```
SomeClass.display();
```

在 Java 类库中也有许多类的方法定义为静态方法,因此可以使用类名调用。如 Math 类中定义的方法都是静态方法,下面是求随机数方法的定义:

```
public static double random() ;
```

下列程序说明了实例变量、实例方法和静态变量与静态方法的使用。

程序 4.8 MemberTest.java

```java
class Member{
  int instanceVar;
  static int classVar;
  void setInstanceVar(int i){
    instanceVar = i;
    classVar = i;           // 实例方法可以访问静态变量
  }
  int getInstanceVar(){
    return instanceVar;
  }
  static void setClassVar(int i){
    classVar = i;
    //instanceVar = i;该语句错误,静态方法不能访问实例变量
  }
  static int getClassVar(){
    return classVar;
  }
}

public class MemberTest{
  public static void main(String[] args){
    Member m1 = new Member(),
           m2 = new Member();
    m1.setInstanceVar(100);
    m2.setInstanceVar(200);
    m1.setClassVar(300);
    System.out.print("m1.instanceVar = " + m1.getInstanceVar());
    System.out.println("   m1.classVar = " + m1.getClassVar());
    System.out.print("m2.instanceVar = " + m2.getInstanceVar());
    System.out.println("   m2.classVar = " + m2.getClassVar());
  }
}
```

程序运行结果为:

```
m1.instanceVar = 100   m1.classVar = 300
m2.instanceVar = 200   m2.classVar = 300
```

从类成员的特性可以看出,可以用 static 来定义全局变量和全局方法。由于类成员仍然封装在类中,与 C 和 C++相比,可以限制全局变量和全局方法的使用范围而防止冲突。

由于可以从类名直接访问静态成员,所以访问静态成员前不需要对它所在的类进行实例化。作为应用程序执行入口点的 main() 必须用 static 来修饰的,也是因为 Java 运行时系统在开始执行程序前,并没有生成类的一个实例,因此只能通过类名来调用 main() 开始执行程序。

4.4.3 static 修饰符的一个应用

在 Java 类的设计中,有时希望一个类在任何时候只能有一个实例。这时可以将该类设

计为单例模式(singleton)。要将一个类设计为单例模式,需要把类的构造方法的访问修饰符声明为 private,然后在类中定义一个 static 方法,在该方法中创建类的对象。

程序 4.9　Singleton.java

```
public final class Singleton{
  private static final Singleton INSTANCE = new Singleton();
  private int a = 0;
  private Singleton(){}    // 构造方法
  public static synchronized Singleton getInstance(){
    return INSTANCE;
  }
  public void methodA(){
    a ++;
    System.out.println("a = " + a);
  }
  public static void main(String[] args){
    Singleton sg1 = Singleton.getInstance();
    Singleton sg2 = Singleton.getInstance();
    sg1.methodA();
    sg2.methodA();
    System.out.println(sg1 == sg2);
  }
}
```

程序输出结果为:

```
a = 1
a = 2
true
```

4.4.4　方法的递归调用

递归(recursion)是解决复杂问题的一种常见方法。其基本思想就是把问题逐渐简单化,最后实现问题的求解。例如,求正整数 n 的阶乘 n!,就可以通过递归实现。n! 可按递归定义如下:

```
0! = 1;
n! = n × (n-1)!; n > 0
```

按照上述定义,要求出 n 的阶乘,只要先求出 n−1 的阶乘,然后将其结果乘以 n。同理,要求出 n−1 的阶乘,只要求出 n−2 的阶乘即可。当 n 为 0 时,其阶乘为 1。这样计算 n! 的问题就简化为计算(n−1)! 的问题,应用这个思想,n 可以一直递减到 0。

Java 语言支持方法的递归调用。所谓方法的递归调用就是方法自己调用自己。设计算 n! 的方法为 factor(n),则该算法的简单描述如下:

```
if(n == 0)
  return 1 ;
else
  return factor(n-1) * n;
```

下面是完整的程序。

程序 4.10　RecursionTest.java

```java
public class RecursionTest{
  public static long factor(int n){
    if(n == 0)
      return 1 ;
    else
      return n * factor(n-1);
  }
  public static void main(String[] args){
    int k = 20 ;
    System.out.println(k + "!= " + factor(k));
    System.out.println("max = " + Long.MAX_VALUE);// long 型数的最大值
  }
}
```

程序的运行结果为：

20! = 2432902008176640000
Max = 9223372036854775807

注意，如果 n 的值超过 20，n! 的值将超出 long 型数据的范围，此时将得不到正确的结果。若求较大数的阶乘，可以使用 BigInteger 类。关于 BigInteger 类的使用，请参阅 7.3.8 节。

下列例子使用递归方法打印输出 Fibonacci 数列的前 20 项。Fibonacci 数列是第一和第二个数都是 1，以后每个数是前两个数之和，用公式表示为：$f_1 = f_2 = 1$，$f_n = f_{n-1} + f_{n-2}$（$n \geqslant 3$）。

程序 4.11　FiboDemo.java

```java
public class FiboDemo {
  public static long fib(int n){
    if(n == 1||n == 2)
      return 1 ;
    else
      return fib(n-1) + fib(n-2);
  }
  public static void main(String[] args){
    for(int i = 1;i <= 20;i++){
      System.out.println("fib(" + i + ") = " + fib(i));
    }
  }
}
```

4.5　Math 类

　　Math 类中定义了一些方法完成基本算术运算的函数，如指数函数、对数函数、平方根函数以及三角函数等。Math 类是 final 类，因此不能被继承。它的构造方法是 private 的，因此不能实例化。Math 类中定义的两个常量 PI 和 E 以及所有的方法都是 static 的，因此仅能通过类名访问。Math 类的常用方法如表 4-1 所示。

表 4-1 Math 类的常用方法

方法	说明
static double sin(double x) static double cos(double x) static double tan(double x)	返回角度 x 的正弦、余弦和正切的值，其中 x 的单位为弧度
static double asin(double x) static double acos(double x) static double atan(double x) static double atan2(double y, double x)	返回角度 x 的反正弦、反余弦、反正切和反双曲正切的值，其中 x 的单位为弧度
static double abs(double x)	返回 x 的绝对值，该方法另有三个重载的版本
static double exp(double x)	返回 e 的 x 次方的值
static double log(double x)	返回以 e 为底的自然对数的值
static double sqrt(double x)	返回 x 的平方根
static double pow(double x, double y)	返回 x 的 y 次方的值
static double max(double x, double y) static double min(double x, double y)	返回 x,y 的最大值和最小值，另有参数为 float、long 和 int 的重载版本
static double random()	返回 0.0~1.0 的随机数(包含 0.0 但不包含 1.0)
static double ceil(double x)	返回大于或等于 x 的最小整数
static double floor(double x)	返回小于或等于 x 的最大整数
static double rint(double x)	返回与 x 最接近的整数，如果 x 到两个整数的距离相等，返回其中的偶数
static int round(float x)	返回(int)Math.floor(x+0.5)
static long round(double x)	返回(long)Math.floor(x+0.5)
static double IEEEremainder(double f1, double f2)	计算 f1 除以 f2 的余数，结果符合 IEEE754 标准的规定
static double toDegrees(double angrad)	将弧度转换为角度
static double toRadians(double angrad)	将角度转换为弧度

下列程序演示了 Math 类的 round 方法、rint 方法和常量 PI 的使用。

程序 4.12 RoundDemo.java

```java
import static java.lang.Math.*;
import static java.lang.System.*;

public class RoundDemo{
  public static void main(String[]args){
    out.println("rint(2.5) = " + rint(2.5));
    out.println("rint(-3.5) = " + rint(-3.5));
    out.println("round(3.5) = " + round (3.5));
    out.println("round(-3.5) = " + round (-3.5));
    double pi = PI;
    pi = round(pi*10000)/10000.0;
    out.println("PI = " + pi);
  }
}
```

程序运行的结果为：

```
rint(2.5) = 2.0
rint(-3.5) = -4.0
round(3.5) = 4
round(-3.5) = -3
PI = 3.1416
```

由于使用了静态导入语句，因此使用这些方法和常量不需要使用 Math 类名。另外，Math 类没有提供四舍五入方法，程序中使用 rint()方法实现。

Math 类中的 random()方法用来生成大于等于 0.0 小于 1.0 的 double 型随机数（0<=Math.random()<1.0)。该方法十分有用，可以用它来生成任意范围的随机数。例如：

```
(int)(Math.random() * 10)          // 返回 0~9 的随机整数
(int)(Math.random() * 51) + 50     // 返回 50~100 的随机整数
```

一般地，(int)(Math.random() * (a+1)) + b 返回 b~a+b 的随机数，包括 a+b。下面程序随机生成 100 个小写字母。

程序 4.13 RandomCharacter.java

```java
public class RandomCharacter {
  public static char getLetter(){
    return (char)('a' + Math.random() * ('z' - 'a' + 1));
  }
  public static void main (String[] args) {
    for(int i = 1 ; i <= 100 ; i ++){
      System.out.print(getLetter() + " ");
      if( i % 20 == 0)           // 每输出 20 个字母换行
        System.out.println();
    }
  }
}
```

下面是该程序某次运行结果：

```
t b o w b m c i y m q v i z g t k h b z
u m k f b t v z i d y z v d m x f v m m
h u w h c f n d k n z w b g k u q s n d
u k a i j j h v f g c w w s t a d q g i
z x q v u s s w l b a p i y e j h z d y
```

4.6 对象初始化和清除

在 Java 程序中需要创建许多对象。为对象确定初始状态称为对象初始化。对象初始化主要是指初始化对象的成员变量。当一个对象不再使用时，应该清除以释放它所占的空间。实例变量和静态变量的初始化略有不同。

4.6.1 实例变量的初始化

Java 语言能够保证所有的对象都被初始化。实例变量的初始化有下面几种方式：
(1) 使用默认值初始化。
(2) 声明时初始化。
(3) 使用初始化块。
(4) 使用构造方法初始化。

1. 使用默认值初始化

在类的定义中如果没有为变量赋初值，则编译器采用默认值为变量初始化。对引用类型的变量，默认值为 null。对基本数据类型的变量，默认值如表 4-2 所示。

表 4-2　各种类型数据的默认初值

变量类型	初始值	变量类型	初始值
byte	0	float	0.0F
short	0	double	0.0D
int	0	boolean	false
long	0L	char	\u0000

下列程序演示了几个变量的初始化。

程序 4.14　InitDemo.java

```java
public class InitDemo{
  int i ;
  boolean b ;
  double d ;
  String s ;
  public void display(){
    System.out.println("i = " + i);
    System.out.println("b = " + b);
    System.out.println("d = " + d);
    System.out.println("s = " + s);
  }
  public static void main(String[] args){
    InitDemo o = new InitDemo();
    o.display();
  }
}
```

程序运行的结果为：

```
i = 0
b = false
d = 0.0
s = null
```

从输出结果可以看到，在类的定义中没有为成员变量指定任何值。在创建对象后，每个成员变量都有了初值，初值是该类型的默认值。这些变量的初值是在调用默认构造方法之前获得的。

注意：对于方法或代码块中声明的变量,编译器不为其赋初始值,使用之前必须为其赋初值。

2. 在变量声明时初始化

可以在成员变量声明的同时为变量初始化,如下所示。

```
int i = 100 ;
boolean b = true;
double d = 3.14159;
String s = "Hello, everyone.";
```

还可以使用方法为变量初始化,例如：

```
class InitDemo{
    int i = f() ;
    // …
}
```

其中,f()为该类定义的方法,它返回一个整数值为i初始化。

3. 使用初始化块初始化

在类体中使用一对大括号定义一个初始化块,在该块中可以对实例变量初始化。
例如：

```
class InitDemo{
    int i;
    boolean b;
    double d;
    String s;
    { // 这里是初始化块
      i = 100;
      b = true;
      d = 3.14159;
      s = "Hello, everyone.";
    }
    //其他代码
}
```

注意：初始化块是在调用构造方法之前调用的。

4. 使用构造方法初始化

可以在构造方法中对变量初始化。例如,对于 InitDemo 类可以定义下面的构造方法：

```
public InitDemo(int i, boolean b, double d, String s){
    this.i = i;
    this.b = b;
    this.d = d;
    this.s = s;
}
```

使用构造方法对变量初始化可以在创建对象时执行初始化动作。但成员变量 i、b、d、s 等仍然先执行自动初始化,即都先初始化成默认值,然后才赋予指定的值。

5. 初始化次序

如果在类中既为实例变量指定了初值,又有初始化块,还在构造方法中初始化了变量,那么它们执行的顺序如何,最后变量的值是多少? 下列程序说明了初始化的顺序。

程序 4.15   InitDemo2.java

```java
public class InitDemo2{
  int x = 100;
  {
    x = 60;
    System.out.println("x in initial block = " + x);
  }
  public InitDemo2(){
    x = 58;
    System.out.println("x in constructor = " + x);
  }
  public static void main(String[] args){
    InitDemo2 d = new InitDemo2();
  }
}
```

程序运行的结果为:

```
x in initial block = 60
x in constructor = 58
```

从上面程序输出结果可以看到,构造方法被最后执行。实际上,程序是按以下顺序为实例变量 x 初始化的。

(1) 首先使用默认值或指定的初值初始化,这里先将 x 赋值为 100。
(2) 接下来执行初始化块,重新将 x 赋值为 60。
(3) 最后再执行构造方法,再重新将 x 赋值为 58。

因此,在创建 InitDemo2 类的对象 d 后,d 的状态是其成员变量值为 58。

4.6.2 静态变量的初始化

静态变量的初始化与实例变量的初始化类似,主要方法如下:
(1) 使用默认值初始化。
(2) 声明时初始化。
(3) 使用构造方法初始化。
(4) 使用静态初始化块。

注意:对于 static 变量,不论创建多少对象(甚至没有创建对象时)都只占一份存储空间。

1. 静态初始化块

对于 static 变量除了可以使用前三种方法初始化外,还可以使用静态初始化块。静态初始化块是在初始化块前面加上 static 关键字。例如,下面的类定义就使用了静态初始化块。

```
class StaticDemo{
    static int x;
    static{              // 静态初始化块
        x = 48;
    }
    //其他代码
}
```

这里要注意,在静态初始化块中只能使用静态变量(就像静态方法中只能使用静态变量和调用静态方法一样),不能使用实例变量。

静态变量是在类装载时初始化的,因此在产生对象前就初始化了,这也就是可以使用类名访问静态变量的原因。

2. 初始化顺序

当一个类有多种初始化方法时,执行顺序如下:
(1) 对 static 变量,先初始化 static 变量和 static 初始化块。
(2) 用默认值初始化实例变量。
(3) 初始化实例变量和初始化块。
(4) 使用构造方法初始化。

4.6.3 垃圾回收器

在 Java 程序中允许创建尽可能多的对象,而不用担心销毁它们。当程序使用完一个对象,该对象不再被引用时,Java 运行系统就在后台自动运行一个线程,终结(finalized)该对象并释放其所占的内存空间,这个过程称为垃圾回收(garbage collection,GC)。

后台运行的线程称为垃圾回收器(garbage collector)。垃圾回收器自动完成垃圾回收操作,因此,这个功能也称为自动垃圾回收。所以,在一般情况下,程序员不用关心对象不被清除而产生内存泄露问题。

1. 对象何时有可能被回收

当一个对象不再被引用时,该对象才有可能被回收。请看下面代码:

```
Circle c1 = new Circle(), c2 = new Circle();
c2 = c1;
```

上面代码段创建了两个 Circle 对象 c1、c2,然后让 c2 指向 c1,这时 c2 原来指向的对象没有任何引用指向它,也没有任何办法得到或操作该对象,该对象就有可能被回收。

另外,也可明确删除一个对象的引用,这通过为对象引用赋 null 值即可,如下所示:

```
c2 = null ; //原来的 c2 对象可被回收,注意与上面代码的区别
```

一个对象可能有多个引用,只有在所有的引用都被删除,对象才有可能被回收。例如:

```
Circle a = new Circle();
Circle b = new Circle();
Circle c = new Circle();
a = b;
```

```
a = c;
c = null;
```

上述语句执行后,只有原来 a 所指向的对象可以被回收。

2. 强制执行垃圾回收器

尽管 Java 提供了垃圾回收器,但不能保证不被使用的对象及时被回收。如果希望系统运行垃圾回收器,可以直接调用 System 类的 gc 方法,如下所示:

```
System.gc();
```

另一种调用垃圾回收器的方法是通过 Runtime 类的 gc 实例方法,如下所示:

```
Runtime rt = Runtime.getRuntime();
rt.gc();
```

注意:启动垃圾回收器并不意味着马上能回收无用的对象。执行垃圾回收器需要一定的时间,且受各种因素如内存堆的大小、处理器的速度等的影响,因此垃圾回收器的真正执行是在启动垃圾回收器后的某个时刻才能执行。

4.6.4 变量作用域和生存期

变量的作用域(scope)是指一个变量可以在程序的什么范围内可以被使用。一般来说,变量只在其声明的块中可见,在块外不可见。块语句是指一对大括号封装的语句序列。若一个变量属于某个作用域,它在该作用域可见,即可被访问,否则不能被访问。

变量的生存期(lifetime)是指变量被分配内存的时间期限。当声明一个方法局部变量时,系统将为该变量分配内存,只要方法没有返回,该变量将一直保存在内存中。一旦方法返回,该变量将从内存栈中清除,它将不能再被访问。

对于对象,当使用 new 创建对象时,系统将在堆中分配内存。当一个对象不再被引用时,对象和内存将被回收。实际上是在之后某个时刻当垃圾回收器运行时才被回收。

Java 程序的作用域是通过块实现的,块(block)是通过一对大括号指定的,块可对语句进行分组并定义了变量的作用域。下列代码说明了三个变量 i、j 和 k 的作用域。

```
private void demo{
  int i = 100;
  Circle c = new Circle();
  for(int j = 0; j < 100; j ++){
    a[j] = 0;
    b[j] = -1;
  }
  while(i > 0){
    int tmp;
    tmp = i * i;
    a[i] = b[i] * i +tmp;
  }
}
```

这里,i 和 c 的作用域在整个 demo 方法中,j 的作用域在 for 循环体中,而 tmp 的作用域在 while 循环体中。这些变量离开了它们的作用域,其所占内存即被释放,将不能再访问它们。

4.7 包与类的导入

Java 语言使用包来组织类库。包（package）实际是一组相关的类或接口的集合。Java 类库中的类都是通过包来组织的。用户自己编写的类也可以通过包组织起来。包实际上提供了类的访问权限和命名管理机制。具体来说，包主要有下面几个作用：

- 可以将功能相关的类和接口放到一个包中；
- 通过包实现命名管理机制，不同的包中可以有同名的类；
- 通过包还可以实现对类的访问控制。

4.7.1 包的管理

通常用户自定义的类也应存放到某个包中，这需要在定义类时使用 package 语句。包在计算机系统中实际上对应于文件系统的目录（文件夹）。

1. package 语句

如果在定义类时没有指定类属于哪个包，则该类属于默认包（default package），即当前目录。默认包中的类只能被该包中的类访问。为了有效地管理类，通常在定义类时指定类属于哪个包，这可通过 package 语句实现。

为了保证自己创建的类不与其他人创建的类冲突，需要将类放入包中，这就需要给包取一个独一无二的名称。为了使你的包名与别人的包名不同，建议将域名反转过来，然后中间用点（.）号分隔作为包的名称。因为域名是全球唯一的，以这种方式定义的包名也是全球唯一的。

例如，假设一个域名为 demo.com，那么创建的包名可以为 com.demo。创建的类都存放在这个包下，这些类就不会与任何人的类冲突。为了更好地管理类，还可以在这个包下定义子包（实际上就是子目录），如建立一个存放工具类的 tools 子包。

要将某个类放到包中，需在定义类时使用 package 语句指明属于哪个包，如下所示：

```
package com.demo;
public class Circle{
    ...
}
```

上述代码定义了一个 Circle 类，代码的开头的 package 语句就指明该编译单元中定义的类属于 com.demo 包。

在 Java 语言中一个源文件称为一个编译单元，一个编译单元中可以定义多个类或接口，但最多只能有一个 public 类或接口。一个编译单元只能有一条 package 语句，该语句必须为源文件的第一条非注释语句。

2. 如何创建包

上述文件在任何目录中都可以编译，但是编译后的类文件应放在 com\demo 目录中。由于包名对应于磁盘目录，所以创建包就是创建存放类的目录。创建包通常有两种方法。

1) 使用带-d 选项的编译命令

如对于上述源文件可使用下列方法编译：

D:\study> javac-d D:\study Circle.java

这里，-d 后面指定的路径为包的上一级目录。这样编译器自动在 D:\study 目录创建一个 com\demo 子目录，然后将编译后的 Circle.class 类文件放到该目录中。

2）由 IDE 创建包

许多 IDE 工具（如 Eclipse 或 NetBeans 等）创建带包的类时自动创建包的路径，并将编译后的类放入包中。

将类放入包中后，其他类要使用这些类就可以通过 import 语句导入。但是，在字符界面下要使编译器找到该类，还需要设置 CLASSPATH 环境变量。假设原来的 CLASSPATH 设置为：

CLASSPATH=.;C:\jdk1.7.0\lib;

修改后的设置应为：

CLASSPATH=.;C:\jdk1.7.0\lib;**D:\study**

为了方便程序设计和运行，Java 类库中的类都是以包的形式组织的，这些类通常称为 Java 应用编程接口（application programming interface，API）。有关 API 的详细信息请参阅 Java API 文档。

3. 类的完全限定名

如果一个类属于某个包，可以用类的完全限定名（fully qualified name）来表示它。例如，若 Circle 类属于 com.demo 包，则该类的完全限定名为 com.demo.Circle。

4.7.2 类的导入

为了使用某个包中的类或接口，需要将它们导入到源程序中。在 Java 语言中可以使用两种导入：一是使用 import 语句导入指定包中的类或接口；二是使用 import static 导入类或接口中的静态成员。

1. import 语句

import 语句的一般格式为：

import package1[.package2[.package3[…]]].ClassName|*;

选项 ClassName 指定导入的类名，选用 * 号，表示导入包中所有类。如果一个源程序中要使用某个包中的多个类，用第二种方式比较方便，否则要写多个 import 语句。导入某个包中所有类并不是将所有的类都加到源文件中，而是使用到哪个类才导入哪个类。

也可以不用 import 语句而在使用某个类时指明该类所属的包。

例如：

java.util.Scanner sc = new java.util.Scanner(System.in);

需要注意的是，如果用"*"号这种方式导入的类有同名的类，在使用时应指明类的全名。请看下面代码。

程序 4.16　PackageDemo.java

import java.util.*;

```java
import java.sql.*;
public class PackageDemo{
  public static void main(String[] args){
    Date d = new Date();
    System.out.println("d = " + d);
  }
}
```

该程序在编译时会产生错误。因为在 java.util 包和 java.sql 包中都有 Date 类,编译器不知道创建哪个类的对象,这时需要使用类的完全限定名。如果要创建 java.util 包中的 Date 类对象,创建对象的语句应该改为:

```java
java.util.Date d = new java.util.Date();
```

2. import static 语句

从前面的例子可以看出,使用一个类的静态常量或静态方法,需要在常量名前或方法名前加上类名,如 Math.PI、Math.random()等。这样如果使用的常量或方法较多,代码就显得冗长。因此在 Java 5 版中,允许使用 import static 语句导入类中的常量和静态方法,然后再使用这些类中的常量或方法就不用加类名前缀了。

例如,要使用 Math 类的 random()等,就可以先使用下列静态导入语句:

```java
import static java.lang.Math.*;
```

然后在程序中就可以直接使用 random()了,请看下面程序。

程序 4.17 StaticTest.java

```java
import static java.lang.Math.*;
import static java.lang.System.*;
public class StaticTest{
  public static void main(String[] args){
    double d = random();              // 不需要加类名前缀
    double pi = PI;
    out.println("d = " + d);           // out 是 System 类的一个静态成员
    out.println("pi = " + pi);
  }
}
```

提示:使用 java.lang 包和默认包(当前目录)中的类不需要使用 import 语句将其导入,编译器会自动导入该包中的类。

4.7.3 Java 编译单元

一个源程序通常称为一个编译单元(Compile Unit)。每个编译单元可以包含一个 package 语句、多个 import 语句以及类、接口和枚举定义。

注意:一个编译单元中只能定义一个 public 类(或接口、枚举等),并且源文件的主文件名与该类的类名相同。

4.8 小　　结

面向对象程序设计是当今程序设计方法的主流。其基本思想是用类、对象、消息等模拟软件对象的状态和行为。除了可以使用 Java API 类库中定义的类之外，经常需要自己定义一些类。

类的定义包括定义成员变量和成员方法。根据是否使用 static 修饰符，它们又分为实例变量和类变量、实例方法和类方法。方法用来实现对象行为。通过方法的重载可以实现静态多态。

创建对象通常是调用类的构造方法，构造方法也可以重载。对象初始化就是为对象的成员变量分配存储空间，对象不被使用将被清除。

包是实现类的组织和命名的一种机制，可以将相关的类组织到一个包中，需要时使用 import 语句导入。

4.9 习　　题

1. 修改下列程序的错误（每个程序只有一行错误）。

(1)
```
public class MyClass{
    public static void main(String[] args){
        String s;
        System.out.println("s = " + s);
    }
}
```

(2)
```
public class MyClass{
    int data;
    void MyClass(int d){
        data = d;
    }
}
```

(3)
```
class MyClass{
    int data = 10;
}
public class MyMain{
    public static void main(String[] args){
        System.out.println(MyClass.data);
    }
}
```

(4)
```
class MyClass{
    int data = 10;
    static int getData(){
        return data;
    }
}
```

2. MyClass 定义了 methodA 方法,请填上返回值类型。

```
public classMyClass{
    _____ methodA(byte x, double y){
      return (short)x/y * 2;
    }
}
```

3. 有下面的类定义,与 setVar()重载的方法有(   )。

```
public class MyClass{
    public void setVar(int a, int b, float c){}
}
```

  A. private void setVar(int a, float c, int b){}
  B. protected void setVar(int x, int y, float z){}
  C. public int setVar(int a, float c, int b){return a;}
  D. public int setVar(int a, float c){return a;}

4. 选出能与 aMethod()方法重载的方法。(   )

```
public class MyClass{
    public float aMethod(float a, float b){
    }
    //下面哪个方法的定义可以放在该位置
}
```

  A. public int aMethod(int a, int b){}
  B. public float aMethod(float x, float y){}
  C. public float aMethod(float a, float b, int c){}
  D. public float aMethod(int a, int b, int c){}
  E. public void aMethod(float a, float b){}

5. 有下面的类定义,与 MyClass()方法重载的是(   )。

```
public class MyClass{
    public MyClass (int x, int y, int z){}
}
```

  A. MyClass (){}
  B. protected int MyClass (){}
  C. private MyClass (int z, int y, byte x){}
  D. public void MyClass (byte x, byte y, byte z){}
  E. public Object MyClass (int x, int y, int z){}

6. 关于实例变量、类变量、实例方法和类方法,下面叙述(   )是不正确的。
  A. 实例方法可以访问实例变量和类变量
  B. 类方法不能访问实例变量
  C. 实例变量和类变量都可以通过类名访问
  D. 类方法只能访问类变量

7. 下列程序是否能正确编译和运行？为什么？

```java
public class IfElse{
  public static void main(String[] args){
   if(odd(5))
      System.out.println("odd");
    else
      System.out.println("even");
  }
  public static int odd(int x){
   return x % 2;
  }
}
```

8. 下列程序输出的 j 值是多少？

```java
public class Test{
    private static int j = 0;
    public static boolean methodB(int k){
       j += k;
       return true;
    }
    public static void methodA(int i){
       boolean b;
       b = i > 10 & methodB(1);
       b = I > 10 && methodB(2);
    }
    public static void main(String args){
       methodA(0);
       System.out.println("j = " + j) ;
    }
}
```

9. 下列程序输出的 i 值为多少？

```java
public class Test{
    static void leftshift(int i, int j){
      i <<= j;
    }
    public static void main(String[] args){
       int i = 4, j = 2;
       leftshift(i,j);
       System.out.println("i = " + i);
    }
}
```

10. 下列程序的输出结果为多少？

```
public class MyClass{
  private static int a = 100;
  public static void main(String[] args){
    modify(a);
    System.out.println(a);
  }
  public static void modify(int a){
    a ++;
  }
}
```

11. 设有 Circle 类,执行下面语句后,(　　)可以被垃圾回收器回收。

```
Circle a = new Circle();
Circle b = new Circle();
Circle c = new Circle();
a = b;
a = c;
c = null;
```

  A. 原来 a 所指的对象　　　　　B. 原来 b 所指的对象
  C. 原来 b 和 c 所指的对象　　　D. 原来 c 所指的对象

12. 设 x、y 是 int 类型的变量,d 是 double 类型的变量,试写出完成下列操作的表达式:
① 求 x 的 y 次方。
② 求 x 和 y 的最小值。
③ 求 d 取整后的结果。
④ 求 d 的四舍五入后的结果。
⑤ 求 atan(d)的结果。

13. 有下列表达式:(int)(Math.random() * 6)+1,试说明该表达式的功能。

14. 编程生成 1000 个 1~6 的随机数,统计 1~6 每个数出现的概率。修改程序,使之生成 10000 个随机数并统计概率,比较结果并给出结论。

15. 有一个三角形的两条边长分别为 4.0 和 5.0,夹角为 30 度,编写程序计算该三角形的面积。

16. 在下列表达式中,哪个表达式可以得到 42 度的余弦值?(　　)

  A. double d = Math.cos(42);
  B. double d = Math.cosine(42);
  C. double d = Math.cos(Math.toRadians(42));
  D. double d = Math.cos(Math.toDegrees(42));
  E. double d = Math.toRadians(42);

17. 定义一个名为 Person 的类,其中含有一个 String 类型的成员变量 name 和一个 int 类型的成员变量 age,分别为这两个变量定义访问方法和修改方法,另外再为该类定义一个名为 speak 的方法,在其中输出其 name 和 age 的值。画出该类的 UML 图。编写程序,使用上面定义的 Person 类,实现数据的访问、修改。

18. 定义一个名为 Rectangle 的类表示矩形,其中含有 length、width 两个 double 型的成员变量表示矩形的长和宽。要求为每个变量定义访问方法和修改方法,定义求矩形周长的方法 perimeter 和求面积的方法 area。定义一个带参数构造方法,通过给出的长和宽创建矩形对象。定义默认构造方法,在该方法中调用有参数构造方法,将矩形长宽都设置为1.0。画出该类的 UML 图。编写程序测试这个矩形类的所有方法。

19. 定义一个名为 Account 的类实现账户管理,它的 UML 图如图 4-6 所示,试编写一个应用程序测试 Account 类的使用。

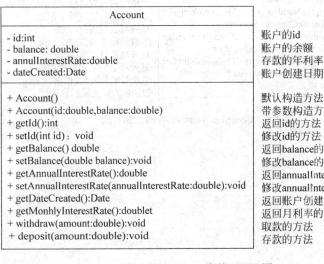

图 4-6 Account 类的 UML 图

20. 定义一个 Triangle 类表示三角形,其中包括三个 double 型变量 a、b、c 表示三条边长。为该类定义两个构造方法:默认构造方法设置三角形的三条边长都为 0.0;带三个参数的构造方法通过传递三个参数创建三角形对象。定义求三角形面积的方法 area,面积计算公式为 area＝Math.sqrt(s＊(s－a)＊(s－b)＊(s－c)),其中 s＝(a+b+c)/2。编写另一个程序测试这个三角形类的所有方法。

21. 编写一个名为 Input 的类,该类属于 com.tools 包。使用该类实现各种数据类型(字符型除外)数据输入,其中的方法有 readInt()、readDoube()、readString()等。在用户程序中通过调用 Input.readDouble()即可从键盘上输入 double 型数据。例如,下面程序可以读入一个 double 型数据:

```
import com.tools.Input;
public class Test{
  public static void main(String[] args){
    double d = Input.readDouble();
    System.out.println("d = " + d);
  }
}
```

提示:使用 java.util 包中的 Scanner 类实现。

22. 定义一个名为 ComplexNumber 类实现复数概念及其运算，它的 UML 图如图 4-7 所示，试编写一个应用程序测试 ComplexNumber 类的使用。

ComplexNumber	
- realPart: double - imaginaryPart: double	复数的实部 复数的虚部
+ ComplexNumber() + ComplexNumber(r: double，i: double) + getRealPart():double + setRealPart(double d)：void + getImaginaryPart()：double + setImaginaryPart(double d):void + complexAdd(ComplexNumber cn)：ComplexNumber + complexAdd(double c):ComplexNumber + complexMinus(ComplexNumber cn)：ComplexNumber + complexMinus(double c): ComplexNumber + complexMulti(ComplexNumber cn)：ComplexNumber + complexMulti(double c): ComplexNumber + toString()：String	默认构造方法 带参数构造方法 返回复数对象的实部 用给定的参数值修改复数对象的实部 返回复数对象的虚部 用给定的参数值修改复数对象的虚部 复数对象与复数对象相加 复数对象与实数c相加 复数对象与复数对象相减 复数对象与实数c相减 复数对象与复数对象相乘 复数对象与实数c相乘 以a+bi的形式显示复数

图 4-7　ComplexNumber 类的 UML 图

第 5 章　数组及应用

数组是程序开发中使用最多的数据结构之一。Java 语言同样支持数组的使用,与其他语言不同的是 Java 数组是一种引用数据类型。

本章将介绍如何创建和使用数组、数组的数组。

5.1　创建和使用数组

数组是几乎所有程序设计语言都提供的一种数据存储结构。所谓数组是名称相同,下标不同的一组变量,它用来存储一组类型相同的数据。下面就来介绍如何声明、初始化和使用数组。

5.1.1　数组定义

使用数组一般需要三个步骤:
(1) 声明数组:声明数组名称和元素的数据类型。
(2) 创建数组:为数组元素分配存储空间。
(3) 数组的初始化:为数组元素赋值。

1. 数组声明

使用数组之前需要声明,声明数组就是告诉编译器数组名和数组元素类型。数组声明可以使用下面两种等价形式:

```
type[] arrayName ;
type arrayName [] ;
```

这里,type 为数组元素类型,它可以是基本数据类型(如 boolean 型或 char 类型),也可以是引用数据类型(如 String 或 Circle 类型等)。arrayName 为数组名。方括号[]指明变量为数组变量,它既可以放在变量前面也可以放在变量后面。推荐放在变量前面,这样更直观。

例如,下面声明了几个数组:

```
double[] score;
String[] words;
Circle[] circle;
```

在 Java 语言中,数组是引用数据类型,也就是说数组是一个对象,数组名就是对象名(或引用名)。数组声明实际上是声明一个引用变量。上面声明的数组,它们的元素类型分别为 double 型、String 型和 Circle 型,其中除了数组 score 的元素类型为基本数据类型外,另两个数组元素类型都为引用数据类型。如果数组元素为引用类型,则该数组称为对象数组,如上面的 words,circle 都是对象数组。所有数组都继承了 Object 类,因此,可以调用 Object 类的所有方法。

注意:数组声明不能指定数组元素个数,这一点 Java 与 C/C++语言不同。

2. 创建数组

数组声明仅仅声明一个数组对象引用,而创建数组是为数组的每个元素分配存储空间。创建数组使用 new 语句,一般格式为:

arrayName = new type[arraySize];

该语句功能是分配 arraySize 个 type 类型的存储空间,并通过 arrayName 来引用。

例如:

score = new double[5];
circle = new Circle[10];

注意:Java 数组的大小可以在运行时指定,这一点 C/C++不允许。

数组的声明与创建可以写在一个语句中。

例如:

double[ ]score = new double[5];
String[ ]words = new String[3];

当用 new 运算符创建一个数组时,系统就为数组元素分配了存储空间,这时系统根据指定的长度创建若干存储空间并为数组每个元素指定默认值。对数值型数组元素默认值是 0、字符型元素的默认值是'\u0000'、布尔型元素的默认值是 false。如果数组元素是引用类型,其默认值是 null。

上面两个语句分别分配了 5 个 double 型和 3 个 String 类型的空间,并且每个元素使用默认值初始化。上面两个语句执行后效果如图 5-1 所示。

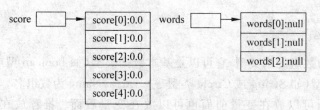

图 5-1 score 数组和 words 数组创建后的效果

数组 score 的每个元素都被初始化为 0.0,而数组 words 的每个元素被初始化为 null。对于引用类型数组(对象数组)还要为每个数组元素分配引用空间。

例如:

words[0] = new String("Java");
words[1] = new String(" is");
words[2] = new String(" cool");

上面语句执行后效果如图 5-2 所示。

3. 数组初始化器

声明数组同时可以使用初始化器对数组元素初始化,这种方式适合数组元素较少的情况,这种初始化也称为静态初始化。

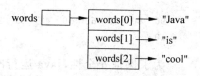

图 5-2 words 数据元素创建后的效果

例如:

```
double[ ]score = {79, 84.5, 63, 90, 98};
String[ ]words = {"Java", " is", " cool"};
```

上面两句还可以写成:

```
double[ ] score = new double[]{79, 84.5, 63,90, 98};
String[ ]words = new String[]{"Java", " is", " cool" , };
```

用这种方法创建数组不能指定大小,系统根据元素个数确定数组大小。另外可以在最后一个元素后面加一个逗号,以方便扩充。

5.1.2 数组的使用

1. 数组元素的使用

定义了一个数组,并使用 new 运算符为数组元素分配了内存空间后,就可以使用数组中的每一个元素。数组元素的使用方式是:

arrayName [index]

其中,index 为数组元素下标或索引,下标从 0 开始,到数组的长度减 1。例如,上面定义的 score 数组定义了 5 个元素,所以只能使用 score[0]、score[1]直到 score[4]这 5 个元素。数组一经创建大小不能改变。

数组作为对象提供了一个 length 成员变量,表示数组元素个数,访问该成员变量的方法为 arrayName.length。

下列程序演示了数组的使用和 length 成员的使用。

程序 5.1 ArrayDemo.java

```
import static java.lang.System. * ;
public class ArrayDemo {
  public static void main(String[] args) {
    int[] anArray = new int[10];
    for (int i = 0; i < anArray.length; i++) {
      anArray[i] = i * 10;
    }
    for(int j = anArray.length-1 ; j >= 0 ; j -- )
      out.print("   " + anArray[j]);
    out.print("\n");
    out.println(anArray.length);
    //out.println(anArray[10]);
  }
}
```

程序运行结果为:

```
90 80 70 60 50 40 30 20 10 0
10
```

为了保证安全性,Java 运行时系统要对数组元素的范围进行越界检查,若超出数组元素的范围(如访问 anArray[10]元素),Java 会抛出 ArrayIndexOutOfBoundsException 运行时异常。

2. 使用增强的 for 循环

如果程序只需顺序访问数组中每个元素,可以使用增强的 for 循环,它是 Java 5 新增功能。增强的 for 循环可以用来迭代数组和对象集合的每个元素。它的一般格式为:

```
for(type identifier: expression) {
    //循环体
}
```

该循环的含义为:对 expression(数组或集合)中的每个元素 identifier,执行一次循环体中的语句。这里,type 为数组或集合中的元素类型。expression 必须是一个数组或集合对象。

使用增强的 for 循环实现求数组元素和的 sumArray()方法的代码如下:

```java
public static double sumArray(double array[]){
    double sum = 0;
    for(double elem : array){
        sum = sum + elem;
    }
    return sum;
}
```

下列程序演示了一个元素为字符串的对象数组的使用。

程序 5.2　EnhancedForDemo.java

```java
public class EnhancedForDemo{
    public static void main(String[] args){
        String [] seasons = {"Spring", "Summer", "Fall","Winter" };
        for (String element : seasons) {
            System.out.print("  " + element);
        }
    }
}
```

程序的运行结果为:

```
Spring  Summer  Fall  Winter
```

5.1.3　数组元素的复制

经常需要将一个数组的元素复制到另一个数组中,首先可能想到使用赋值语句实现。例如,原来有一个数组 one,其中有 4 个元素,现在定义一个数组 two,与原来数组类型相同,元素个数相同。现在使用下列方法试图将数组 one 中的每个元素复制到 two 数组中。

```
int[] one = {10,30,20,40};
int[] two = one;
```

上述两条语句实现对象的引用赋值,两个数组引用指向同一个数组对象,如图 5-3 所示。要真正实现数组元素的复制可使用下列方法。

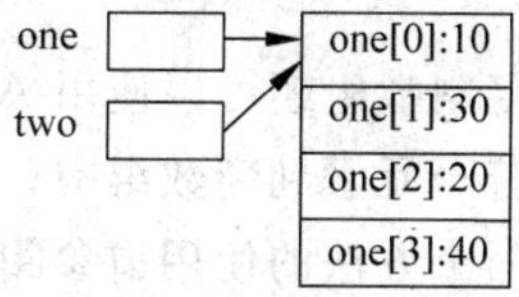

```
int[] one = {10,30,20,40};
int[] two = new int[one.length];
for(int j = 0; j < one.length; j++)
  two[j] = one[j];
```

图 5-3 将 one 赋值给 two 的效果

除了上面的方法外,还可以使用 System 类的 arraycopy()方法,格式如下:

```
public static void arraycopy( Object src, int srcPos,
                              Object dest, int destPos, int length)
```

其中 src 为源数组;srcPos 为源数组的起始下标;dest 为目的数组;destPos 为目的数组下标;length 为复制的数组元素个数。下面代码实现将 one 中的每个元素复制到数组 two 中。

```
int[] one = {10,30,20,40};
int[] two = new int[one.length];
System.arraycopy(one, 0, two, 0, 4);
```

使用 arraycopy 方法可以将源数组的一部分复制到目标数组中。注意,如果目标数组不足以容纳源数组元素,会抛出异常。

程序 5.3 ArrayCopyDemo.java

```java
public class ArrayCopyDemo{
  public static void main(String[] args){
    int[] a = {1,2,3,4,5,6,7,8};
    int[] a1 = { 12,11,10,9,8,7,6,5,4,3,2,1};
    int[] a2 = {8,7,6,5,4};
    try{
      System.arraycopy(a, 0, a1, 0, a.length);
      System.arraycopy(a, 0, a2, 0, a.length);
    }catch(ArrayIndexOutOfBoundsException e){
      System.out.println(e);
    }
    for(int elem: a1){
      System.out.print(elem + "  ");
    }
    System.out.println();
    for(int elem: a2){
      System.out.print(elem + "  ");
    }
    System.out.println("\n");
  }
}
```

程序运行结果为:

```
java.lang.ArrayIndexOutOfBoundsException
1 2 3 4 5 6 7 8 4 3 2 1
8 7 6 5 4
```

复制数组还可以使用 Arrays 类的 copyOf() 或 copyOfRange 方法,前者用于复制数组的前若干元素到新数组中;后者用于复制数组任意位置的连续若干个元素到新数组中。关于这两个方法的使用请参阅 Java API 文档。

5.1.4 数组作为方法参数和返回值

数组可以作为方法的参数和返回值。

1. 数组作为方法的参数

可以将数组对象作为参数传递给方法,如下列代码就定义了一个求数组元素和的方法。

```java
public static double sumArray(double array[]){
    double sum = 0;
    for(int i = 0; i < array.length; i++){
        sum = sum + array[i];
    }
    return sum;
}
```

注意:由于数组是对象,因此将其传递给方法是按引用传递。当方法返回时,数组对象不变。但是,如果在方法体中修改了数组元素的值,则该修改反映到返回的数组对象。

2. 数组作为方法的返回值

一个方法也可以返回一个数组对象。例如,下面的方法返回参数数组的元素反转后的一个数组。

```java
public static int[] reverse(int[] list){
    int[] result = new int[list.length];      // 创建一与参数数组大小相同的数组
    for(int i = 0, j = result.length - 1;i < list.length; i++, j-- ){
        result[j] = list[i];                  //实现元素反转
    }
    return result;                            //返回数组
}
```

有了上述方法,可以使用如下语句实现数组反转。

```java
int[]  list = {6, 7, 8, 9, 10};
int[] list2 = reverse(list);
```

5.1.5 实例:随机抽取 4 张牌

从一副有 52 张的纸牌中随机抽取 4 张,打印出抽取的是哪几张牌。先定义一个有 52 个元素的名为 deck 的数组,用 0~51 填充这些元素。

```
int [] deck = new int[52];
for(int i = 0; i<deck.length-1; i++)    //填充每个元素
    deck[i] = i;
```

设元素值从 0～12 为黑桃,13～25 为红桃,26～38 为方块,39～51 为梅花。然后打乱每个元素的牌号值(洗牌),之后从中取出前 4 张牌,最后用 cardNumber/13 确定花色,用 cardNumber%13 确定哪一张牌。

程序 5.4 DeckOfCards.java

```
public class DeckOfCards{
    public static void main(String[]args){
        int[]deck = new int[52];
        String[] suits = {"黑桃","红桃","方块","梅花"};
        String[] ranks = {"A","2","3","4","5","6","7","8",
                          "9","10","J","Q","K"};
        //初始化每一张牌
        for(int i = 0; i<deck.length;i++)
            deck[i] = i;
        //打乱牌的次序
        for(int i = 0; i<deck.length;i++){
        //随机产生一个元素下标 0～51
            int index = (int)(Math.random() * deck.length);
            int temp = deck[i];                    //将当前元素与产生的元素交换
            deck[i] = deck[index];
            deck[index] = temp;
        }
        //显示输出前 4 张牌
        for(inti = 0; i < 4; i++){
            String suit = suits[deck[i]/13];       // 确定花色
            String rank = ranks[deck[i]%13];       // 确定次序
            System.out.println(suit + "  " + rank);
        }
    }
}
```

下面是程序 5.4 的一次运行结果:

方块   2
红桃   K
梅花   5
红桃   6

5.1.6 实例:一个整数栈类

栈是一种后进先出(last in first out,LIFO)的数据结构,在计算机领域应用广泛。例如,编译器就使用栈来处理方法调用。当一个方法被调用时,方法的参数和局部变量被推入栈中。当方法又调用另一个方法时,新方法的参数和局部变量也被推入栈中。当方法执行完返回调用者时,该方法的参数和局部变量从栈中弹出,释放其所占空间。

可以定义一个类模拟栈结构。为简单起见,设栈中存放 int 类型值,StackOfIntegers 类的代码如下。

程序 5.5 StackOfIntegers.java

```java
public class StackOfIntegers{
  private int[] elements;   //用数组存放栈的元素
  private int size = 0;
  public static final int DEFAULT_CAPACITY = 10;

  public StackOfIntegers(){
    this(DEFAULT_CAPACITY);
  }
  public StackOfIntegers(int capacity){
    elements = new int[capacity];
  }
  //进栈方法
  public void push(int value){
    if(size >= elements.length){
  //创建一个长度是原数组长度2倍的数组
      int[] temp = new int[elements.length * 2];
  //将原来数组元素复制到新数组中
      System.arraycopy(elements,0,temp,0,elements.length);
      elements = temp;
    }
    elements[size++] = value;
  }
  //出栈方法
  public int pop(){
    return elements[--size];
  }
  //返回栈顶元素方法
  public int peek(){
    return elements[size - 1];
  }
  //判空方法
  public boolean empty(){
    return size == 0;
  }
  public int getSize(){
    return size;
  }
}
```

该栈类使用数组实现。元素存储在名为 elements 的整型数组中,当创建栈对象时将同时创建一个数组对象。使用默认构造方法创建的栈包含 10 个元素,也可以使用带参数构造方法指定数组初始大小。变量 size 用来记录栈中元素个数,下标为 size-1 的元素为栈顶元素。如果栈空,size 值为 0。

StackOfIntegers 类实现了栈的常用方法,其中包括 push 方法将一个整数存入栈中;pop 方法元素出栈方法;peek 方法返回栈顶元素但不出栈;empty 方法返回栈是否为空;

getSize 方法返回栈中元素个数。

程序 5.6　StackOfIntegersDemo.java

```java
public class StackOfIntegersDemo{
  public static void main(String[] args){
    StackOfIntegers stack = new StackOfIntegers();
    //向栈中存入 10 个整数
    for(int i = 10;i < 20; i++)
      stack.push(i);
    //弹出栈中的所有元素
    while(!stack.empty())
      System.out.print(stack.pop() + " ");
  }
}
```

程序运行结果为：

19 18 17 16 15 14 13 12 11 10

5.1.7　可变参数的方法

从 Java 5 开始,允许定义方法(包括构造方法)带可变数量的参数。这种方法称为可变参数(variable argument)方法。具体做法是在方法参数列表的最后一个参数的类型名之后、参数名之前使用省略号,例如：

```java
public static double avg(double … values){
  // 方法体
}
```

这里,参数 values 被声明为一个 double 型值的序列。其中参数的类型可以是引用类型。对可变参数的方法,调用时可以为其传递任意数量的指定类型的实际参数。在方法体中,编译器将为可变参数创建一个数组,并将传递来的实际参数值作为数组元素的值,这就相当于为方法传递一个指定类型的数组,请看下例。

程序 5.7　VarargsTest.java

```java
public class VarargsTest {
  public static double avg(double … values){
    double sum = 0;
    for(double value: values){
      sum = sum + value;   // 求数组元素之和
    }
    double avg = sum / values.length;
    return avg;
  }
  public static void main(String[] args){
    System.out.println(avg(60,70,86));
  }
}
```

该程序定义了一个带可变参数的方法 avg(),它的功能是返回传递给该方法的多个 double 型数的平均值。该程序调用了 avg()并为其传递三个参数,输出结果为 70.2。

在可变参数的方法中还可以有一般的参数,但是可变参数必须是方法的最后一个参数。例如,下面定义的方法也是合法的:

```java
public static double avg(String name,double … values){
  //方法体
}
```

注意:在调用带可变参数的方法时,可变参数是可选的。如果没有为可变参数传递一个值,那么编译器将生成一个长度为 0 的数组。如果传递一个 null 值,将产生一个运行时 NullPointerException 异常。

5.1.8 数组的排序

在程序设计中,排序是一种常见的工作。例如,一个数组可能存放某个学生的各科成绩,现要求将成绩按从低到高的顺序输出,这就需要为数组排序。排序有多种方法,如选择排序、插入排序等。下面介绍一个简单的选择排序方法(selection sort)。

这种排序的思想是(以升序为例):先取出数组中第一个元素,依次与剩余元素比较,如果逆序,则交换两个元素,第一趟比较可找出最小的元素。接下来取出数组的第二个元素,再依次与剩余元素比较,第二趟比较可找出次小的元素。这样下去,即可将数组中的元素按非递减的顺序排序。

程序 5.8 SelectionSort.java

```java
public class SelectionSort {
  public static void selectionSort(int[ ]array){
    for(int i = 0;i < array.length - 1; i++){
      for(int j = i + 1;j < array.length; j++){
        if(array[i] > array[j]){
          int temp = array[j];
          array[j] = array[i];
          array[i] = temp;
        }
      }
    }
  }
  public static void main(String[ ]args){
    int[] scores = {78,65,80,67,92,84};
    selectionSort(scores);
    for(int i: scores){
      System.out.print(i+"  ");
    }
  }
}
```

程序输出结果为:

```
65  67  78  80  84  92
```

提示：在 java.util.Arrays 类中提供几个重载的 sort 方法，它们用于对 int 型、double 型、char 型、float 型数组的排序。

5.1.9 数组的查找

与排序一样，查找也是计算机程序设计中常见的工作。查找(searching)是在数组中寻找特定元素的过程，例如，判断成绩列表中是否包含某一特定的分数。有很多算法和数据结构用于查找，本节讨论两种常用的算法：线性查找(linear searching)和二分查找(binary searching)。

1. 线性查找法

线性查找法是将要查找的关键字 key 与数组中的元素逐个进行比较，直到在数组中找到与关键字相等的元素，或者查完所有元素也没有找到。如果查找成功，线性查找法返回与关键字相等的元素在数组中的下标，如果不成功，则返回 -1。下面的 linearSearch 方法在数组 array 中查找关键字 key：

```java
public static int linearSearch(int[] array, int key){
    for (int i = 0; i < array.length ; i++){
        if( array[i] == key)
            return i;
    }
    return -1;
}
```

线性查找法用关键字与数组中的每一个元素进行比较。数组中的元素可以按任意顺序排列。在平均情况下，这种算法需要比较数组中一半的元素。由于线性查找法的执行时间随数组元素个数的增长而线性增长，所以对于大的数组来说其效率不高。

2. 二分查找法

二分查找法也是常见的查找法。使用二分查找法的前提条件是数组元素必须已经排序。不失一般性，假设数组按升序排序。二分查找法首先将关键字与数组的中间元素比较，有下面三种情况：

- 如果关键字比中间元素小，那么只需在前一半数组元素中查找；
- 如果关键字和中间元素相等，则查找成功，查找结束；
- 如果关键字比中间元素大，那么只需在后一半数组元素中查找。

显然，二分法查找每比较一次就排除数组中一半的元素。假设用 low 和 high 分别记录当前查找的数组的第一个和最后一个下标。初始条件下，low 为 0，high 为 array.length -1。mid 表示数组中间元素的下标，这样 mid 就是(low+high) / 2。

```java
public static int binarySearch(int[] array, int key){
    int low = 0;
    int high = array.length - 1;
    while (high >= low){
        int mid = (low + high)/2;
        if(key < array[mid])
```

```
            high = mid - 1;
        else if(key == array[mid])
            return mid;
        else
            low = mid + 1;
    }
    return - low - 1;
}
```

首先,关键字 key 与中间元素 array[mid]比较,如果小于中间元素,将 high 设为mid-1;如果等于中间元素,则匹配成功,返回 mid;如果大于中间元组,将 low 设为 mid + 1。继续这样的查找,直到 low > high 或查找成功。如果 low > high,则返回-low -1,low 就是插入点。

提示:在 java.util.Arrays 类中提供几个重载的 binarySearch 方法,该方法可以在已排序的 int 型、double 型、char 型、float 型数组中查找关键字。

5.2 多维数组

Java 语言中数组元素还可以是一个数组,这样的数组称为数组的数组或多维数组。

5.2.1 多维数组定义

多维数组的使用也分为声明、创建和初始化三个步骤。

1. 多维数组声明

多维数组有下面三种等价的声明格式:

```
type [][] arrayName ;
type [] arrayName [];
type arrayName [][];
```

这里,type 为数组元素的类型,arrayName 为数组名。例如,下面语句声明了一个多维数组 arr 和一个多维数组 cities。

```
int [][] arr;
String [][]cities;
```

2. 创建数组

在 Java 语言中,对多维数组,其空间的分配首先为最高维分配引用空间,然后再顺次为低维分配空间。多维数组的创建也是使用 new 运算符为数组元素分配内存,分配空间的方法有两种。

```
int [][]arr = new int[2][3];
```

这种方法适用于数组的低维具有相同个数的数组元素。在 Java 中,二维数组是数组的数组,即数组元素也是一个数组。上述语句执行后创建的数组如图 5-4 所示,二维数组 arr 有两个元素,即 arr[0]和 arr[1],它们又都是一个有三个元素的数组。图中共有三个对象:

arr、arr[0]和 arr[1]。可以使用 arr.length 得到数组 arr 的大小,值为 2,使用 arr[0].length 得到 arr[0]数组的大小,结果为 3。

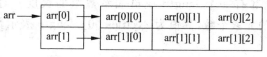

图 5-4　arr 数组元素空间的分配

对多维数组的初始化,也可以使用默认值初始化。当为数组的每个元素分配了存储空间后,系统使用默认值初始化数组元素,如上述语句执行后,数组 arr 的 6 元素值都被初始化为 0。

5.2.2　不规则数组

Java 的二维数组是数组的数组,对二维数组声明时可以只指定第一维的大小,第二维的每个元素可以指定不同的大小,例如:

```
String[][]cities = new String[2][];     // cities 数组有 2 个元素
cities[0] = new String[3];              // cities[0]数组有 3 个元素
cities[1] = new String[2];              // cities[1]数组有 2 个元素
```

这种方法适用于低维数组元素个数不同的情况,即每个数组的元素个数可以不同。对于引用类型的数组,除了为数组分配空间外,还要为每个数组元素的对象分配空间。

例如:

```
cities[0][0] = new String("北京");
cities[0][1] = new String("上海");
cities[0][2] = new String("天津");
cities[1][0] = new String("伦敦");
cities[1][1] = new String("纽约");
```

cities 数组元素空间的分配情况如图 5-5 所示。

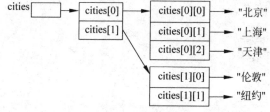

图 5-5　cities 数组元素空间的分配

对于二维数组也可以使用初始化器在声明数组的同时为数组元素初始化。

例如:

```
int[][] arr = {{15,56,20,-2},{10,80,-9,31},{76,-3,99,21},};
String[][]cities = {{"北京","上海","天津"},{"伦敦","纽约"}};
```

5.2.3　数组元素的使用

对于多维数组中每个元素的引用方式为:

arrayName[index1][index2]

其中 index1 和 index2 为数组元素下标，可以是整型常数或表达式。同样，每一维的下标也是从 0 到该维的长度减 1。

多维数组每一维也都有一个 length 成员表示数组的长度。对于 cities 数组，cities.length 表示数组 cities 的元素个数，其值为 2，cities[0].length 表示数组 cities[0]的长度，其值为 3。

下面例子使用数组求一个矩阵的转置。

程序 5.9　MatrixTest.java

```java
public class MatrixTest{
  public static void printArray(int[][] arr){
    for(int i = 0;i < arr.length; i++){
      for(int j = 0;j < arr[i].length; j++)
        System.out.print("  " + arr[i][j]);
      System.out.println();
    }
  }
  public static void main(String[] args){
    int[][] a = {{15,56,20,-2}, {10,80,-9,31}, {76,-3,99,21},};
    System.out.println("The original matrix is: ");
    printArray(a);
    int b[][] = new int[a[0].length][a.length];
    for(int i = 0;i < a.length;i++){
      for(int j = 0;j < a[i].length;j++)
        b[j][i] = a[i][j];
    }
    System.out.println("The result matrix is: ");
    printArray(b);
  }
}
```

程序运行结果如下所示。

```
The original matrix is:
    15  56  20  -2
    10  80  -9  31
    76  -3  99  21
The result matrix is:
    15  10  76
    56  80  -3
    20  -9  99
    -2  31  21
```

从输出结果可以看到，该程序将原来的 3 行 4 列的数组转换为 4 行 3 列的数组，得到了原来矩阵的转置。

5.2.4　实例：打印杨辉三角形

杨辉三角形，又称帕斯卡三角形，是二项式系数在三角形中的一种几何排列。下面的程序打印输出前 10 行杨辉三角形。

程序 5.10　YangHui.java

```java
public class YangHui{
  public static void main(String[] args){
    int i, j;
    int level = 10;
    int yanghui[][] = new int[level][];
    for(i = 0;i < yanghui.length;i++)
      yanghui[i] = new int[i+1];
    // 为 yanghui 数组的每个元素赋值
    yanghui[0][0] = 1;
    for(i = 1;i < yanghui.length;i++){
      yanghui[i][0] = 1;
      for(j = 1; j < yanghui[i].length-1; j++)
        yanghui[i][j] = yanghui[i-1][j-1] + yanghui[i-1][j];
      yanghui[i][yanghui[i].length-1] = 1;
    }
    // 打印输出 yanghui 数组的每个元素
    for(i = 0;i < yanghui.length; i++){
      for(j = 0;j < yanghui[i].length;j++)
        System.out.print(yanghui[i][j]+" ");
      System.out.println();  // 换行
    }
  }
}
```

程序运行结果如下：

```
1
1 1
1 2 1
1 3 3 1
1 4 6 4 1
1 5 10 10 5 1
1 6 15 20 15 6 1
1 7 21 35 35 21 7 1
1 8 28 56 70 56 28 8 1
1 9 36 84 126 126 84 36 9 1
```

5.2.5　实例：矩阵乘法

使用数组还可以计算两个矩阵的乘积。如果矩阵 A 乘以矩阵 B 得到矩阵 C，则必须满足如下要求：

(1) 矩阵 A 的列数与矩阵 B 的行数相等。

(2) 矩阵 C 的行数等于矩阵 A 的行数，列数等于矩阵 B 的列数。

例如，下面的例子说明两个矩阵是如何相乘的。

$$\begin{pmatrix} 5 & 7 & 8 & 2 \\ -2 & 4 & 1 & 2 \\ 1 & 2 & 3 & 4 \end{pmatrix} \times \begin{pmatrix} 4 & -2 & 3 & 3 & 9 \\ 4 & 3 & 8 & -1 & 2 \\ 2 & 3 & 5 & 2 & 7 \\ 1 & 0 & 6 & 3 & 4 \end{pmatrix} = \begin{pmatrix} 66 & 35 & 123 & 30 & 123 \\ 12 & 19 & 43 & -2 & 5 \\ 22 & 13 & 58 & 19 & 50 \end{pmatrix}$$

在结果矩阵中,第 1 行第 1 列的元素是 66,它通过下列计算得来:

5×4+7×4+8×2+2×1=66

即若矩阵 $A_{mn} \times B_{nl} = C_{ml}$,则

$$c_{ij} = \sum_{k=1}^{n} a_{ik} \times b_{kj}$$

其中,A_{mn} 表示 m×n 矩阵,c_{ij} 是矩阵 C 的第 i 行 j 列元素。

程序 5.11   MatrixMultiple.java

```java
public class MatrixMultiple {
  public static void main(String[]args){
    int a[][] = {{5,7,8,2},
                 {-2,4,1,2},
                 {1,2,3,4}};
    int b[][] = {{4,-2,3,3,9},
                 {4,3,8,-1,2},
                 {2,3,5,2,7},
                 {1,0,6,3,4}};
    int c[][] = new int[3][5];
    // 计算矩阵乘法
    for(int i = 0; i < 3; i++)
      for(int j = 0; j < 5; j++)
        for(int k = 0; k < 4; k++)
          c[i][j] = c[i][j] + a[i][k] * b[k][j];
    // 输出结果矩阵
    for(int i = 0; i < 3; i++){
      for(int j = 0; j < 5; j++)
        System.out.print(c[i][j] + "  ");
      System.out.println();
    }
  }
}
```

程序运行结果为:

```
66  35  123  30  123
12  19  43  -2   5
22  13  58  19  50
```

5.3 小 结

数组是类型相同的变量的集合。在 Java 语言中数组元素可以是基本数据类型,也可以是引用数据类型。使用数组需要声明数组、为数组对象分配存储空间、为数组元素分配存储空间。如果数组元素也是一个数组,则称为数组的数组或多维数组。

5.4 习　题

1. 下面对数组的声明和初始化,(　　)是正确的。
   A. int arr[];
   B. int arr[5];
   C. int arr[5] = {1,2,3,4,5};
   D. int arr[]={1,2,3,4,5};

2. 下面程序的输出结果为(　　)

   ```
   int []x[] = {{1,2},{3,4,5},{6,7,8,9}};
   int[][]y = x;
   System.out.println(y[2][1]);
   ```

   A. 3　　　　　　B. 4　　　　　　C. 6　　　　　　D. 7

3. 下列对数组的声明和初始化,(　　)是正确的。
   A. int[] j = new int[2]{5,10};
   B. int j[5] = {1,2,3,4,5};
   C. int j[] = {1,2,3,4,5};
   D. int j[][] = new int[10][];
   E. 声明 int[] j, k[]; 与 int j[], k[][] 是等价的

4. 下列程序段的运行结果为(　　)。

   ```
   int index = 1;
   int foo[] = new int[3];
   int bar = foo[index];
   int baz = bar + index;
   ```

   A. baz 的值为 0
   B. baz 的值为 1
   C. baz 的值为 2
   D. 抛出一个异常
   E. 代码不能编译

5. (　　)语句声明了能存放 10 个整型数的数组。
   A. int[] foo;
   B. int foo[];
   C. int foo[10];
   D. Object[] foo;
   E. Object foo[10];

6. 有下列程序段:

   ```
   byte [] array1, array2[]
   byte array3[][]
   byte[][] array4
   ```

   如果数组元素都已初始化,下面(　　)语句会产生编译错误。

   A. array2 = array1　　　B. array2 = array3　　　C. array2 = array4

7. 写出下列程序的输出结果。

   ```
   public class ArrayTest{
     public static void main(String[] args){
       float f1[],f2[];
       f1 = new float[10];
       f2 = f1;
   ```

```
            System.out.println("f2[0] = " + f2[0]);
        }
    }
```

8. 写出下列程序的运行结果。

```java
public class ArrayDemo{
    public static void main(String[] args){
        int[] a = new int[1];
        modify(a);
        System.out.println("a[0] = " + a[0]);
    }
    public static void modify(int[] a){
        a[0]++;
    }
}
```

9. 写出下列程序的运行结果。

```java
public class ArrayDemo{
    public static void main(String[] args){
        int[] array = {1,2,3,4,5};
        printArray(array);
        modify(array);
        printArray(array);
    }
    static void modify(int[] a){
        for(int i = 0; i < a.length; i++)
            a[i] = a[i] * i;
    }
    static void printArray(int[] a){
        for(int i = 0; i < a.length; i++)
            System.out.print(a[i] + "\t");
        System.out.println();
    }
}
```

10. 写出下列程序的运行结果。

```java
public class ArrayDemo{
    public static void main(String[] args){
        int[] array = {1,2,3,4,5};
        printArray(array);
        for(int i = 0; i < array.length; i++)
            modify(array[i], i);
        printArray(array);
    }
    static void modify(int a, int i){
        a = a * i;
    }
    static void printArray(int[] a){
        for(int i = 0; i < a.length; i++)
```

```
        System.out.print(a[i] + "\t");
      System.out.println();
    }
  }
```

11. 写出下列程序的运行结果。

```
public class ArrayTest{
  public static void main(String[] args){
    int a[][] = new int[4][];
    a[0] = new int[1];
    a[1] = new int[2];
    a[2] = new int[3];
    a[3] = new int[4];
    int i, j, k = 0;
    for(i = 0; i < 4; i++)
      for(j = 0; j < i + 1; j++){
        a[i][j] = k;
        k++;
      }
    for(i = 0; i < 4; i++){
      for(j = 0; j < i + 1; j++)
        System.out.print(a[i][j] + " ");
      System.out.println();
    }
  }
}
```

12. 给出下面程序的运行结果。

```
public class VarargsDemo{
  public static void main(String[] args){
    System.out.println(largest(12, -12, 45, 4, 345, 23, 49));
    System.out.println(largest(-43, -12, -705, -48, -3));
  }
  private static int largest(int … numbers){
    int currentLargest = numbers[0];
    for(int number: numbers){
      if(number > currentLargest){
        currentLargest = number;
      }
    }
    return currentLargest;
  }
}
```

13. 编程求一个整型数组中所有元素的和、最大值、最小值及平均值。

14. 编程产生 100 个 1～6 的随机数，统计每个数出现的概率。修改程序，使之产生 1000 个 1～6 的随机数，并统计每个数出现的概率。比较不同的结果并给出结论。

15. 从键盘上输入 10 个整数，并存放到一个数组中，然后将其前 5 个元素与后 5 个元素对换，即第 1 个元素与第 10 个元素互换，第 2 个元素与第 9 个元素互换，…，第 5 个元素与第 6 个元素互换。分别输出数组原来各元素的值和互换后各元素的值。

16. 编程打印输出 Fibonacci 数列的前 20 个数。Fibonacci 数列是第一和第二个数都是 1，以后每个数是前两个数之和，用公式表示为 $f_1 = f_2 = 1$，$f_n = f_{n-1} + f_{n-2} (n >= 3)$。

17. 编写程序，使用筛选法求出 2～100 的所有素数。筛选法是在 2～100 的数中先去掉 2 的倍数，再去掉 3 的倍数，…，以此类推，最后剩下的数就是素数。注意 2 是最小的素数，不能去掉。

18. 有下面两个矩阵 A 和 B：

$$A = \begin{pmatrix} 1 & 3 & 5 \\ -3 & 6 & 0 \\ 13 & -5 & 7 \\ -2 & 19 & 25 \end{pmatrix} \quad B = \begin{pmatrix} 0 & -1 & -2 \\ 7 & -1 & 6 \\ -6 & 13 & 2 \\ 12 & -8 & -13 \end{pmatrix}$$

编程计算：(1) A+B。

(2) A－B。

19. 编程求解约瑟夫(Josephus)问题：有 12 个人排成一圈，从 1 号开始报数，凡是数到 5 的人就离开，然后继续报数，试问最后剩下的一人是谁？

20. 编写程序，提示用户从键盘上输入一个正整数，然后以降序的顺序输出该数的所有最小因子。例如，如果输入的整数为 120，应显示的最小因子为 5，3，2，2，2。请使用 StackOfInteger 类存储这些因子(如 2,2,2,3,5)，然后以降序检索和显示它们。

21. 编写一个名为 MyInteger 的类，该类的 UML 图如图 5-6 所示。请编写应用程序测试该类的方法的使用。

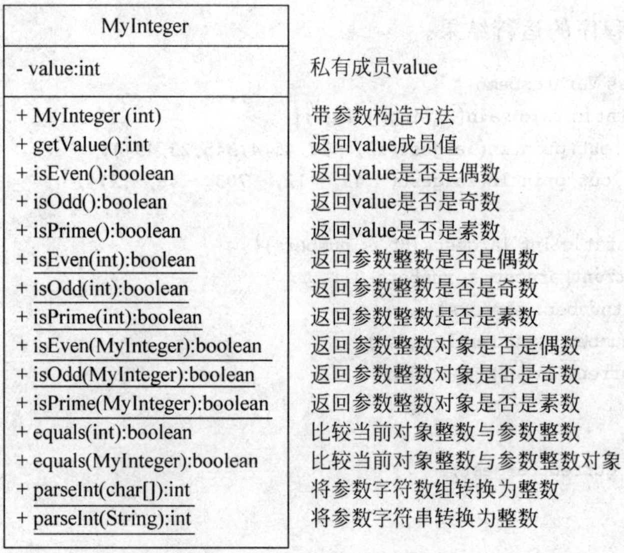

MyInteger	
- value:int	私有成员value
+ MyInteger (int)	带参数构造方法
+ getValue():int	返回value成员值
+ isEven():boolean	返回value是否是偶数
+ isOdd():boolean	返回value是否是奇数
+ isPrime():boolean	返回value是否是素数
+ isEven(int):boolean	返回参数整数是否是偶数
+ isOdd(int):boolean	返回参数整数是否是奇数
+ isPrime(int):boolean	返回参数整数是否是素数
+ isEven(MyInteger):boolean	返回参数整数对象是否是偶数
+ isOdd(MyInteger):boolean	返回参数整数对象是否是奇数
+ isPrime(MyInteger):boolean	返回参数整数对象是否是素数
+ equals(int):boolean	比较当前对象整数与参数整数
+ equals(MyInteger):boolean	比较当前对象整数与参数整数对象
+ parseInt(char[]):int	将参数字符数组转换为整数
+ parseInt(String):int	将参数字符串转换为整数

图 5-6 MyInteger 类的 UML 图

提示：在 UML 类图中，静态成员使用下划线进行标识。

第 6 章　字符串及应用

字符串是字符的序列,是许多程序设计语言的基本数据结构。有些语言中的字符串是通过字符数组实现的(如 C 语言),Java 语言中是通过字符串类实现的。Java 语言提供了三个字符串类:String 类、StringBuilder 类和 StringBuffer 类。

String 类是不变字符串,StringBuilder 和 StringBuffer 是可变字符串,这三种字符串都是 16 位 Unicode 字符序列,并且这三个类都被声明为 final,因此不能被继承。这三个类各有不同的特点,应用于不同场合。本章主要介绍 String 类和 StringBuilder 类、命令行参数和正则表达式。

6.1　String 类

String 类是最常用的字符串类。在前面章节中已多次使用字符串对象。

6.1.1　创建 String 类对象

在 Java 程序中,有一种特殊的创建 String 对象的方法,就是直接利用字符串字面量创建字符串对象。

例如:

```
String s = "This is a Java string.";
```

一般使用 String 类的构造方法创建一个字符串对象。String 类有十多个重载的构造方法,可以生成一个空字符串,也可以由字符或字节数组生成字符串。常用的构造方法如下:

- public String():创建一个空字符串。
- public String(char[] value):使用字符数组中的字符创建字符串。
- public String(char[] value, int offset, int count):使用字符数组中 offset 为起始下标,count 个字符创建一个字符串。
- public String(byte[] bytes):使用字节数组中的字符创建字符串。
- public String(byte[] bytes, int offset, int count):offset 为数组元素起始下标,count 为元素个数。使用这些字节创建字符串。
- public String(byte[] bytes, String charsetName):使用指定的字节数组构造一个新的字符串,新字符串的长度与字符集有关,因此可能与字节数组的长度不同。charsetName 为使用的字符集名,如 US-ASCII、ISO-8859-1、UTF-8、UTF-16 等。如果使用了系统不支持的字符集,将抛出 UnsupportedEncodingException 异常。

- public String(String original)：使用一个字符串对象创建字符串。
- public String(StringBuffer buffer)：使用 StringBuffer 对象创建字符串。
- public String(StringBuilder buffer)：使用 StringBuilder 对象创建字符串。

下面的例子说明了使用字符串的构造方法创建字符串对象。

程序 6.1 StringDemo.java

```java
public class StringDemo{
  public static void main(String[] args){
    char chars1[] = {'A','B','C'};
    char chars2[] = {'中','国','Ⅱ','α'};
    String s1 = new String(chars1);
    String s2 = new String(chars2, 0, 4);
    System.out.println("s1 = " + s1);
    System.out.println("s2 = " + s2);
    byte ascii1[] = {65, 66, 67};
    byte ascii2[] = {97, 98, 99, 100, 101};
    String s3 = new String(ascii1);
    String s4 = new String(ascii2, 0, 5);
    System.out.println("s3 = " + s3);
    System.out.println("s4 = " + s4);
  }
}
```

程序运行结果为：

```
s1 = ABC
s2 = 中国Ⅱα
s3 = ABC
s4 = abcde
```

6.1.2 字符串类几个常用方法

除创建 String 类对象外，更常用的是调用 String 类的方法，该类定义了许多方法，下面是几个最常用方法。

- public int length()：返回字符串的长度，即字符串包含的字符个数。注意，对含有中文或其他语言符号的字符串，计算长度时，一个符号作为一个字符计数。
- public char charAt(int index)：返回字符串中指定位置的字符，index 表示位置，范围为 0～s.length()-1。
- public String concat(String str)：将调用字符串与参数字符串连接起来，产生一个新的字符串。
- public String substring(int beginIndex, int endIndex)：从字符串的下标 beginIndex 开始到 endIndex 结束产生一个子字符串。
- public String substring(int beginIndex)：从字符串的下标 beginIndex 开始到结束产生一个子字符串。
- public String replace(char oldChar, char newChar)：将字符串中的所有 oldChar 字

符改变为 newChar 字符,返回一个新的字符串。
- public String toUpperCase():将字符串转换成大写字母。
- public String toLowerCase():将字符串转换成小写字母。
- public String trim():返回去掉了前后空白字符的字符串对象。
- public boolean isEmpty():返回该字符串是否为空(""),如果 length()的结果为 0,方法返回 true,否则返回 false。

下面程序要求从键盘上输入一个字符串,判断该字符串是否是回文串。一个字符串,如果从前向后读和从后向前读都一样,则称该串为回文串。例如,"mom"和"上海海上"都是回文串。

对于一个字符串,先判断该字符串的第一个字符和最后一个字符是否相等,如果相等,检查第二个字符和倒数第二个字符是否相等。这个过程一直进行,直到出现不相等的情况或串中所有字符都检测完毕,当字符串有奇数个字符时,中间的字符不用检查。

程序 6.2　CheckPalindrome.java

```
import java.util.Scanner;
public class CheckPalindrome {
  public static boolean isPalindrome(String s){
    int low = 0;
    int high = s.length() - 1;
    while(low < high){
      if(s.charAt(low)!= s.charAt(high))
        return false;
      low ++;
      high -- ;
    }
    return true;
  }
  public static void main(String[ ]args){
    Scanner sc = new Scanner(System.in);
    System.out.print("请输入一个字符串:");
    String s = sc.nextLine();
    if(isPalindrome(s))
      System.out.println(s+":是回文.");
    else
      System.out.println(s+":不是回文.");
  }
}
```

6.1.3　字符串查找

String 类提供了从字符串中查找字符和子串的方法,如下所示。
- public int indexOf(int ch):查找字符 ch 第一次出现的位置。如果查找不成功则返回-1,下述方法相同。
- public int indexOf(int ch, int fromIndex):查找字符 ch 从 fromIndex 开始第一次出现的位置(在原字符串中的下标)。

- public int lastIndexOf(int ch)：查找字符 ch 最后一次出现的位置。
- public int lastIndexOf(int ch, int endIndex)：查找字符 ch 到 endIndex 为止最后一次出现的位置。
- public int indexOf(String str)：查找字符串 str 第一次出现的位置。
- public int indexOf(String str, int fromIndex)：查找字符串 str 从 fromIndex 开始第一次出现的位置(在原字符串中的下标)。
- public int lastIndexOf(String str)：查找字符串 str 最后一次出现的位置。
- public int lastIndexOf(String str, int endIndex)：查找字符串 str 到 endIndex 为止最后一次出现的位置(在原字符串中的下标)。

程序 6.3　**StringTest.java**

```java
import static java.lang.System.*;
public class StringTest{
  public static void main(String[] args){
    String s = new String("This is a Java string.") ;
    out.println(s.length());              // 22
    out.println(s.lastIndexOf('a'));      // 13
    out.println(s.lastIndexOf('a',10));   // 8
    out.println(s.indexOf("is"));         // 2
    out.println(s.lastIndexOf("is"));     // 5
    out.println(s.indexOf("my"));         // -1
    String s1 = "It's interesting.";
    s1 = s.concat(s1);
    out.println(s.toUpperCase());         //THIS IS A JAVA STRING.
    out.println(s1.toLowerCase());        //this is a java string.
                                          //it's interesting.
    out.println(s.endsWith("ing"));       //false
  }
}
```

6.1.4　字符串与数组之间的转换

字符串不是数组,但是字符串能够转换成数组,反之亦然。String 类提供了下列方法将字符串转换成数组：

- public char[] toCharArray()：将字符串中的字符转换为字符数组。
- public byte[] getBytes()：使用平台默认的字符集将字符串编码成字节序列并将结果存储到字节数组中。
- public byte[] getBytes(String charsetName)：使用指定的字符集将字符串编码成字节序列并将结果存储到字节数组中。该方法抛出 java.io.UnsupportedEncodingException 异常。
- public void getChars(int srcBegin, int srcEnd, char[] dst, int dstBegin)：将字符串中从起始位置(srcBegin)到结束位置(srcEnd)之间的字符复制到字符数组 dst 中，dstBegin 为目标数组的起始位置。

下面代码使用 toCharArray 方法将字符串转换为字符数组,使用 getChars 方法将字符串的一部分复制到字符数组中。

```java
String s = new String("This is a Java string.");
char[] chars = s.toCharArray();
System.out.println(chars);              // This is a Java String.
char[] subs = new char[4];
s.getChars(10,14,subs,0);
System.out.println(subs);               // Java
```

6.1.5 字符串的解析

String 类提供了一个 split 方法,实现将一个字符串分解成子字符串或令牌(token)。该方法使用正则表达式指定分隔符,该方法有下面两种格式:

- public String[] split(String regex, int n):参数 regex 表示正则表达式,n 表示模式应用的次数。如果 n 的值为 0,则模式将应用尽可能多的次数,末尾的空字符串被丢弃。如果 n 的值大于 0,则模式至多被应用 n-1 次,结果数组的长度不大于 n,数组的最后一项将包含除最后一个匹配的分隔符外的所有输入内容。如果 n 的值小于 0,则模式将应用尽可能多的次数。
- public String[] split(String regex):与上述方法 n 为 0 的情况相同。
- public boolean matches(String regex):返回字符串是否与给定的正则表达式匹配。

程序 6.4 SplitDemo.java

```java
public class SplitDemo {
  public static void main(String[]args){
    String ss = "one little,two little,three little.";
    String [] str = ss.split("[ ,.]");
    for(String s : str){
      System.out.println(s);
    }
    System.out.println(ss.matches(".*little.*"));   //输出 true
  }
}
```

在 split 方法中指定的正则表达式"[,.]"的含义是使用空格、逗号或句点为分隔符解析字符串。关于正则表达式请参考 6.4 节。

6.1.6 字符串比较

在 Java 程序中,经常需要比较两个字符串是否相等或比较两个字符串的大小,下面介绍如何比较字符串。

1. 字符串相等的比较

要比较两个字符串是否相等,可能想到用"=="来比较,如下代码所示:

```java
String s1 = new String("Hello");
String s2 = new String("Hello");
System.out.println(s1 == s2);
```

然而，上面代码的输出结果为 false。这是因为在 Java 语言中用"=="比较引用类型的数据（对象）时，比较的是引用（地址）是否相等。只有两个引用指向同一个对象时，结果才为 true。上面使用构造方法创建的两个对象是不同的，因此 s1 和 s2 的引用是不同的，如图 6-1(a) 所示。

再看下面一段代码：

```
String s1 = "Hello";
String s2 = "Hello";
System.out.println(s1 == s2);
```

这次输出结果为 true。这两段代码的不同之处就在于创建 s1、s2 对象的代码不同。这里的 s1、s2 是用字符串常量创建的两个对象。字符串常量存储和对象存储不同，字符串常量是存储在常量池中，对内容相同的字符串常量在常量池中只有一个副本，因此 s1 和 s2 是指向同一个对象，如图 6-1(b) 所示。

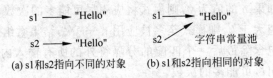

(a) s1和s2指向不同的对象　　(b) s1和s2指向相同的对象

图 6-1　字符串实例与字符串常量的不同

可以看到，==用来比较两个引用值是否相等，如果要比较两个对象的内容是否相等，可以使用 String 类的 equals 方法或 equalsIgnoreCase 方法。

- public boolean equals(String anotherString);
- public boolean equalsIgnoreCase(String anotherString)。

使用第二个方法比较时将忽略大小写。对于上面两种情况，表达式：

```
s1.equals(s2)
```

的结果都为 true，因为 s1、s2 的内容相等。实际上 equals() 是从 Object 类中继承来的，原来在 Object 类中，该方法也是比较对象的引用，而在 String 类中覆盖了该方法，比较的是字符串的内容。

2. 字符串大小的比较

使用 equals 方法只能比较字符串的相等与否，要比较大小，可以使用 String 类的 compareTo 方法或 compareToIgnoreCase 方法，格式为：

```
public int compareTo(String anotherString)
public int compareToIgnoreCase(String anotherString)
```

第二个方法比较时忽略大小写。该方法将当前字符串与参数字符串比较，并返回一个整数值。字符串比较使用字符的 Unicode 码值进行比较。若当前字符串小于参数字符串，方法返回值小于 0；若当前字符串大于参数字符串，方法返回值大于 0；若当前字符串等于参数字符串，方法返回值等于 0。例如，表达式"ABC".compareTo("ABD")的返回值为 −1。

注意：字符串不能使用＞、＞＝、＜、＜＝进行比较，但可以使用"!＝"比较。

下面的例子使用起泡排序法，将给出的字符串数组按由小到大的顺序输出。

程序 6.5　StringSort.java

```java
public class StringSort{
  public static void main(String[] args){
    String []str = {"China","America","Russia","France","England"};
    for(int i = str.length-1; i >= 0; i--)
      for(int j = 0; j<i; j++){
        if(str[j].compareTo(str[j+1])>0){
          String temp = str[j];
          str[j] = str[j+1];
          str[j+1] = temp;
        }
      }
    for(String s: str)
      System.out.print(s+" ");
  }
}
```

程序输出结果为：

America　China　England　France　Russia

String 类还提供了下面两个方法判断一个字符串是否以某个字符串开头或结尾。
- public boolean startsWith(String prefix)：返回字符串是否以某个字符串开始。
- public boolean endsWith(String suffix)：返回字符串是否以某个字符串结尾。

另外，String 类还提供了下面两个方法比较两个字符串指定区域的字符串是否相等。
- public boolean regionMatches(int toffset, String other, int offset, int len);
- public boolean regionMatches(boolean ignoreCase,
                 int toffset, String other, int offset, int len).

6.1.7　String 对象的不变性

在 Java 程序中一旦创建一个 String 对象，就不能对其内容进行改变，因此说 Java 的 String 对象是不可变的字符串。

有些方法看起来是修改字符串，但字符串修改后产生了另一个字符串，这些方法对原字符串没有任何影响，原字符串永远不会改变。请看下面的例子。

程序 6.6　ChangeString.java

```java
public class ChangeString{
  public static void main(String[] args){
    String s = new String("Hello,world");
    s.replace('o','A');           // s 的值并没有改变
    s = s.substring(0,6).concat("Java");
    s.toUpperCase();              // s 的值并没有改变
    System.out.println(s);
```

        }
    }

程序运行结果为:

Hello,Java

6.2 命令行参数

Java 应用程序从 main()开始执行,main()的声明格式为:

public static void main(String[] args){}

参数 String[] args 称为命令行参数,是一个字符串数组,该参数是在程序运行时通过命令行传递给 main()。

下面程序要求从命令行为程序传递三个参数,在 main()中通过 args[0]、args[1]和 args[2]输出这三个参数的值。

程序 6.7 HelloProgram.java

```java
public class HelloProgram{
  public static void main(String[] args){
    System.out.println(args[0] + " " +
              args[1] + " " + args[2]);
  }
}
```

运行该程序需要通过命令行为程序传递三个参数。
例如:

D:\study> java HelloProgram How are you!

程序运行结果为:

How are you!

在命令行中参数字符串是通过空格分隔的。但如果参数本身包含空格,则需要用双引号将参数括起来。

Java 解释器根据传递的参数个数确定数组 args 的长度,如果给出的参数少于引用的元素,则抛出 ArrayIndexOutOfBoundsException 运行时异常。

例如:

D:\study> java HelloProgram How are

上述命令中只提供了两个命令行参数,创建的 args 数组长度为 2,而程序中访问了第 3 个元素(args[2]),故产生运行时异常。

命令行参数传递的是字符串,若将其作为数值处理,需要进行转换。下面的程序要求从命令行输入三个整数,输出最大值和最小值。

程序 6.8　ThreeInteger.java

```
public class ThreeInteger{
  public static void main(String[] args){
    int max,min,a,b,c;
    a = Integer.parseInt(args[0]);        // 将字符串转换为整数
    b = Integer.parseInt(args[1]);
    c = Integer.parseInt(args[2]);

    max = Math.max(Math.max(a,b),c);      // 求 a,b,c 的最大值
    min = Math.min(Math.min(a,b),c);
    System.out.println("max = " + max);
    System.out.println("min = " + min);
  }
}
```

由于命令行参数是字符串,所以程序中使用 Integer 类的 parseInt 方法将每个参数转换为 int 类型的数据。运行该程序需要在命令行给出参数,如下所示:

```
D:\study> java ThreeInteger  "23"  "-234"  "100"
```

程序运行结果为:

```
max = 100
min = -234
```

6.3　StringBuilder 类

StringBuilder 和 StringBuffer 类都表示可变字符串,即这两个类的对象内容是可以修改的。

6.3.1　创建 StringBuilder 对象

StringBuilder 类是 Java 5 新增加的,表示可变字符串。StringBuilder 类常用的构造方法有下面三个。

- public StringBuilder():创建一个没有字符的字符串缓冲区,初始容量为 16 个字符。此时 length()方法的值为 0,而 capacity 方法的值为 16。
- public StringBuilder(int capacity):创建一个没有字符的字符串缓冲区,capacity 为指定的初始容量。
- public StringBuilder(String str):利用一个已存在的字符串对象 str 创建一个字符串缓冲区对象,另外再分配 16 个字符的缓冲区。

6.3.2　StringBuilder 的访问和修改

StringBuilder 类除定义了 length()、charAt()、indexOf()、getChars()等方法外,还提供了下列常用方法。

- public int capacity():返回当前的字符串缓冲区的总容量。

- public void setCharAt(int index, char ch)：用 ch 修改指定位置的字符。
- public StringBuilder deleteCharAt(int index)：删除指定位置的字符。
- public StringBuilder append(String str)：在当前的字符串的末尾添加一个字符串。该方法有一系列的重载方法，参数可以是 boolean、char、int、long、float、double、char[]等任何数据类型。
- public StringBuilder insert(int offset, String str)：在当前字符串的指定位置插入一个字符串。这个方法也有多个重载的方法，参数可以是 boolean、char、int、long、float、double、char[]等类型。
- public StringBuilder delete(int start, int end)：删除从 start 开始到 end(不包括 end)之间的字符。
- public StringBuilder replace(int start, int end, String str)：用字符串 str 替换从 start 开始到 end(不包括 end)之间的字符。
- public StringBuilder reverse()：将字符串的所有字符反转。
- public String substring(int start)：返回从 start 开始到字符串末尾的子字符串。
- public String substring(int start, int end)：返回从 start 开始到 end(不包括 end)之间的子字符串。
- public void setLength(int newLength)：设置字符序列的长度。如果 newLength 小于原字符串的长度，字符串将被截短，如果 newLength 大于原字符串的长度，字符串将使用空字符('\u0000')扩充。

下面程序演示了 StringBuilder 对象及其方法的使用。

程序 6.9　StringBuilderDemo.java

```java
public class StringBuilderDemo{
  public static void main(String[] args){
    StringBuilder ss = new StringBuilder("Hello");
    System.out.println(ss.length());
    System.out.println(ss.capacity());
    ss.append("Java");
    System.out.println(ss);
    System.out.println(ss.insert(5,","));
    System.out.println(ss.replace(6,10,"World!"));
    System.out.println(ss.reverse());
  }
}
```

程序运行结果为：

```
5
21
HelloJava
Hello,Java
Hello,World!
!dlroW,olleH
```

使用 StringBuilder 对象可以方便地对其修改，而不需要生成新的对象。

6.3.3 运算符"+"的重载

在 Java 语言中不支持运算符重载,但有一个特例,即"+"运算符(包括+=),它是唯一重载的运算符。该运算符除用于计算两个数之和外还用于连接两个字符串。当用"+"运算符连接的两个操作数其中有一个是 String 类型时,该运算即为字符串连接运算。

例如:

```
int age = 18 ;
String  s = "He is " + age + " years old.";
```

上述连接运算过程实际上是按如下方式进行的:

```
String s = new StringBuilder("He is ").append(age).append(
            " years old.").toString();
```

提示: Java 定义了 StringBuffer 类,与 StringBuilder 类的主要区别是 StringBuffer 类的实例是线程安全的,而 StringBuilder 类的实例不是线程安全的。如果不需要线程同步,建议使用 StringBuilder 类。

6.4 正则表达式

模式匹配在计算机中有着广泛的应用。有些语言本身就提供了强大的模式匹配的功能,如 Perl 语言。Java 语言通过 Pattern 和 Matcher 类也提供了强大的模式匹配的功能。

6.4.1 模式匹配

1. 什么是模式匹配

为了理解什么是模式匹配,来看一个简单的例子。假如有一个字符串"a22apple45ab",若要在该字符串中查找"apple"。可以找到一个匹配。应该指定一个模式串".*apple.*",字符串"a22apple45ab"称为输入串。

为了实现复杂的模式匹配,模式串的构造应该遵循某种规则,这样的模式称为正则表达式(regular expressions)。

在 Java 语言中通过 java.util.regex 包中的类实现正则表达式的模式匹配。该包中提供了 Pattern、Matcher 和 PatternSyntaxException 类与 MatchResult 接口。

Pattern 对象就是一个正则表达式的编译表示形式。Pattern 类没有定义构造方法,要得到该类对象,需要调用该类的静态方法 compile()。该方法接受一个字符串参数,该字符串必须是一个正则表达式,该方法返回 Pattern 对象。

Matcher 类的实例用来按照给定的模式匹配一个输入字符序列。Matcher 类也没有定义 public 的构造方法,需要调用 Pattern 类的实例方法 matcher()返回 Matcher 类的一个实例,该方法接受一个字符序列,它就是模式要与其匹配的输入串。接下来,调用 Matcher 类的实例方法 matches()来判断是否有一个匹配。

下面是一个典型的调用顺序:

```
Pattern p = Pattern.compile(".*apple.*");        // .*apple.*为正则表达式
```

```
Matcher m = p.matcher("a22apple45ab");        // a22apple45ab 为一个输入串
boolean b = m.matches();                      // b 的结果为 true,说明有一个匹配
```

当正则表达式只使用一次时,使用 Pattern 类中定义的 matches 方法更方便,该方法同时编译模式并与输入字符串匹配,语句如下:

```
boolean b = Pattern.matches(".*apple.*", "a22apple45ab");
```

Pattern 类的实例是不可变的对象并且在被多个线程使用时是安全的,而 Matcher 实例不是安全的。

2. 模式的指定

最简单的模式可以只包含一个字符。要指定多个字符或字符范围,需要使用方括号将字符括起来。例如,[jaz]匹配 j、a、z,而[j-z]匹配 j~z 的字符,也可以使用否定符号,如[^abc]表示匹配除 a、b、c 以外的字符。表 6-1 列出了一些示例。

表 6-1 正则表达式示例

正则表达式	说 明
[abc]	匹配 a、b 或 c
[^abc]	匹配除 a、b、c 以外的字符
[a-zA-Z]	匹配 a~z 或 A~Z 的字符
[a-d[m-p]]	a~d 或 m~p(并)
[a-z&&[def]]	d、e 或 f(交)
[a-z&&[^bc]]	除 b、c 以外 a~z:[ad-z](差)
[a-z&&[^m-p]]	a~z 中除 m~p 以外的字符:[a-lq-z](差)

在模式串中还可以使用一些预定义字符,称为元字符,如表 6-2 所示。

表 6-2 常用的元字符

元 字 符	说 明
.	匹配任何单个字符
\d	一位数字:[0-9]
\D	一位非数字:[^0-9]
\s	空格字符:[\t\n\x0B\f\r]
\S	非空格字符:[^\s]
\w	一个单词字符:[a-zA-Z_0-9]
\W	一个非单词字符:[^\w]

下面的程序用来测试对于一个给定的正则表达式,看是否能在输入串中找到匹配,以及匹配的开始和结束索引。

程序 6.10 SplitDemo.java

```
import java.util.regex.Pattern;
import java.util.regex.Matcher;
import java.util.Scanner;

public class SplitDemo{
```

```java
public static void main(String[] args){
    Scanner input = new Scanner(System.in);
    String regex,inputString;
    System.out.print("Enter input string: ");
    inputString = input.next();
    System.out.print("Enter your regex: ");
    regex = input.next();
    Pattern pattern = Pattern.compile(regex);
    Matcher matcher = pattern.matcher(inputString);
    boolean found = false;
    while (matcher.find()) {
      System.out.format("I found the text \"%s\" starting at " +
            "index %d and ending at index %d.%n",
            matcher.group(), matcher.start(), matcher.end());
      found = true;
    }
    if(!found){
      System.out.format("No match found.%n");
    }
  }
}
```

运行该程序,然后输入字符串"2nabsjdkabc",正则表达式输入"ab",程序的运行结果为:

```
Enter input string: 2nabsjdkabc
Enter your regex: ab
I found the text "ab" starting at index 2 and ending at index 4.
I found the text "ab" starting at index 8 and ending at index 10.
```

上述结果表示,在"2nabsjdkabc"找到了两个"ab",第一个开始位置为2,结束位置为4,第二个开始位置为8,结束位置为10,这里位置是从0开始的。

6.4.2 Pattern 类

Pattern 类的实例是用字符串的形式表示的正则表达式,语法类似于 Perl 语言的语法。使用 Pattern 类的静态方法 compile 方法构造模式对象,该方法有两种形式:

- public static Pattern compile(String regex):将给定的正则表达式编译成 Pattern 类的一个实例,如果表达式语法错误,将抛出 PatternSyntaxException 运行时异常。
- public static Pattern compile(String regex, int flags):flags 参数用来指定匹配如何进行,它使用 Pattern 类的一个常量。例如,CASE_INSENSITIVE 表示启用不区分大小写的匹配,其他常量请参阅 API 文档。

Pattern 类的其他常用方法有:

- public String pattern():返回该模式对象的正则表达式字符串。
- public Matcher matcher(CharSequence input):创建按照模式与给定的输入字符序列匹配的 Matcher 对象。
- public static boolean matches(String regex, CharSequence input):对给定的正则表

达式编译并与输入序列匹配，如果匹配成功则返回 true。当不需要重复使用匹配器时可以使用该方法。
- public String[] split(CharSequence input)：使用该模式对象对输入字符序列拆分。
- public String[] split(CharSequence input, int limit)：limit 参数用于控制模式使用的次数，它将影响结果数组的长度。
- public int flags()：返回该模式的匹配标志。
- public static String quote(String s)：返回一个 String 对象，它可用来创建与 s 匹配的模式。
- public String toString()：返回该模式对象的字符串表示。

下面程序使用逗号和空格创建一个模式，然后用其拆分一个字符串。

程序 6.11　Splitter.java

```java
import java.util.regex.*;
public class Splitter {
  public static void main(String[] args) throws Exception {
    // 创建一个模式对象
    Pattern p = Pattern.compile("[,\\s]+");
    // 使用模式对象对输入字符串分解
    String[] result = p.split("one,two, three  four,  five");
    for (int i = 0; i < result.length; i++) {
      System.out.print("|" + result[i] + "|,");
    }
  }
}
```

程序运行结果为：

|one|,|two|,|three|,|four|,|five|,

6.4.3　Matcher 类

Matcher 类的实例用来根据给定的模式匹配字符序列。通过调用模式对象的 matcher 方法来得到一个 Matcher 类的对象。

1. 执行匹配的方法

一旦得到一个 Matcher 类的对象，就可以使用下列方法执行匹配操作，这些方法返回值为 boolean 类型。

- public boolean matches()：尝试将整个输入序列与该模式进行匹配。如果返回 true，则匹配成功，匹配成功后可以使用 start 方法、end 方法和 group 方法获得更多信息。
- public boolean lookingAt()：尝试从区域开始处的输入序列与该模式进行匹配。与 matches 方法不同的是它不需要匹配整个输入序列。
- public boolean find()：尝试查找输入序列中与该模式匹配的下一个序列。该方法从输入序列的开头开始匹配，或者，如果上一次 find 方法是成功的，并且匹配器没有重置，则本次匹配从上次匹配中还没进行匹配的第一个字符开始。

- public boolean find(int start)：重置该匹配器，然后尝试从指定索引位置开始查找与该模式匹配的下一个子序列。

2. 返回匹配信息的方法

如果查找成功，则可以使用下列方法返回有关匹配的更多信息：

- public int start()：返回上次成功匹配的开始索引值。
- public int end()：返回匹配的序列中最后一个字符的索引值加 1 的值。
- public String group()：返回匹配成功的子序列，即由 start 和 end 定义的子字符串。
- public int groupCount()：返回该匹配器模式中的捕获组数。组号范围从 0 开始，到这个组数减 1 的值。
- public String group(int group)：返回上次匹配中与给定组匹配的输入子序列。第 0 组表示整个匹配模式，所以 group(0) 与 group() 等价。
- public int start(int group)：返回上次匹配中给定组的开始索引值。
- public int end(int group)：返回与给定组匹配的序列中最后一个字符的索引值加 1。

3. 改变匹配器状态的方法

一旦开始进行匹配，可以使用下列方法改变匹配器的状态：

- public Matcher reset()：重置匹配器。该方法将丢弃该匹配器的所有状态信息，并将其追加位置重置为 0。该方法返回的 Matcher 对象就是调用该方法的 Matcher 对象。
- public Matcher reset(CharSequence input)：将该匹配器重置为使用新的输入序列。
- public Matcher usePattern(Pattern pattern)：将该匹配器使用的模式重新设置为传递来的模式 pattern。

4. 替换匹配序列的方法

Matcher 类也定义了使用新字符串替换匹配序列的方法，如下所示：

- public String replaceFirst(String replacement)：将与该匹配器的模式匹配的第一个字符序列替换成 replacement 字符串，并返回结果。该方法将首先重置匹配器，操作完成后不重置匹配器。
- public String replaceAll(String replacement)：将所有与该匹配器的模式匹配的字符序列都替换成 replacement 字符串，并返回结果。该方法将首先重置匹配器，操作完成后不重置匹配器。
- public Matcher appendReplacement (StringBuffer buf, String replacement)：首先将当前追加位置和匹配位置之间的字符添加到字符串缓冲区中，接着添加 replacement 字符串，最后将匹配器的追加位置改为匹配字符序列之后的位置。
- public StringBuffer appendTail (StringBuffer buf)：将从当前追加位置开始直到字符序列结尾为止的所有字符添加到字符串缓冲区中，最后返回该缓冲区对象。

下面的代码示例说明了上述方法的使用。

程序 6.12　Replacement.java

```
import java.util.regex.*;
public class Replacement {
    public static void main(String[] args) throws Exception {
```

```java
//创建一个匹配 cat 的模式对象
Pattern p = Pattern.compile("cat");
//使用输入字符串创建一个匹配器对象
Matcher m = p.matcher("One cat, two cats in the yard");
StringBuffer sb = new StringBuffer();
boolean result = m.find();
//循环将模式替换为新字符串
while(result) {
    m.appendReplacement(sb, "dog");
    result = m.find();
}
//将最后片段添加到新字符串中
m.appendTail(sb);
System.out.println(sb.toString());
}
}
```

程序运行结果为：

One dog, two dogs in the yard

6.4.4 量词和捕获组

1. 量词

量词（quantifiers）用来指定模式在字符串中出现的次数。有三种类型的量词，贪婪（greedy）量词、勉强（reluctant）量词和具有（possessive）量词，如表 6-3 所示。

表 6-3 正则表达式的量词

贪婪量词	勉强量词	具有量词	模式 X 出现的次数
X?	X??	X?+	X 出现 0 次或 1 次
X*	X*?	X*+	X 出现 0 次或多次
X+	X+?	X++	X 出现 1 次或多次
X{n}	X{n}?	X{n}+	X 恰好出现 n 次
X{n,}	X{n,}?	X{n,}+	X 至少出现 n 次
X{n,m}	X{n,m}?	X{n,m}+	X 至少出现 n 次，但不超过 m 次

表的前三列给出了三种不同类型的量词，它们的用法不同。首先，来了解一下元字符的含义。

最一般的量词是{n,m}，n 和 m 都是整数。X{n,m}在字符串中 X 至少重复 n 次，但不超过 m 次。例如，与 X{3,5}匹配的字符串包括 XXX、XXXX 和 XXXXX，但不包括 X、XX 和 XXXXXX。

使用贪婪量词，匹配器首先将整个输入串读入。如果匹配失败，它将回退一个字符，检查匹配，直到没有字符为止。

使用勉强量词，匹配器首先读入输入串的一个字符。如果匹配失败，它将添加一个后续字符，然后再检查。重复该过程，直到读完所有字符为止。

使用具有量词与前两者不同，它使匹配器读取整个输入串，然后停止。

表 6-4 说明了三种量词的不同。输入串为"whellowwwhellowww"。

表 6-4　三种量词使用比较

正则表达式	结　　果
.＊hello	找到文本"whellowwwhello",开始索引为 0,结束索引为 14
.＊?hello	找到文本"whello",开始索引为 0,结束索引为 6 和文本"wwwhello",开始索引为 6,结束索引为 14
.＊＋hello	没有找到匹配

2. 捕获组

上述操作也可用于一组字符上,这称为捕获组。一个捕获组是将一组字符作为一个单元处理。例如,(java)是一个捕获组,这里 java 是一个单元,javajava 属于(java)＊正则表达式。在输入串中与捕获组匹配的部分将被保存,然后通过向后引用调用。

Java 语言提供了对正则表达式中捕获组标识的计数,它是通过正则表达式中左括号的个数计数的。例如,在正则表达式((A)(B(C)))中有下面 4 个捕获组:

- ((A)(B(C)));
- (A);
- (B(C));
- (C)。

可以调用 Matcher 类的 groupCount 方法来确定在一个模式中捕获组的数量。输入串中与捕获组匹配的部分被保存在内存中,以备以后通过向后引用(backreference)再次调用。在正则表达式中,向后引用使用反斜线(\)后跟一个表示回调的组号的数字。例如,表达式(\d\d)定义了一个捕获组来匹配两个数字,它可以通过在后面加上"\1"回调。要匹配任何两位数字后跟相同的两位数字,正则表达式应该使用(\d\d)\1。表 6-5 给出了捕获组的使用。

表 6-5　捕获组的使用

正则表达式	输入串	结　　果
([a-z][a-z])\\1	abab	找到文本"abab",开始索引为 0,结束索引为 4
([a-z][a-z])\\1	abcd	没有找到匹配
([a-z][a-z])	abcd	找到文本"ab",开始索引为 0,结束索引为 2。找到文本"cd",开始索引为 2,结束索引为 4

6.5　小　　结

Java 语言提供了三种字符串类:String、StringBuffer 和 StringBuilder 类。String 类的对象是不变字符串,StringBuffer 和 StringBuilder 是可变字符串。通过它们的构造方法可以创建各种字符串对象,使用其方法可以对字符串对象操作。

Java 语言通过 Pattern 和 Matcher 类提供了强大的模式匹配的功能。

6.6 习　题

1. 如何理解 String 类对象的不变性和 StringBuilder 类对象的可变性？
2. String 对象的相等比较和大小比较各使用什么方法？
3. String 类的 concat 方法和 StringBuilder 类的 append 方法都可以连接两个字符串，它们之间有何不同？
4. StringBuffer 类对象和 StringBuilder 类对象有何不同？
5. 执行下列语句后输出的结果是(　　)。

   ```
   String s = "\\"Hello,World!\\"";
   System.out.println(s.length());
   ```

   A. 12　　　　　　B. 14　　　　　　C. 16　　　　　　D. 18

6. 执行下列程序段后 foo 的值为(　　)。

   ```
   String foo = "blue";
   boolean[] bar = new boolean[1];
   if(bar[0]){
     foo = "green";
   }
   ```

   A. ""　　　　　　B. null　　　　　　C. blue　　　　　　D. green

7. 写出下列代码的输出结果。

   ```
   String foo = "blue";
   String bar = foo;
   foo = "green";
   System.out.println(bar);
   ```

8. 写出下列代码的输出结果。

   ```
   String foo = "ABCDE";
   foo.substring(3);
   foo.concat("XYZ");
   System.out.println(foo);
   ```

9. 写出下列程序的输出结果。

   ```
   public class Test{
     public static void main(String[] args){
       StringBuilder a = new StringBuilder ("A");
       StringBuilder b = new StringBuilder ("B");
       operate(a,b);
       System.out.println(a + "," + b);
     }
     static void operate(StringBuilder x, StringBuilder y){
       x.append(y);
       y = x;
     }
   }
   ```

10. 下列代码执行后输出 foo 的结果为（   ）。

    ```
    int index = 1;
    String[] test = new String[3];
    String foo = test[index];
    System.out.println(foo);
    ```

    A. ""   B. null   C. 抛出一个异常   D. 代码不能编译

11. 如果要求下列代码输出"Hello.java"，请给出程序代码。

    ```
    String s = "D:\\study\\Hello.java";
    _____
    System.out.println(s);
    ```

12. 使用下面的方法签名编写一个方法，统计一个字符串中包含字母的个数。

    `public static int countLetters(String s)`

    编写 main() 调用 countLetters("Beijing 2008") 方法并显示它的返回值。

13. 编写一个方法，将十进制数转换为二进制数的字符串，方法签名如下：

    `public static String toBinary(int value)`

14. 使用下列方法签名编写一个方法，返回排好序的字符串：

    `public static String sort(String s)`

    例如，调用 sort("acb") 应返回 "abc"。

15. 编写一个加密程序，要求从键盘上输入一个字符串，然后输出加密后的字符串。加密规则是对每个字母转换为下一个字母表示，原来是 a 转换为 b，原来是 B 转换为 C。小写的 z 转换为小写的 a，大写的 Z 转换为大写的 A。

16. 为上题编写一个解密程序。即输入的是密文，输出明文。

17. 编写一程序，将字符串"no pains, no gains."解析成含有 4 个单词的字符串数组。

18. 有下列程序：

    ```
    public class CommandLineDemo{
      public static void main(String [] args){
        System.out.println("The command line has " +
                args.length + " arguments");
        for(int i = 0;i < args.length ;i ++){
          System.out.println("argument number " + i +
            ": " + args[i]);
        }
      }
    }
    ```

    若使用下列命令执行程序，程序输出结果如何？

    `java CommandLineDemo    /D   1024   /f   test.dat`

19. 编写一程序，从命令行输入三个字符串，要求按从小到大的顺序输出。

20. 写出下列程序的运行结果。

```
import java.util.regex.*;
public class SmallRegex{
  public static void main(String [] args){
    Pattern p = Pattern.compile("ab");
    Matcher m = p.matcher("abaaaba");
    boolean b = false;
    while(b = m.find()){
      System.out.println(m.start() + " " + m.end() + " " + m.group());
    }
  }
}
```

21. 写出下列程序的运行结果。

```
import java.util.regex.*;
public class RegexTest{
  public static void main(String [] args){
    Pattern p = Pattern.compile("\\\\d*");
    Matcher m = p.matcher("ab89ef5");
    boolean b = false;
    while(b = m.find()){
      System.out.println(m.start() + " " + m.group());
    }
  }
}
```

如果将模式串中的贪婪量词改为"+"或"?",结果分别如何?

第 7 章 Java 面向对象特征

Java 是面向对象的语言,具有面向对象的所有特征,包括继承性、封装性和多态性。本章首先讨论继承性,然后介绍 Object 类和基本类型包装类的使用,接下来讨论封装性与访问修饰符、对象造型与多态性,最后介绍抽象类和接口的使用。

学习本章后,要求掌握通过继承现有类创建新类的方法,掌握类的封装性和多态性,抽象类与接口的定义以及 Object 类和基本类型包装类的使用。

7.1 类 的 继 承

类的继承(inheritance)是 Java 创建新类的最主要方法。类的继承是 Java 语言面向对象程序设计的一个重要特征,是模拟现实世界事物之间的"是一种"(is-a)的关系。现实世界中存在很多这种关系。例如,汽车、飞机、轮船都是交通工具,小汽车、公共汽车都是汽车。

在 Java 语言中,这种关系用继承来实现。继承的基本思想是可以从已有的类派生出新类。在上面例子中,假设交通工具是一个类,汽车就是它的子类,而汽车具有交通工具的所有的特征和行为,这就叫继承。小汽车又是汽车的子类,小汽车也继承了汽车的特征和行为,这样形成一个类的层次结构。

在类的层次结构中,被继承的类称为父类(parent class)或超类(super class),而继承得到的类称为子类(sub class)或派生类(derived class)。子类继承超类的状态和行为,同时也可以具有自己的特征。

7.1.1 类继承的实现

在 Java 语言中要实现类的继承关系,使用 extends 关键字,格式如下:

```
[public] class SubClass extends SuperClass{
    //类体定义
}
```

关键字 extends 实现把 SubClass 声明为 SuperClass 直接子类。这样声明后就说 SubClass 类继承了 SuperClass 类或者说 SubClass 类扩展了 SuperClass 类。如果 SuperClass 又是其他类的子类,则 SubClass 就为那个类的间接子类。

已经有一个 Circle 类,假设现在需要设计一个圆柱类,那么就没有必要从头定义圆柱类,可以继承圆类。因为圆柱除具有圆的特征,另外还有一些自己的特征(如描述圆柱需要高,对圆柱的操作可有求体积等)。使用继承定义 Cylinder 类表示圆柱,代码如下所示。

程序 7.1 Cylinder.java

```java
public class Cylinder extends Circle{
  private double height;           // 表示圆柱的高
  public Cylinder(){
  }
  public Cylinder(double height){
    this.height = height;
  }
  public Cylinder(double radius,double height){
    setRadius(radius);
    this.height = height;
  }
  public void setHeight(double h){
    height = h;
  }
  public double getHeight(){
    return height;
  }
  public double volume(){           // 求圆柱体积的方法
    return area() * height;
  }
}
```

这里，Cylinder 类继承或扩展了 Circle 类，成为 Circle 类的子类。Circle 类成为 Cylinder 类的超类。

关于类继承的几点说明：

(1) 子类不是超类的子集。子类通常比超类包含更多的变量和方法。

(2) 子类能够继承超类中非 private 的成员变量和成员方法。因此，在 Cylinder 类中可以调用从超类中继承来的方法，如在 volume 方法中调用的 area 方法就是从超类中继承来的。子类中还可以定义自己的成员变量和成员方法，如 Cylinder 类中定义了一个表示高的变量 height，访问和修改 height 的方法 getHeight() 和 setHeight() 以及求圆柱体积的方法 volume()。

(3) 定义类时若未使用 extends 关键字，则所定义的类为 java.lang.Object 类的直接子类。在 Java 语言中，一切类都是 Object 类的直接或间接子类，如 Circle 类就是 Object 类的子类。Cylinder 类、Circle 类和 Object 之间的类层次关系如图 7-1 所示。前面定义的所有类都是 Object 的子类。

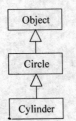

图 7-1 类层次关系图

(4) Java 仅支持单重继承，即一个类至多只有一个直接超类。在 Java 中可以通过接口实现其他语言中的多重继承。

下面程序测试了 Cylinder 类的使用。

程序 7.2 CylinderTest.java

```java
public class CylinderTest{
  public static void main(String[] args){
    Cylinder cylin = new Cylinder();
```

```
        cylin.setRadius(10);    // 调用从超类继承的方法
        cylin.setHeight(20);
        System.out.println("底面圆周长 = " + cylin.perimeter());
        System.out.println("底面积 = " + cylin.area());
        System.out.println("体积 = " + cylin.volume());
    }
}
```

程序的输出结果为：

```
周长 =   62.8318
底面积 =   314.156
体积 = 6283.12
```

在该程序中使用 Cylinder 类的构造方法创建了一个对象，然后调用从超类继承来的 setRadius 方法重新设置圆的半径，再调用该类定义的 setHeight 方法重新设置圆柱的高，最后调用 area 方法和 volume 方法输出底面圆的面积和圆柱的体积。

注意：超类中定义的 private 成员变量和方法不能被子类继承，因此在子类中不能直接使用。

7.1.2 方法覆盖

在子类中可以定义与超类中的名字、参数列表、返回值类型都相同的方法，这时子类的方法就叫做覆盖（overriding）或重写了超类的方法。

假设要在 Cylinder 类中定义一个 area 的方法，它用来求圆柱的表面积，可定义如下：

```
public double area(){
    double area = 2 * super.area() + getPerimeter() * height;
    return area;
}
```

该方法就是对 Circle 类的 area 方法的覆盖。也可以覆盖 Object 类中定义的方法。例如，在 Object 类中定义一个 toString 方法，它用字符串的形式表示对象，在子类中可以覆盖该方法。又如，在 Circle 类中按如下覆盖 toString 方法：

```
public String toString(){
    return  "[Circle] radius = " + getRadius();
}
```

关于方法覆盖，有下面两点值得注意：

(1) 对访问修饰符为非 private 的实例方法才可以覆盖，private 方法不能覆盖。如果在子类中定义了一个方法在超类中是 private 的，则这两个方法完全无关。

(2) 与实例方法一样，static 方法也可以被继承，但 static 方法不能被覆盖。如果超类中的 static 方法在子类中重新定义，那么超类中的方法被隐藏。超类中被隐藏的 static 方法仍然可以使用 SuperClassName.staticMethodName() 形式调用。

已知，方法重载是在一个类中定义多个名称相同但参数不同的方法。而方法覆盖是在子类中为超类中的同名方法提供一个不同的实现。要在子类中定义一个覆盖的方法，方法的参数和返回值类型都必须与超类中的方法相同。

例如：

```
class Super{
  public void display(double i){
    System.out.println(i);
  }
}

class Sub extends Super{
  public void display(double i){
    System.out.println(2 * i);
  }
}

public class Test {
  public static void main(String[]args){
    Sub obj = new Sub();
    obj.display(10);
    obj.display(10.0);
  }
}
```

Super 类中定义了 display 方法，Sub 类中的 display 方法与 Super 类中 display 方法参数和返回值类型都相同，是方法覆盖，但实现不同。Test 类的 main() 中对 Sub 类对象 obj 的 display 方法的两次调用（参数类型不同）结果都为 20.0，说明调用的都是 Sub 类中覆盖的方法。

如果将 Sub 类中 display 方法的参数改为 int i，再次执行程序，输出结果是 20 和 10.0。这说明 Sub 类中定义的 display 方法不是对超类的方法覆盖，而是方法重载，因此当为 display 方法传递一个 double 型参数时，程序将执行超类中的方法。

在子类中可以定义与超类中同名的成员变量，这时子类的成员变量会隐藏超类的成员变量。

7.1.3　super 关键字的使用

前面介绍了 this 关键字的使用，它用来引用当前对象。在子类中可以使用 super 关键字，用来引用当前对象的超类对象，它可用于下面三种情况：

（1）在子类中调用超类中被覆盖的方法，格式为：

　　super.methodName([paramlist])

（2）在子类中调用超类的构造方法，格式为：

　　super([paramlist])

（3）在子类中访问超类中被隐藏的成员变量，格式为：

　　super.variableName

这里，variableName 表示要访问的超类中被隐藏的变量名；methodName 表示要调用的超类中被覆盖的方法名；paramlist 表示为方法传递的参数。

程序 7.3   SuperTest.java

```java
class Super{
  int x,y;
  public Super(){
    System.out.println("Create Super");
    setXY(5,5);
  }
  public void setXY(int x,int y){
    this.x = x;
    this.y = y;
  }
  public void display(){
    System.out.println("x = " + x + ",y = " + y);
  }
}
class Sub extends Super{
  int x, z;                    // x 隐藏了超类 Super 中的变量 x
  public Sub(){
    this(10,10);
    System.out.println("Create Sub");
  }
  public Sub(int x,int z){
    super();                   // 调用超类的默认构造方法
    this.x = x;
    this.z = z;
  }
  public void display(){       // 覆盖了超类 Super 的 display 方法
    super.display();           // 访问超类的 display()方法
    System.out.println("x = " + x + ",y = " + y);
    System.out.println("super.x = " + super.x + ",super.y = " + super.y);
  }
}
public class SuperTest{
  public static void main(String[] args){
    Sub b = new Sub();
    b.display();
  }
}
```

程序运行结果为：

```
Create Super
Create Sub
x = 5, y = 5
x = 10, y = 5
super.x = 5, super.y = 5
```

7.1.4　子类的构造方法及调用过程

子类不能继承超类的构造方法。要创建子类对象，需要使用默认构造方法或为子类定义构造方法。

1. 子类的构造方法

Java 语言规定,在创建子类对象时,必须先创建该类的所有超类对象。因此,在编写子类的构造方法时,必须保证它能够调用超类的构造方法。

在子类的构造方法中调用超类的构造方法有两种方式:

(1) 使用 super 调用超类的构造方法如下:

super([paramlist]);

这里,super 指直接超类的构造方法;paramlist 指调用超类带参数的构造方法。不能使用 super 调用间接超类的构造方法,如 super.super()是不合法的。

(2) 调用超类的默认构造方法。

在子类构造方法中若没有使用 super 调用超类的构造方法,则编译器将在子类的构造方法的第一句自动加上 super(),即调用超类无参数的构造方法。

另外,在子类构造方法中也可以使用 this 调用本类的构造方法。不管使用哪种方式调用构造方法,this 和 super 语句必须是构造方法中的第一条语句,并且最多只有一条这样的语句,不能既调用 this,又调用 super。

2. 构造方法的调用过程

在任何情况下,创建一个类的实例时,将会沿着继承链调用所有超类的构造方法,这叫做构造方法链。下面的程序定义了 Person 类、Employee 类和 Manager 类,注意在创建子类对象时是如何先调用超类构造方法的。

程序 7.4　ConstructorTest.java

```java
class Person{
    String name;
    public Person(){}
    public Person(String name){                              // ④
        this.name = name;
        System.out.println("Creating a Person object.");     // ⑤
    }
}
class Employee extends Person{
    double salary;
    public Employee(){
        this(null,0.0);                                      // ②
        System.out.println("Creating an Employee object."); // ⑥
    }
    public Employee(String name,double salary){
        super(name);                                         // ③
        this.salary = salary;
    }
}
class Manager extends Employee{
    String title;
    public Manager(){                                        // ①
        System.out.println("Creating a Manager object.");    // ⑦
```

```
    }
  }
  public class ConstructorTest{
    public static void main(String[] args){
      Manager mgr = new Manager();
    }
  }
```

程序的输出结果为：

```
Creating a Person object.
Creating an Employee object.
Creating a Manager object.
```

该程序中，使用 Manager 类的构造方法创建一个对象，此时将调用超类 Employee 的默认构造方法。在该方法中，首先调用本类的构造方法，执行注释③的语句，此处又调用其超类 Person 的构造方法，如注释④。此处，还要调用 Object 类的默认构造方法，然后返回执行注释⑤的语句和返回到注释⑥的语句执行，最后执行注释⑦的语句。

7.1.5 final 修饰符

使用 final 修饰符可以修饰变量、方法和类。

1. final 修饰变量

用 final 修饰的变量包括类的成员变量、方法的局部变量和方法的参数。一个变量如果用 final 修饰，则该变量为常值变量，一旦赋值便不能改变。

对于类的成员变量一般使用 static 与 final 组合定义类常量。这种常量称为编译时常量，编译器可以将该常量值代入任何可能用到它的表达式中，可以减轻运行时的负担。

如果使用 final 修饰方法的参数，则参数的值在方法体中只能被使用而不能被改变。

例如：

```
class AA{
  public static final int OBJ_NUM = 50;
  public void methodA(final int i){
    i = i + 1;                // 该语句产生编译错误,不能改变 i 的值
  }
  public int methodB(final int i){
    final int j = i + 1;      // 该语句没有错误,可以使用 i 的值
    return j;
  }
}
```

注意：如果一个引用变量使用 final 修饰，表示该变量的引用（地址）不能被改变，一旦引用被初始化指向一个对象，就无法改变使它指向另一个对象。对象本身是可以改变的，Java 没有提供任何机制使对象本身保持不变。

2. final 修饰方法

如果一个方法使用 final 修饰，则该方法不能被子类覆盖。例如，下面的代码会发生编译错误：

```
class AA{
    public final void method(){}
}
class BB extends AA{
    public void method(){}            // 该语句发生编译错误
}
```

3. final 修饰类

如果一个类使用 final 修饰，则该类就为最终类(final class)，最终类不能被继承。下面代码会发生编译错误：

```
final class AA{
    …
}
class BB extends AA{                 // 这里发生错误
    …
}
```

定义为 final 的类隐含定义了其中的所有方法都是 final 的。因为类不能被继承，因此也就不能覆盖其中的方法。有时为了安全的考虑，防止类被继承，可以在进行类的定义时使用 final 修饰符。在 Java 类库中就有一些类声明为 final 类，如 Math 类和 String 类都是 final 类，它们都不能被继承。

7.2　Object 类

Object 类是 Java 语言中所有类的根类，定义类时若没有用 extends 指明继承哪个类，编译器自动加上 extends Object。Object 类中共定义了 9 个方法，所有的对象(包括数组)都实现了该类中的方法，这些方法如表 7-1 所示。

表 7-1　Object 类定义的方法

方　　法	说　　明
public boolean equals(Object obj)	比较调用对象是否与参数对象 obj 相等
public String toString()	返回对象的字符串表示
public int hashCode()	返回对象的散列码值
protected Object clone()	创建并返回对象的一个副本
protected void finalize()	当对该对象没有引用时由垃圾回收器调用
public Class<?> getClass()	返回对象运行时类
public void wait()	使当前线程进入等待状态，直到另一个线程调用 notify()或 notifyAll()方法
public void wait(long timeout)	
public void wait(long timeout, int nanos)	
public void notify()	通知等待该对象锁的单个线程或所有线程继续执行
public void notifyAll()	

其中后三个方法是有关线程操作的方法，将在第 13 章介绍。下面介绍 Object 类几个方法的使用。

7.2.1 toString 方法

toString 方法是 Object 类的一个重要方法,调用对象的 toString 方法可以返回用字符串表示的对象。该方法在 Object 类中的定义是返回类名加一个@符号,再加一个十六进制数表示的该对象的散列码值。如果在 Circle 类中没有覆盖 toString 方法,执行下面的代码:

```
Circle cc = new Circle(5);
System.out.println(cc.toString());
```

可能产生类似下面的输出:

```
Circle@89ae9e
```

这些信息没有太大的用途,因此通常在类中覆盖 toString 方法,使它返回一个有意义的字符串。例如,在 Circle 类中按如下覆盖 toString 方法:

```
public String toString(){
  return  "[Circle] radius = " + getRadius();
}
```

这时,语句"System.out.println(cc.toString());"的输出结果为:

```
[Circle] radius = 5.0
```

实际上,还可以仅使用对象名输出对象的字符串表示形式,而不用调用 toString 方法,这时 Java 编译器将自动调用 toString 方法。例如,下面两行是等价的:

```
System.out.println(cc);
System.out.println(cc.toString());
```

在 Java 类库中有许多类覆盖了 toString 方法,输出时能够得到可理解的结果,String 类就是其一。

7.2.2 equals 方法

equals 方法主要用来比较两个对象是否相等,使用格式为:

```
obj1.equals(obj2)
```

上述表达式用来比较两个对象 obj1 和 obj2 是否相等,若相等则返回 true,否则返回 false。但两个对象比较的是什么呢? 首先来看一下 equals 方法在 Object 类中的定义:

```
public boolean equals(Object obj){
  return (this == obj);
}
```

可以看到,该方法比较的是两个对象的引用,即相当于两个对象使用"=="进行比较,这一点非常重要。

正因为这样,下面的代码输出 false。

```
Circle c1 = new Circle(10),
```

```
    c2 = new Circle(10);
System.out.println(c1.equals(c2));
```

然而,经常需要比较两个对象的内容是否相等,比如对于圆来说,如果两个圆的半径相等,就认为它们相等。要达到这个目的就需要在 Circle 类中覆盖 equals 方法。

在 Circle 类中可以这样覆盖 equals 方法:

```
public boolean equals(Object obj){
  if(obj instanceof Circle)
    return this.radius == ((Circle)obj).radius;
  else
    return false;
}
```

如果在 Circle 类中按上面方式覆盖了 equals 方法,再使用该方法比较两个 Circle 对象就是比较它们的半径是否相等。

在 Java 类库中的许多类也覆盖了该方法,如 String 类,因此对 String 对象的比较是比较字符串的内容。

7.2.3 hashCode 方法

hashCode 方法返回一个对象的散列码(hash code)值,它是一个整数。在 Object 类中 hashCode 方法的实现是返回对象在计算机内部存储的十进制内存地址。

例如:

```
Circle cc = new Circle(5);
System.out.println(cc.hashCode());
```

可能的输出结果:

9023134

7.2.4 clone 方法

使用 Object 类的 clone 方法可以克隆一个对象,即创建一个对象的副本。要使类的对象能够克隆,类必须实现 Cloneable 接口。

程序 7.5 Student.java

```
public class Student implements Cloneable{
  private int id;
  private String name;
  public Student(int id, String name){
    this.id = id;
    this.name = name;
  }
  public boolean equals(Object obj){
    return this.id == ((Student)obj).id;
  }
  public String toString(){
```

```java
        return "Student: id = " + id + " name = " + name ;
    }
    public static void main(String[] args)
            throws CloneNotSupportedException{
        Student s1 = new Student(101, "LiuMing");
        Student s2 = (Student)s1.clone();
        System.out.println(s1 == s2);
        System.out.println(s1.equals(s2));
        System.out.println(s1.getClass().getName());
        System.out.println(s1.hashCode());
        System.out.println(s1);
    }
}
```

程序运行结果如下：

```
false
true
Student
14576877
Student: id = 101 name = LiuMing
```

程序中首先创建了一个 Student 对象 s1，然后调用 s1 的 clone 方法创建 s1 的一个副本。接下来使用"=="比较两个对象，结果为 false，使用 equals 方法比较两个对象，结果为 true。clone 方法声明抛出 CloneNotSupportedException 异常，程序在 main 方法的声明中抛出了该异常。另外，clone 方法的返回值类型为 Object，因此需进行强制类型转换。

7.2.5　finalize 方法

在 Java 程序中每个对象都有一个 finalize 方法。在对象被销毁之前，垃圾回收器允许对象调用该方法进行清理工作，这个过程称为对象终结（finalization）。

在程序中每个对象的 finalize 方法仅被调用一次。利用这一点，可以在 finalize 方法中清除在对象外被分配的资源。典型的例子是，对象可能打开一个文件，该文件可能仍处于打开状态。在 finalize 方法中，就可以检查如果文件没有被关闭，将该文件关闭。

finalize 方法的定义格式为：

```
protected void finalize() throws Throwable
```

任何类都可继承该方法，在自定义类中可以覆盖该方法。程序 7.5 的 Student 类中可以定义如下的 finalize 方法。

```
protected void finalize() throws Throwable{
    System.out.println("The object is destroyed.");
}
```

在 mian 方法中编写下面代码：

```
public static void main(String[ ]args){
    Student s1 = new Student();
    Student s2 = new Student();
```

```
    s1 = null;
    s2 = null;
    System.gc(); // 执行垃圾回收
}
```

运行程序将输出：

```
The object is destroyed.
The object is destroyed.
```

7.3 基本类型包装类

Java 语言提供了 8 种基本数据类型,如整型(int)、字符型(char)等。这些数据类型不属于 Java 的对象层次结构。Java 语言保留这些数据类型主要是为了提高效率。这些类型的数据在方法调用时是采用值传递的,不能采用引用传递。

有时,需要将基本类型数据作为对象处理,如许多 Java 方法需要对象作参数。因此,Java 为每种基本数据类型提供了一个对应的类,这些类通常称为基本数据类型包装类(wrapper class),通过这些类,可以将基本类型的数据包装成对象。

基本数据类型与包装类的对应关系如表 7-2 所示。

表 7-2 基本数据类型包装类

基本数据类型	对应的包装类	基本数据类型	对应的包装类
boolean	Boolean	int	Integer
char	Character	long	Long
byte	Byte	float	Float
short	Short	double	Double

7.3.1 Character 类

Character 类对象封装了单个字符值。可以使用 Character 类的构造方法创建 Character 对象,其格式为：

`public Character(char value)`

Character 类的常用方法有：

- public char charValue()：返回 Character 对象所包含的 char 值。
- public int compareTo(Character anotherChar)：比较两个字符对象。如果该字符对象与参数字符对象相等,则返回 0；若小于参数字符,则返回值小于 0；若大于参数字符,则返回值大于 0。
- public static boolean isDigit(char ch)：返回参数字符是否是数字。
- public static boolean isLetter(char ch)：返回参数字符是否是字母。
- public static boolean isLowerCase(char ch)：返回参数字符是否是小写字母。
- public static boolean isUpperCase(char ch)：返回参数字符是否是大写字母。

- public static boolean isWhiteSpace(char ch)：返回参数字符是否是空白字符。
- public static char toLowerCase(char ch)：将参数字符转换为小写字母返回。
- public static char toUpperCase(char ch)：将参数字符转换为大写字母返回。
- public static boolean isJavaIdentifierStart(char ch)：返回参数字符是否允许作为 Java 标识符的开头字符。
- public static boolean isJavaIdentifierPart（char ch)：返回参数字符是否允许作为 Java 标识符的中间字符。

在需要字符对象的情况下可以用 Character 对象代替 char 类型的变量。例如，在需要传给方法一个字符并需要改变其值时或将一个字符值存入如 ArrayList 等数据结构中时，都需要使用 Character 对象。下面代码创建了几个 Character 对象并演示了有关方法的使用。

```
Character a = new Character('A'),
          b = new Character('π'),
          c = new Character('中');
System.out.println(a.compareTo('D'));                        // -3
System.out.println(Character.isJavaIdentifierStart(b));      // true
System.out.println(Character.isDigit(c));                    //false
```

7.3.2 Boolean 类

Boolean 类的对象封装了一个布尔值(true 或 false)，该类有下面两个构造方法：
- public Boolean(boolean value)：用一个 boolean 型的值创建一个 Boolean 对象。
- public Boolean(String s)：用一个字符串创建 Boolean 对象。如果字符串 s 不为 null，且其值为"true"(不区分大小写)就创建一个 true 值，否则创建一个 false 值。

Boolean 类的常用方法有：
- public boolean booleanValue()：返回该 Boolean 对象所封装的 boolean 值。
- public static boolean parseBoolean(String s)：将参数 s 解析为一个 boolean 值。如果参数不为 null，且等于 true(不区分大小写)，则返回 true，否则返回 false。
- public static Boolean valueOf(boolean b)：将参数 b 的值转换为 Boolean 对象。
- public static Boolean valueOf(String s)：将参数 s 的值转换为 Boolean 对象。

下面代码定义了几个 Boolean 型变量：

```
boolean b = true;                    // 定义一个布尔变量
Boolean b2 = new Boolean(b);
Boolean b3 = new Boolean("True");    //创建一个值为 true 的 Boolean 对象
Boolean b4 = new Boolean("Yes");     //创建一个值为 false 的 Boolean 对象
```

7.3.3 Number 类及其子类

在 8 种数据类型包装类中，除 Character 类和 Boolean 类是 Object 类的直接子类外，其他 6 个类都涉及数值且都是抽象类 Number 类的直接子类。Number 类中定义了如下 6 个方法：
- public abstract byte byteValue()：返回 byte 类型的数。

- public abstract short shortValue()：返回 short 类型的数。
- public abstract int intValue()：返回 int 类型的数。
- public abstract long longValue()：返回 long 类型的数。
- public abstract float floatValue()：返回 float 类型的数。
- public abstract double doubleValue()：返回 double 类型的数。

这些方法在子类中都得到了实现，用来将对象表示的数值转换为基本数据类型 byte、short、int、long、float 和 double 类型。

7.3.4 创建数值类对象

6 种数值型包装类都有两个构造方法。一个是以该类型的基本数据类型作为参数；另一个以一个字符串作为参数。

例如，Double 类有下面两个构造方法：
- public Double (double value)：使用 double 类型的值创建包装类型 Double 对象。
- public Double (String s)：使用字符串构造 Double 对象，如果字符串不能转换成相应的数值，则抛出 NumberFormatException 异常。

因此，要构造一个包装了 double 型值 3.14 的 Double 型对象，可以使用下面两种方法：

```
Double doubleObj = new Double(3.14);
Double doubleObj = new Double("3.14");
```

每种包装类型都覆盖了 toString 方法和 equals 方法，因此使用 equals 方法比较包装类型的对象时是比较内容或所包装的值。

每种数值类都定义了若干实用方法，下面是 Integer 类的一些常用方法：
- public static int highestOneBit(int i)：返回整数 i 的二进制补码的最高位 1 所表示的十进制数。如 7(111) 的最高位的 1 表示的值为 4。
- public static int lowestOneBit(int i)：返回整数 i 的二进制补码的最低位 1 所表示的十进制数。如 10(1010) 的最低位的 1 表示的值为 2。
- public static int reverse(int i)：返回将整数 i 的二进制序列反转后的整数值。
- public static int signum(int i)：返回整数 i 的符号。若 i 大于 0，则返回 1；若 i 等于 0，则返回 0；若 i 小于 0，则返回 -1。
- public static String toBinaryString(int i)：返回整数 i 用字符串表示的二进制序列。
- public static String toHexString(int i)：返回整数 i 用字符串表示的十六进制序列。
- public static String toOctalString(int i)：返回整数 i 用字符串表示的八进制序列。

注意：每种包装类型的对象中所包装的值是不可改变的，要改变对象中的值必须重新生成新的对象。

下面程序演示了 Integer 类几个方法的使用。

程序 7.6　IntegerDemo.java

```
import static java.lang.System.*;
public class IntegerDemo {
```

```java
public static void main (String[] args) {
    out.println(Integer.highestOneBit(10));
    out.println(Integer.lowestOneBit(10));
    out.println(Integer.toBinaryString(10));
    out.println(Integer.toHexString(10));
    out.println(Integer.toOctalString(10));
    out.println(Integer.toBinaryString(11));
    out.println(Integer.toBinaryString(Integer.reverse(11)));
  }
}
```

程序运行结果为：

```
8
2
1010
a
12
1011
11010000000000000000000000000000
```

7.3.5 数值类的常量

每个数值包装类都定义了 SIZE、MAX_VALUE、MIN_VALUE 常量。SIZE 表示每种类型的数据所占的位数。MAX_VALUE 表示对应基本类型数据的最大值。对于 Byte、Short、Integer 和 Long 来说，MIN_VALUE 表示 byte、short、int 和 long 类型的最小值。对 Float 和 Double 来说，MIN_VALUE 表示 float 和 double 型的最小正值。

除了上面的常量外，在 Float 和 Double 类中还分别定义了 POSITIVE_INFINITY、NEGATIVE_INFINITY、NaN(not a number)，分别表示正、负无穷大和非数值。请看下面代码：

```
double d = 5.0/0.0;                                 // d 的结果是正无穷大
System.out.println(d == Double.POSITIVE_INFINITY);  // 输出 true
System.out.println( - 5.0/0.0);                     // 输出 - Infinity,表示负无穷大
System.out.println(0.0/0.0);                        // 输出 NaN
```

7.3.6 自动装箱与自动拆箱

为方便基本类型和包装类型之间转换，Java 5 版提供了一种新的功能，称为自动装箱和自动拆箱。自动装箱（autoboxing）是指基本类型的数据可以自动转换为包装类的实例，自动拆箱（unboxing）是指包装类的实例自动转换为基本类型的数据。例如，下面表达式就是自动装箱：

```
Integer val = 30;
```

该赋值语句将基本类型数据 30 自动转换为包装类型，然后赋值给包装类的变量 val。下面的语句是自动拆箱：

```
int x = val;
```

它把 Integer 类型的变量 val 中的数值 30 解析出来,然后赋值给基本类型的变量 x。

自动装箱和自动拆箱在很多上下文环境中都是自动应用的。除了上面的赋值语句外,在方法参数传递中也适用。例如,当方法需要一个包装类对象(如 Character)时,可以传递给它一个基本数据类型(如 char),传递的基本类型将自动转换为包装类型。

这里需要注意,这种自动转换不是在任何情况下都能进行的。例如,对于基本类型的变量 x,表达式 x.toString() 就不能通过编译,但可以通过先对其进行强制转换来解决这个问题。

例如:

```
((Object)x).toString()
```

将 x 强制转换为 Object 类型,然后再调用其 toString 方法。

由于包装类的对象是不可变的,并且两个具有相同值的对象可能是不同的,因此在 Java 语言中存在这样一个事实:对于某些类型来说,对相同值的装箱转换总是产生相同的值,这些类型包括 boolean、byte、char、short 和 int 类型。例如,假设有下面的方法:

```
static boolean isSame(Integer a, Integer b){
    return a == b;
}
```

对于下面的调用将返回 true:

```
isSame(30, 30);
```

而对于下面的调用将返回 false:

```
isSame(30, new Integer(30));
```

因为 30 转换的包装类对象与包装类对象 Integer(30) 是不同的对象。另外要注意,对于 -128~127(byte 类型)的数在装箱时都只生成一个实例,其他整数在装箱时生成不同的实例,因此调用 isSame(129,129) 的结果为 false。

从上述程序可以看到,自动装箱与自动拆箱大大方便了程序员编程,避免了基本类型和包装类型之间的来回转换。

7.3.7 字符串转换为基本类型

将字符串转换为基本数据类型,可通过包装类的 parseXxx 静态方法实现,这些方法定义在各自的包装类型中。例如,在 Double 类中定义了 parseDouble 静态方法:

```
public static int parseDouble(String s):
```

该方法将字符串 s 转换为 double 型数。如果 s 不能正确转换成浮点型数,抛出 NumberFormatException 异常。

例如,将字符串"3.14159"转换成 double 型值,可用下列代码:

```
double d = Double.parseDouble("3.14159");
```

其他包装类中定义的相应方法如下：
- public static byte parseByte(String str);
- public static int parseShort(String str);
- public static int parseInt(String str);
- public static long parseLong(String str);
- public static float parseFloat(String str);
- public static boolean parseBoolean(String s)。

仅包含一个字符的字符串转换成字符型数据，用下列方法：

```
String s = "A";
char c = s.charAt(0);        // 返回字符串的第一个字符
```

注意：将字符串转换为基本数据类型，字符串的格式必须与要转换的数据格式匹配，否则产生异常。

7.3.8 BigInteger 和 BigDecimal 类

如果在计算中需要非常大的整数或非常高精度的浮点数，可以使用 java.math 包中定义的 BigInteger 类和 BigDecimal 类。这两个类都扩展了 Number 类并实现了 Comparable 接口，它们的实例都是不可变的。BigInteger 的实例可以表示任何大小的整数。可以使用 new BigInteger(String) 和 new BigDecimal(String) 创建 BigInteger 和 BigDecimal 实例，然后使用 add()、subtract()、multiply()、divide() 以及 remainder() 等方法执行算术运算，还可以使用 compareTo() 比较它们的大小。下面代码创建两个 BigInteger 实例然后对它们相乘：

```
BigInteger a = new BigInteger("9223372036854775807");   // long 型最大值
BigInteger b = new BigInteger("2");
BigInteger c = a.multiply(b);
System.out.println(c);                                   // 输出 18446744073709551614
```

对 BigDecimal 对象，其精度没有限制。使用 divide 方法时，如果运算不能终止，将抛出 ArithmeticException 异常。但是，可以使用重载的 divide(Bigdecimal d, int scale, int roundingMode) 方法来指定精度和圆整的模式以避免异常，这里，scale 为小数点后的最小的位数。下面代码创建两个 BigDecimal 对象，然后执行除法运算，保留 20 位小数，圆整模式为 BigDecimal.ROUND_HALF_UP。

```
BigDecimal a = new BigDecimal(10.0);
BigDecimal b = new BigDecimal(6.0);
BigDecimal c = a.divide(b, 20, BigDecimal.ROUND_HALF_UP);
System.out.println(c);                                   // 输出 1.66666666666666666667
```

下面程序可计算任何整数的阶乘。

程序 7.7 LargeFactorial.java

```
import java.math.*;
public class LargeFactorial{
```

```
    public static BigInteger factorial(long n){
      BigInteger result = BigInteger.ONE;    // BigInteger.ONE 常量,表示 1
      for (long i = 1; i <= n; i++){
        result = result.multiply(new BigInteger(i + ""));
      }
      return result;
    }
    public static void main(String[ ]args){
      System.out.println("50! is \n" + factorial(50));
    }
  }
```

程序运行结果如下:

50! is
30414093201713378043612608166064768844377641568960512000000000000

7.4 封装性与访问修饰符

封装性是面向对象的一个重要特征。在 Java 语言中,对象就是一组变量和方法的封装体,其中变量描述对象的状态,方法描述对象的行为。通过对象的封装,用户不必了解对象是如何实现的,只需通过对象提供的接口与对象进行交互就可以了。封装性实现了模块化和信息隐藏,有利于程序的可移植性和对象的管理。

在 Java 语言中,对象的封装是通过如下两种方式实现的:

(1) 通过包实现封装性。在定义类时使用 package 语句指定类属于哪个包。包是 Java 语言最大的封装单位,它定义了程序对类的访问权限。

(2) 通过类或类的成员的访问权限实现封装性。

7.4.1 类的访问权限

类(也包括接口和枚举等)的访问权限通过修饰符 public 实现,定义哪些类可以使用该类。public 类可以被任何的其他类使用,而缺省访问修饰符的类仅能被同一包中的类使用。下面的 Circle 类定义在 com.demo 包中,该类默认访问修饰符。

```
package com.demo;
class Circle{                 // 类的访问修饰符为默认
  Circle(){
    System.out.println("Creating a circle");
  }
}
```

下面的 CircleTest 类定义在默认包中(这里没有使用 package 语句),在该类中试图使用 com.demo 包中的 Circle 创建对象。

```
import com.demo.Circle;       // 试图导入 Circle 类
public class CircleTest{
```

```java
    public static void main(String[] args){
        Circle circle = new Circle();
    }
}
```

在 Eclipse 中程序不能被编译,程序第一行显示的错误信息是:

The type com.demo.Circle is not visible

意思是 Circle 类型在该类中不可见。对出现这样问题可以有两种解决办法:

(1) 将 Circle 类的访问修饰符修改为 public,使它成为公共类,这样就可以被其他类访问。

(2) 在 CircleTest 类中加上如下 package 语句,这样它们都在一个包中。

package com.demo;

一般情况下,如果一个类只提供给同一个包中的类访问可以不加访问修饰符,如果还希望被包外的类访问,则需要加上 public 访问修饰符。

7.4.2 类成员的访问权限

类成员的访问权限包括成员变量和成员方法的访问权限。共有 4 个修饰符,它们分别是 private、缺省的、protected 和 public,这些修饰符控制成员可以在程序的哪些部分被访问。

1. private 访问修饰符

用 private 修饰的成员称为私有成员,私有成员只能被这个类本身访问,外界不能访问。private 修饰符最能体现对象的封装性,从而可以实现信息的隐藏。

程序 7.8　AnimalTest.java

```java
class Animal{
    private String name = "animal";
    private void display(){
        System.out.println("My name is " + name);
    }
}
public class AnimalTest{
    public static void main(String[] args){
        Animal a = new Animal();
        System.out.println("a.name = " + a.name);
        a.display();
    }
}
```

该程序将产生编译错误,因为在 Animal 类中变量 name 和 display 方法都声明为 private,因此在 AnimalTest 类的 main()中是不能访问的。如果将上面程序的 main()写在 Animal 类中,程序能正常编译和运行。

这时,main()定义在 Animal 类中,就可以访问本类中的 private 变量和 private 方法。

类的构造方法也可以被声明为私有的，这样其他类就不能生成该类的实例，一般是通过调用该类的方法来创建类的实例。

2. 默认访问修饰符

对于默认访问修饰符的成员，一般称为包可访问的。这样的成员可以被该类本身和同一个包中的类访问。其他包中的类不能访问这些成员。对于构造方法，如果没有加访问修饰符，也只能被同一个包的类产生实例。

3. protected 访问修饰符

当成员被声明为 protected 时，一般称为保护成员。该类成员可以被这个类本身、同一个包中的其他类以及该类的子类（包括同一个包以及不同包中的子类）访问。

如果一个类有子类且子类可能处于不同的包中，为了使子类能直接访问超类的成员，那么应该将其声明为保护成员，而不应该声明为私有或默认的成员。

4. public 访问修饰符

用 public 修饰的成员一般称为公共成员，公共成员可以被任何其他的类访问，但前提是类是可访问的。

表 7-3 总结了各种修饰符的访问权限。

表 7-3 类成员访问权限比较

修饰符	同一个类	同一个包的类	不同包的子类	任 何 类
private	√			
缺省	√	√		
protected	√	√	√	
public	√	√	√	√

注：表 7.3 中的√号表示允许访问。

7.5 抽象类与接口

7.5.1 抽象方法和抽象类

前面定义了圆(Circle)类，假设还要设计矩形(Rectangle)类和三角形(Triangle)类，这些类也需要定义求周长和面积的方法。

这时就可以设计一个更一般的类，如几何形状(Shape)类。在该类中定义求周长和面积的方法。由于几何形状不是一个具体的形状，这些方法就不能实现，因此要定义为抽象方法(abstract method)。抽象方法只有方法的声明，没有方法的实现，定义抽象方法需要在方法前加上 abstract 修饰符。

包含抽象方法的类应该定义为抽象类(abstract class)，定义抽象类需要的类前加上 abstract 修饰符。下面定义的 Shape 类即为抽象类，其中定义了两个抽象方法。

程序 7.9　Shape.java

```
public abstract class Shape{
    private String name;
    public Shape(){}                    // 抽象类可以定义构造方法
    public Shape(String name){
```

```java
        this.name = name;
    }
    public void setName(String name){         // 抽象类可以定义非抽象方法
        this.name = name;
    }
    public String getName(){
        return name;
    }
    public abstract double perimeter();       // 定义抽象方法
    public abstract double area();
}
```

抽象方法的作用是为所有子类提供一个统一的接口。对抽象方法只需声明,无须实现,即在声明后用一个分号(;)结束,而不需要用大括号。

在抽象类中可以定义构造方法,这些构造方法可以在子类的构造方法中调用。尽管在抽象类中可以定义构造方法,但抽象类不能被实例化,即不能生成抽象类的对象,如下列语句将会产生编译错误:

```java
Shape sh = new Shape();
```

在抽象类中可以定义非抽象的方法。可以创建抽象类的子类,抽象类的子类还可以是抽象类。只有非抽象的子类才能使用 new 创建该类的对象。抽象类中可以没有抽象方法,但仍然需要被子类继承,才能实例化。

注意:因为 abstract 类必须被继承而 final 类不能被继承,所以 final 和 abstract 不能在定义类时同时使用。

下面重新定义了 Circle 类,它继承了 Shape 类并实现了其中的抽象方法。

程序 7.10 Circle.java

```java
public class Circle extends Shape{
    private double radius;
    public Circle(){
        this(0.0);
    }
    public Circle(double radius){
        super("Circle");
        this.radius = radius;
    }
    public Circle(double radius,String name){
        super(name);
        this.radius = radius;
    }
    public void setRadius(double radius){
        this.radius = radius;
    }
    public double getRadius(){
        return radius;
    }
```

```
    public double perimeter(){              // 实现超类的方法
        return 2 * Math.PI * radius;
    }
    public double area(){                   // 实现超类的方法
        return Math.PI * radius * radius;
    }
    public String toString(){               // 覆盖 Object 类的 toString 方法
        return "[Circle] radius = " + radius;
    }
}
```

这里定义的 Circle 类不是抽象类，但继承了抽象类 Shape，因此必须实现抽象类中所有的方法，否则该类也要被定义为抽象类。

还可以定义 Rectangle 类和 Triangle 类继承 Shape 类，这些类的定义留给读者自行完成。

7.5.2 接口及其定义

Java 语言中所有的类都处于一个类层次结构中，除 Object 类以外，所有的类都只有一个直接超类，即子类与超类之间是单继承的关系，而不允许多重继承。而现实问题类之间的继承关系往往是多继承的关系，为了实现多重继承，Java 语言通过接口使得处于不同层次、甚至互不相关的类具有相同的行为。

接口(interface)是常量和方法的集合，这些方法只有声明没有实现。接口主要用来实现多重继承。接口定义了一种可以被类层次中的任何类实现的行为的协议。

接口的定义与类的定义类似，包括接口声明和接口体两部分。接口声明的一般格式如下：

```
[public] interface InterfaceName [extends SuperInterfaces ]{
    [public][static][final] type name = value;
    [public][abstract] returnType methodName([paramlist])
                                    [throws ExceptionList];
}
```

接口声明使用 interface 关键字，InterfaceName 为接口名。extends 表示该接口继承（扩展）了哪些接口。一个接口可以继承多个接口。如果接口使用 public 修饰，则该接口可以被所有的类使用，否则接口只能被同一个包中的类使用。

大括号内为接口体，接口体中包含常量定义和方法定义两部分。常量的定义可以省略修饰符，但系统会自动加上 public、final、static 属性。接口中的方法只有声明，没有实现，方法也可以默认修饰符，默认修饰符系统自动加上 public、abstract 属性，接口中的所有方法都是抽象方法。因此，接口是比抽象类还抽象的类型。

一个接口可以继承一个或多个接口。例如，下面的代码定义了三个接口，其中 CC 接口继承了 AA、BB 接口，是 AA、BB 接口的子接口。

程序 7.11　CC.java

```
interface AA{
    int A = 1;
    void displayA();
```

```
}
interface BB{
    int B = 2;
    void displayB();
}
public interface CC extends AA, BB{    // 接口可以多继承
    int C = 3;
    void displayC();
}
```

编译该程序将产生 AA.class、BB.class 和 CC.class 三个类文件。

如果子接口中定义了和超接口中同名的常量和相同的方法,则超接口中的常量被隐藏,方法被覆盖。

接口与抽象类的区别是:
· 接口中的方法都是抽象方法,不能实现任何方法,抽象类中可以有非抽象方法;
· 接口中除常量和抽象方法外不能定义具体的方法和构造方法,而抽象类可以;
· 接口不能被类继承,只能被类实现,而抽象类必须被类继承。

7.5.3 接口的实现

接口只能被类实现,类声明中用 implements 子句来表示实现接口,一般格式如下:

```
[public] class ClassName implements InterfaceList{
    // 类体定义
}
```

一个类可以实现多个接口,需要在 implements 子句中指定要实现的接口并用逗号分隔。在这种情况下如果把接口理解成特殊的类,那么这个类利用接口实际上实现了多继承。

如果实现接口的类不是 abstract 类,则在类的定义部分必须实现接口中的所有抽象方法,即必须保证非 abstract 类中不能存在 abstract 方法。

一个类在实现某接口的抽象方法时,必须使用与接口完全相同的方法签名,否则只是重载的方法而不是实现已有的抽象方法。

接口方法的访问修饰符都是 public,所以类在实现方法时,必须显式使用 public 修饰符,否则编译器警告缩小了访问控制范围。下面程序中定义的 ABC 类实现了 CC 接口。

程序 7.12   ABCTest.java

```
class ABC implements CC{
    int D = 4;
    public void displayA(){
        System.out.println("A = " + A);
    }
    public void displayB(){
        System.out.println("B = " + B);
    }
    public void displayC(){
        System.out.println("C = " + C);
```

    }
}
public class ABCTest{
  public static void main(String[] args){
    ABC abc = new ABC();
    abc.displayA();
    abc.displayB();
    abc.displayC();
    // 接口中定义的常量可以通过接口名访问
    System.out.println("ABC.A = " + ABC.A);
    System.out.println("ABC.B = " + ABC.B);
    System.out.println("ABC.C = " + ABC.C);
    System.out.println("abc.D = " + abc.D);
  }
}
```

程序的输出结果为：

```
A = 1
B = 2
C = 3
ABC.A = 1
ABC.B = 2
ABC.C = 3
abc.D = 4
```

7.6 对象转换与多态性

7.6.1 对象转换

前面讨论了基本数据类型的转换问题，其中有自动类型转换和强制类型转换。例如，下面是自动类型转换：

```
int j = 10;
double d = j;        //自动类型转换
```

下面就是强制类型转换：

```
double d = 3.14;
int j = (int) d;     // 强制类型转换
```

类似地，由于类之间的继承性，子类对象和超类对象在一定条件下也可以相互转换，这种类型转换一般称为对象转换或造型（casting）。对象转换也有自动转换和强制转换之分。

由于子类继承了超类的数据和行为，因此子类对象可以作为超类对象使用，即子类对象可以自动转换为超类对象。假设 parent 是一个超类对象，child 是一个子类（直接或间接）对象，则下面的赋值语句是合法的：

```
parent = child;   // 子类对象自动转换为超类对象
```
```

这种转换也称为向上转换(up casting)。向上转换指的是在类的层次结构图中,位于下方的类(或接口)对象都可以自动转换为位于上方的类(或接口)对象,但这种转换必须是直接或间接类(或接口)。

反过来,也可以将一个超类对象转换成子类对象,这时需要使用强制类型转换。强制类型转换需要使用转换运算符"()"。下面程序演示了对象自动转换和强制转换。

程序 7.13 CastDemo.java

```
public class CastDemo{
    public static void main(String[] args){
        Cylinder cylin = new Cylinder(5,10);
        System.out.println(cylin);
        Circle circle = cylin;           // 自动类型转换
        System.out.println(circle);
        System.out.println(circle.area());
        // System.out.println(circle.volume());
        cylin = (Cylinder)circle;        // 强制类型转换
        System.out.println(cylin.volume());
    }
}
```

程序运行结果为:

```
[Cylinder] radius = 5.0,height = 10.0
[Cylinder] radius = 5.0,height = 10.0
78.53981633974483
785.3981633974483
```

向上转换可以将任何对象转换为继承链中任何一个超类对象,包括 Object 类的对象,例如,下面语句也是合法的。

```
Object obj = new Cylinder();
```

注意:不是任何情况下都可以进行强制类型转换,请看下面代码。

```
Circle circle = new Circle();
Cylinder cylin = (Cylinder) circle;
```

上述代码是要将超类对象转换为子类对象,代码编译时没有错误,但运行时会抛出 ClassCastException 异常。

注意:如果程序中的注释行的注释去掉,将会发生下面编译错误。

The method volume() is undefined for the type Circle

因为尽管 circle 是由圆柱对象转换的,但现在由一个 Circle 对象引用,该引用不知道 volume 方法,而将 circle 再转换为 Cylinder 对象后就可以使用 volume 方法了。

因此,将超类对象转换为子类对象,必须要求超类对象是用子类构造方法生成的,这样转换才正确。注意,转换只发生在有继承关系的类或接口之间。

7.6.2 instanceof 运算符

instanceof 运算符用来测试一个实例是否是某种类型的实例,这里的类型可以是类、抽象类、接口等。instanceof 运算符的格式为:

```
variable instanceof TypeName
```

该表达式返回逻辑值。如果 variable 是 TypeName 类型或超类型的实例,返回 true,否则返回 false。

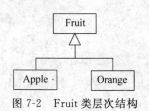

图 7-2 Fruit 类层次结构

设有如图 7-2 所示的类层次结构,假设给出下面声明:
```
Fruit fruit = new Apple();
Orange orange = new Orange();
```

表达式 fruit instanceof Orange 的结果是 false;表达式 fruit instanceof Fruit 的结果是 true;表达式 orange instanceof Fruit 的结果是 true;表达式 orange instanceof Apple 的结果是 false。

7.6.3 多态性与动态绑定

多态性(polymorphism)也是面向对象的一个重要特征。多态就是多种形式,是指 Java 程序中一个类或多个类中可以定义多个同名方法,这多个同名方法名称相同,完成的操作不同。多态性是指在运行时系统判断应该执行哪个方法的代码的能力。Java 语言支持两种类型的多态:

(1) 静态多态:也叫编译时多态,是通过方法重载实现的,即一个类可以定义多个同名的方法,这些方法要么参数个数不同、要么参数类型不同。

(2) 动态多态:也叫运行时多态,是通过方法覆盖实现的,即在子类中定义与超类中方法名、返回值、参数都相同的方法。

将一个方法调用同一个方法主体关联起来称方法绑定(binding)。若在程序执行前进行绑定,叫做前期绑定,如 C 语言的函数调用都是前期绑定。若在程序运行时根据对象的类型进行绑定,则称为后期绑定或动态绑定。Java 中除了 static 方法和 final 方法外都是后期绑定。

对重载的方法,Java 虚拟机根据传递给方法的参数个数和类型确定调用哪个方法,而对覆盖的方法,Java 的运行时系统根据实例类型决定调用哪个方法。对于子类的一个实例,如果子类覆盖了超类的方法,运行时系统执行子类的方法,如果子类继承了超类的方法,则运行时系统执行超类的方法。

有了方法的动态绑定,就可以编写只与基类交互的代码,并且这些代码对所有的子类都可以正确运行。假设抽象类 Shape 定义了 area 方法,其子类 Circle、Rectangle 和 Triangle 都各自实现了 area 方法。下面的例子说明了多态和方法动态绑定的概念。

程序 7.14 PolymorphismDemo.java

```java
public class PolymorphismDemo{
    public static void main(String[] args){
        Shape shapes[] = new Shape[3];
```

```
        double sumArea = 0;                    // 求几个形状的面积和
        shapes[0] = new Circle(10);
        shapes[1] = new Rectangle(5,10);
        shapes[2] = new Triangle(10,5);

        for(Shape shape : shapes){
            System.out.println(shape.area());   // 计算实际类型的面积
            sumArea += shape.area();
        }
        System.out.println("The sum of all shapes is " + sumArea);
    }
}
```

程序运行结果为：

```
314.1592653589793
50.0
25.0
The sum of all shapes is 389.1592653589793
```

程序中使用抽象类 Shape 对象引用具体类的对象，在调用 area 方法时，系统根据对象的实际类型调用相应的 area 方法。如果将来程序向数组中再增加一个 Shape 的子类（如 Square）对象，程序不需要修改。这可大大提高程序的可维护性和可扩展性。

7.6.4 接口类型的使用

接口也是一种引用类型，任何实现该接口的实例都可以存储在该接口类型的变量中。当通过接口对象调用某个方法时，Java 运行时系统确定该调用哪个类中的方法。

程序 7.15 InterfaceTypeDemo.java

```
public class InterfaceTypeDemo{
    public static void main(String[] args){
        AA a = new ABC();
        BB b = new ABC();
        CC c = new ABC();
        a.displayA();
        b.displayB();
        c.displayA();
    }
}
```

程序输出结果为：

```
A = 1
B = 2
A = 1
```

程序中创建了三个 ABC 类的对象，并分别赋给 AA、BB 和 CC 接口对象，在这三个对象上可以调用接口本身定义的和继承的方法。如在接口对象 c 上可以调用 displayA()、displayB()和 displayC()，而在接口对象 a 上就只能调用 displayA()。

Java 类库中也定义了许多接口,有些接口中没有定义任何方法,这些接口称为标识接口,如 java.lang 包中定义的 Cloneable 接口、java.io 包中的 Serializable 接口。有些接口中定义了若干方法,如 java.lang 包中的 Comparable 接口中定义了 comapreTo( ),AutoClosable 接口定义了 close(),Runnable 接口中定义了 run()。

7.7 小　　结

类的继承性是 Java 语言最重要的特征,通过继承可以实现软件的代码重用。在类的层次结构中,Object 类是所有类的根类,该类中定义了所有对象共同的特征。子类可以继承或隐藏超类中非 private 的成员变量,也可以继承或覆盖超类中非 private 的成员方法。

用 final 修饰的方法不能被覆盖,用 final 修饰的类不能被继承。抽象方法和抽象类用 abstract 修饰符实现。抽象方法是只有声明没有实现的方法,它所在的类必须是抽象类。抽象类不能实例化。

子类对象和超类对象之间可以相互转换。任何子类对象都可以作为超类对象使用,这称为自动转换或向上造型。若将超类对象造型为子类对象,则有一定限制。

类、接口和成员都可以有访问修饰符,不同的访问修饰符号决定它们可以被哪些类使用或被哪些方法调用。接口可以实现多继承。

7.8 习　　题

1. 实现类的继承使用什么关键字？哪个是超类？哪个是子类？子类继承超类中的哪些内容？
2. 所有类的根类是什么？该类中定义了哪些常用方法？这些方法能被子类对象使用吗？为什么？
3. 什么是方法覆盖？它与方法重载有什么区别？
4. super 关键字可以用在哪三种情况？如何使用？
5. 子类中能否定义与超类中方法重载的方法？
6. final 修饰符都可以修饰什么？abstract 修饰符都可以修饰什么？各表示什么含义？
7. 对象类型转换分为哪两种？有什么不同？
8. 类的访问修饰符有哪些？各有什么不同？
9. 类的成员的访问修饰符有哪些？各有什么不同？
10. 抽象类中可以定义非抽象的方法吗？接口中呢？
11. 什么是接口的实现？使用什么关键字？要注意什么？
12. Object 类定义在哪个包中？它有什么特殊之处？
13. 基本类型包装类与基本类型之间有什么关系？
14. 编写一程序输出 6 种数值型包装类的最大值和最小值。
15. 下列程序的运行结果为(　　)。

```
class Animal{
    public Animal(){
```

```java
        System.out.println("I'm an animal.");
    }
}
class Bird extends Animal{
    public Bird(){
        System.out.println("I'm a bird.");
    }
}
public class AnimalTest{
    public static void main(String[ ]args){
        Bird b = new Bird();
    }
}
```

A. 编译错误　　　　　　　　　　B. 无输出结果

C. I'm a bird.　　　　　　　　　D. I'm an animal.

E. I'm an animal.　　　　　　　F. I'm a bird
　　I'm a bird　　　　　　　　　　I'm an animal.

16. 有下列程序,试指出该程序的错误之处。

```java
class AA{
    AA(int a){
        System.out.println("a = " + a);
    }
}
class BB extends AA{
    BB(String s){
        System.out.println("s = " + s);
    }
}
public class ConstructorDemo{
    public static void main(String[ ] args){
        BB b = new BB("hello");
    }
}
```

17. 下面程序运行结果为(　　　)。

```java
class Super{
    public int i = 0;
    public Super(String text){
        i = 1;
    }
}
public class Sub extends Super{
    public Sub(String text){
        i = 2;
    }
    public static void main(String[ ] args){
        Sub sub = new Sub("Hello");
        System.out.println(sub.i);
```

}
}

A. 编译错误   B. 编译成功输出 0
C. 编译成功输出 1   D. 编译成功输出 2

18. 有下面类的定义：

```
class Super{
  public float getNum(){
      return 3.0f;
  }
}
public class Sub extends Super{
    _____
}
```

下面（ ）方法放在划线处会发生编译错误。

A. public float getNum(){return4.0f;}
B. public void getNum(){}
C. public void getNum(double d){}
D. public double getNum(float d){return 4.0d;}

19. 下列程序有什么错误？

```
abstract class AbstractIt{
    abstract float getFloat();
}
public class AbstractTest extends AbstractIt{
    private float f1 = 1.0f;
    private float getFloat(){
    return f1;
    }
}
```

20. 下面（ ）两个方法不能被子类覆盖。

A. final void methoda(){}   B. void final methoda(){}
C. static void methoda(){}   D. static final void methoda(){}
E. final abstract void methoda(){}

21. 阅读下面的程序，写出运行结果。

```
class Parent{
  void printMe(){
      System.out.println("I am parent");
  }
}
class Child extends Parent{
  void printMe(){
      System.out.println("I am child");
  }
  void printAll(){
```

```
      super.printMe();
      this.printMe();
      printMe();
    }
  }
  public class Test{
    public static void main(String[] args){
      Child myC = new Child();
      myC.printAll();
    }
  }
```

22. 写出下列程序的运行结果。

```
abstract class AA{
  abstract void callme();
  void metoo(){
    System.out.println("Inside AA's metoo().");
  }
}
class BB extends AA{
  void metoo(){
    System.out.println("Inside BB's metoo().");
  }
  void callme(){
    System.out.println("Inside BB's callme().");
  }
}
public class AbstractTest{
  public static void main(String[] args){
    AA aa = new BB();
    aa.callme();
    aa.metoo();
  }
}
```

23. 有下面类的声明,下列代码正确的是(   )。

```
class Employee{}
class Manager extends Employee{
  public String toString(){
      return "I'm a manager.";
  }
}
```

A. Manager boss ＝ new Manager();
   Employee stuff ＝ boss;
   Manager myBoss ＝ (Manager)stuff;

B. Employee stuff ＝ new Employee();
   Manager boss ＝ (Manager)stuff;

24. 写出下列程序的运行结果。

```
class Employee{}
class Manager extends Employee{}
```

```
class Secretary extends Employee{}
class Programmer extends Employee{}
public class Test{
    public static void show(Employee e){
        if(e instanceof Manager)
            System.out.println("He is a Manager.");
        else if(e instanceof Secretary)
            System.out.println("He is a Secretary.");
        else if(e instanceof Programmer)
            System.out.println("He is a Programmer.");
    }
    public static void main(String[] args){
        Manager m = new Manager();
        Secretary s = new Secretary();
        Programmer p = new Programmer();
        show(m);
        show(s);
        show(p);
    }
}
```

25. 修改下列程序的错误(注意只允许修改一行)。

(1)
```
public class MyMain{
    IamAbstract ia = new IamAbstract();
}
abstract class IamAbstract{
    IamAbstract(){}
}
```

(2)
```
class IamAbstract{
    final int f;
    double d;
    abstract void method();
}
```

26. 下面程序的输出结果是(   )。

```
public class Foo{
    Foo(){System.out.print("foo");}
    class Bar{
        Bar(){System.out.print("bar");}
        public void go(){System.out.print("hi");}
    }
    void makeBar(){
        (new Bar()).go();
    }
    public static void main(String[] args){
        Foo f = new Foo();
        f.makeBar();
    }
}
```

  A. barhi   B. foobarhi   C. hi   D. foohi

27. 下面程序中共有 6 处使用了自动装箱或自动拆箱,请指出来。

```
public class UseBoxing {
    boolean go(Integer i){
        Boolean ifSo = true;
        Short s = 300;
        if(ifSo){
            System.out.println(++s);
        }
        return !ifSo;
    }
    public static void main(String []args){
        UseBoxing u = new UseBoxing();
        u.go(5);
    }
}
```

28. 下面是一接口定义,在第 2 行前面插入(　　)修饰符是合法的。

```
public interface Status{
    /* 此处插入代码 */ int MY_VALUE = 10;
}
```

A. final　　　　　B. static　　　　　C. native　　　　　D. public
E. private　　　　F. abstract　　　　G. protected

29. 图 7-3 所示为两个包 com 和 org,其中 A、B、C 类属于 com 包,D 和 E 类属于 org 包,箭头表示继承关系。

假设 A 类的声明如下,请在如表 7-4 所示的表中标出每个类对这些变量是否可见。

```
public class A{
    public int v1;
    private int v2;
    protected int v3;
    int v4;
}
```

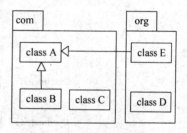

图 7-3　com 包和 org 包结构

表 7-4　类对 A 类成员的可见性

变量	A 类	B 类	C 类	D 类	E 类
public int v1					
private int v2					
protected int v3					
int v4					

30. 定义一个名为 Employee 的类,它继承 Person 类,其中定义 salary(表示工资)和 department(表示部门)两个成员变量和封装这两个变量的方法。编写主程序检查新建类中的所有变量和方法。

31. 设计一个汽车类 Auto,其中包含一个表示速度的 double 型的成员变量 speed 和表示启动的 start 方法、表示加速的 speedUp 方法以及表示停止的 stop 方法。再设计一个 Auto 类的子类 Bus 表示公共汽车，在 Bus 类中定义一个 int 型的表示乘客数的成员变量 passenger，另外定义两个方法 gotOn() 和 gotOff()，表示乘客上车和下车。编写程序测试 Bus 类的使用。

32. 定义一个名为 Triangle 的三角形类，使其继承 Shape 抽象类，覆盖 Shape 类中的抽象方法 perimeter() 和 area()。编写程序测试 Triangle 类的使用。

33. 定义一个名为 Cuboid 的长方体类，使其继承 Rectangle 类，其中包含一个表示高的 double 型成员变量 height；定义一个构造方法 Cuboid(double length, double width, double height)；再定义一个求长方体体积的 volume 方法。编写程序，求一个长、宽和高分别为 10、5、2 的长方体的体积。

34. 定义一个名为 Square(正方形)的类，它有一个名为 length 的成员变量，一个带参数的构造方法，要求该类对象能够调用 clone 方法。为该类覆盖 equals 方法，当边长相等时认为两个 Square 对象相等，覆盖 toString 方法，要求对一个 Square 对象输出格式如下：

Square[length = 100]

这里，100 是边长。编写一个程序测试该类的使用。

35. 已知 4 个类之间的关系如图 7-4 所示，分别对每个类的有关方法进行编号。例如 Shape 的 perimeter() 为 1 号，表示为"1：perimeter()"，Rectangle 类的 perimeter() 为 2 号，表示为"2：perimeter()"，以此类推，其中，每个类的 perimeter 方法签名相同。

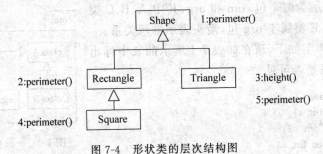

图 7-4 形状类的层次结构图

有下面 Java 代码：

```
Triangle tr = new Triangle();
Square sq = new Square();
Shape sh = tr;
```

(1) 关于上述 Java 代码中 sh 和 tr 的以下叙述中，哪两个是正确的(写出编号)。

① sh 和 tr 分别引用同一个对象。
② sh 和 tr 分别引用同一类型的不同的对象。
③ sh 和 tr 分别引用不同类型的不同对象。
④ sh 和 tr 分别引用同一个对象的不同拷贝。
⑤ sh 和 tr 所引用的内存空间是相同的。

(2) 下列赋值语句中哪两个是合法的(写出合法赋值语句的编号)。

① sq = sh;   ② sh = tr;   ③ tr = sq;   ④ sq = tr;

⑤ sh = sq;

(3) 写出下面消息对应的方法编号(如果该消息错误或没有对应的方法调用,请填写"无")。

tr.height()	①
sh.perimeter()	②
sq.height()	③
sq.perimeter()	④
sh.height()	⑤
tr.perimeter()	⑥

36. 设计一个抽象类 CompareObject,其中定义一个抽象方法 compareTo()用于比较两个对象。然后设计一个类 Position 从 CompareObject 类派生,该类有 x 和 y 两个成员变量表示坐标,该类实现 compareTo()方法,用于比较两个 Position 对象到原点(0,0)的距离之差。

37. 有如图 7-5 所示的接口和类的层次关系图,请编写代码实现这些接口和类。

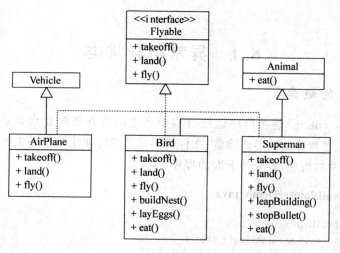

图 7-5 类和接口层次图

38. 有下列事物:汽车,玩具汽车,玩具飞机,阿帕奇直升机。请按照它们之间的关系,使用接口和抽象类,编写有关代码。

第 8 章　异常处理与断言

异常是在程序运行过程中产生的使程序终止正常运行的事件,是一种特殊的运行对象。本章首先介绍什么是异常、异常的类型以及如何处理异常,其中包括运行时异常和非运行时异常、使用 try-catch 处理异常、声明方法抛出异常、try-with-resources 语句的使用以及创建自定义的异常。最后,简单介绍了有关断言的概念。

学习本章后,应该初步掌握 Java 语言的异常处理机制和断言机制,在编写程序中能够对异常进行处理。

8.1　异常与异常类

8.1.1　异常的概念

所谓异常(exception)是在程序运行过程中产生的使程序终止正常运行的错误对象。如数组下标越界、整数除法中零作除数、文件找不到等都可能使程序终止运行。

为了理解异常的概念,首先看下面的程序。

程序 8.1　NullPointerDemo.java

```java
public class NullPointerDemo {
  public static void main(String[] args){
    Circle circle = null;
    System.out.println(circle.area());
    System.out.println("Program finished.");
  }
}
```

该程序编译不会发生错误,可以生成 NullPointerDemo.class 字节码文件,但运行时结果如下:

```
Exception in thread "main" java.lang.NullPointerException
at NullPointerDemo.main (NullPointerDemo.java: 4)
```

该输出内容说明程序发生了异常,第一行给出了异常名称,第二行给出了异常发生的位置。

Java 语言规定当某个对象的引用为 null 时,调用该对象的方法或使用对象时就会产生 NullPointerException 异常。该程序中当调用 circle 的 area 方法时,运行时系统产生了一个 NullPointerException 异常类对象并抛出,运行时系统就在产生异常对象的方法中寻找处理该异常对象的代码,若有则进入异常处理的代码;若没有(如本程序),则运行时系统继续将异常对象抛给调用该方法的方法。由于 main() 是由 JVM 调用的,所以将异常抛给了 JVM,JVM 在标准输出设备上输出异常的名称。

再看下面一个程序,该程序试图从键盘上输入一个字符,然后输出。

程序 8.2　InputChar. java

```
import java.io.*;
public class InputChar{
  public static void main(String[] args){
    System.out.print("Input a char:");
    char c = (char)System.in.read();
    System.out.println("c = " + c);
  }
}
```

当编译该程序时会出现下列编译错误:

Unhandled exception type IOException

上述编译错误说明程序没有处理 IOException 异常,该异常必须捕获或声明抛出,同时编译器指出了需要捕获异常的位置。

出现上述编译错误的原因是,read 方法在定义时声明抛出了 IOException 异常,因此程序中若调用该方法必须声明抛出异常或捕获异常。

8.1.2　Throwable 类及其子类

Java 语言的异常处理采用面向对象的方法,为各种异常建立了类层次。Java 异常都是 Throwable 类的子类对象,Throwable 类是 Object 类的直接子类,它定义在 java.lang 包中。Throwable 类有两个子类,一个是 Error 类;另一个是 Exception 类,这两个子类又分别有若干个子类。

1. Error 类

Error 类描述的是系统内部错误,这样的错误很少出现。如果发生了这类错误,则除了通知用户及终止程序外,几乎什么也不能做,程序中一般不对这类错误处理。

2. Exception 类

图 8-1 给出了 Exception 类及其常见子类的层次结构。

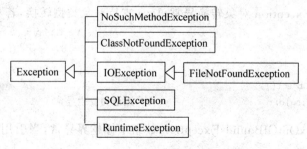

图 8-1　Exception 类及其子类的层次

Exception 类的子类一般又可分为两种类型：运行时异常和非运行时异常。

1) 运行时异常

RuntimeException 类及其子类异常称为运行时异常。常见的运行时异常如图 8-2 所示。运行时异常是在程序运行时检测到的，可能发生在程序的任何地方且数量较大，因此编译器不对运行时异常（包括 Error 类的子类）处理，这种异常又称为免检异常（unchecked exception）。但程序运行时发生这种异常时运行时系统会把异常对象交给默认的异常处理程序，在控制台显示异常的内容及发生异常的位置。程序 8.1 中的异常 NullPointerException 就是运行时异常。

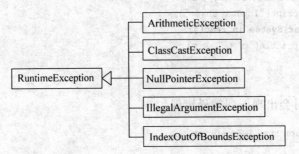

图 8-2　RuntimeException 类及其子类

下面介绍几种常见的运行时异常。

（1）NullPointerException 空指针异常，即当某个对象的引用为 null 时调用该对象的方法或使用对象时就会产生该异常。

例如：

```
int a[] = null;
a[0] = 0;                          // 该语句发生异常
```

（2）ArithmeticException 算术异常，在做整数的除法或整数求余运算时可能产生的异常，是在除数为零时产生的异常。

例如：

```
int a = 5;
int b = a / 0;                     // 该语句发生异常
```

注意：浮点数运算不会产生该类异常，如 1.0/0.0 的结果为 Infinity。

（3）ClassCastException 对象转换异常，Java 支持对象类型转换，若不符合转换的规定，则产生类转换异常。

例如：

```
Object o = new Object();
String s = (String)o;              // 该语句发生异常
```

（4）ArrayIndexOutOfBoundsException 数组下标越界异常，当引用数组元素的下标超出范围时产生的异常。

例如：

```
int a[] = new int[5];
a[5] = 10;                              // 该语句发生异常
```

因为定义的数组 a 的长度为 5,不存在 a[5]这个元素,因此发生数组下标越界异常。

(5) NumberFormatException 数字格式错误异常。在将字符串转换为数值时,如果字符串不能正确转换成数值,则产生该异常。

例如:

```
double d = Double.parseDouble("5m7.8");    // 该语句发生异常
```

异常的原因是字符串"5m7.8"不能正确转换成 double 型数据。

注意:尽管对运行时异常可以不处理,但程序运行时产生这类异常,程序也不能正常结束。为了保证程序正常运行,要么避免产生运行时异常,要么对运行时异常进行处理。

2) 非运行时异常

除 RuntimeException 类及其子类以外的类称为非运行时异常,有时也称为必检异常(checked exception)。对这类异常,程序必须捕获或声明抛出,否则编译不能通过。程序 8.2 中的异常 IOException 就是非运行时异常。又如,若试图使用 Java 命令运行一个不存在的类,则会产生 ClassNotFoundException 异常,若调用了一个不存在的方法,则会产生 NoSuchMethodException 异常。

8.2 异常处理机制

异常处理可分为下面几种:使用 try-catch-finally 捕获并处理异常;通过 throws 子句声明抛出异常;用 throw 语句抛出异常;使用 try-with-resources 管理资源。

8.2.1 异常的抛出与捕获

在 Java 程序中,异常都是在方法中产生的。方法运行过程中如果产生了异常,在这个方法中就生成一个代表该异常类的对象,并把它交给运行时系统,运行时系统寻找相应的代码来处理这一异常。生成异常对象并把它交给运行时系统的过程称为抛出异常。运行时系统在方法的调用栈中查找,从产生异常的方法开始进行回溯,直到找到包含相应异常处理的方法为止,这一过程称为捕获异常。

方法调用与回溯如图 8-3 所示。这里 main()调用了 methodA 方法,methodA 方法调用了 methodB 方法,methodB 方法调用了 methodC 方法。假如在 methodC 方法发生异常,运行时系统首先在该方法中寻找处理异常的代码,如果找不到,运行时系统将在方法调用栈中回溯,把异常对象交给 methodB 方法,如果 methodB 方法也没有处理异常代码,将继续回溯,直到找到处理异常的代码。最后,如果 main()中也没有处理异常的代码,运行时系统将异常交给 JVM,JVM 将在控制台显示异常信息。

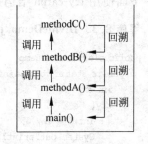

图 8-3 方法调用与回溯示意图

8.2.2　try-catch-finally 语句

在 Java 程序中捕获并处理异常最常用的方法是用 try-catch-finally 语句，该结构的一般格式为：

```
try{
    // 需要处理的代码
} catch (ExceptionType1 exceptionObject){
    // 异常处理代码
} catch (ExceptionType2 exceptionObject){
    // 异常处理代码
}
[finally{
    // 最后处理代码
} ]
```

说明：

（1）try 块将程序中可能产生异常的代码段用大括号括起来，该块内可能抛出一种或多种异常。

（2）catch 块用来捕获异常，括号中指明捕获的异常类型及异常引用名，类似于方法的参数，它指明了 catch 语句所处理的异常。大括号中是处理异常的代码。catch 语句可以有多个，用来处理不同类型的异常。

注意：若有多个 catch 块，异常类型的排列顺序必须按照从特殊到一般的顺序，即子类异常放在前面，超类异常放在后面，否则产生编译错误。

当 try 块中产生异常，运行时系统从上到下依次检测异常对象与哪个 catch 块声明的异常类相匹配，若找到匹配的或其父类异常，既进入相应 catch 块处理异常，catch 块执行完毕说明异常得到处理。

（3）finally 块是可选项。异常的产生往往会中断应用程序的执行，而在异常产生前，可能有些资源未被释放。有时无论程序是否发生异常，都要执行一段代码，这时就可以通过 finally 块实现。无论异常产生与否 finally 块都会被执行。即使是使用了 return 语句，finally 块也要被执行，除非 catch 块中调用了 System.exit 方法终止程序的运行。

需要注意的是，一个 try 块必须有一个 catch 块或 finally 块，catch 块或 finally 块也不能单独使用，必须与 try 块搭配使用。

下面使用 try-catch 结构捕获并处理一个 ArithmeticException 异常。

程序 8.3　DivideDemo.java

```java
public class DivideDemo{
    public static void main(String[] args){
        int a = 5;
        try{
            int b = a / 0;
            System.out.println("b = " + b);
        }catch(ArithmeticException e){
            e.printStackTrace();
```

```
        }
        System.out.println("a = " + a);
    }
}
```

程序运行结果为:

```
java.lang.ArithmeticException: / by zero
    at Demo.main(Demo.java: 5)
a = 5
```

从上述结果可以看到,程序运行中发生的异常得到了处理,接下来程序继续运行。程序中调用了异常对象的 printStackTrace 方法,它从控制台输出异常栈跟踪。从栈跟踪中可以了解到发生的异常类型和发生异常的源代码的行号。

在异常类的根类 Throwable 中还定义了其他方法,如下所示:
- public void printStackTrace():在标准错误输出流上输出异常调用栈的轨迹。
- public String getMessage():返回异常对象的细节描述。
- public String getLocalizedMessage():返回异常对象的针对特定语言的细节描述。
- public void printStackTrace(PrintStream s):在指定输出 s 上输出异常调用栈的轨迹。
- public void printStackTrace(PrintWriter s):在指定输出到 Print Writer 对象 s 上输出异常调用栈的轨迹。
- public String toString():返回异常对象的简短描述,是 Object 类中同名方法的覆盖。

这些方法被异常子类所继承,可以调用异常对象的方法获得异常的有关信息,这可使程序调试方便。有关其他方法的详细内容,请参阅 Java API 文档。

下面是对程序 8.2 的修改,使用 try-catch 结构捕获异常。

程序 8.4 InputCharDemo.java

```
import java.io.*;
public class InputCharDemo{
    public static void main(String[] args){
        System.out.print("请输入一个字符:");
        try{
            char c = (char)System.in.read();
            System.out.println("c = " + c);
        }catch(IOException e){
            e.printStackTrace();
        }
    }
}
```

注意:catch 块中的异常可以是超类异常,另外 catch 块中可以不写任何语句,只要有一对大括号,系统就认为异常被处理了,程序编译就不会出现错误,编译后程序正常运行。catch 块内的语句只有在真的产生异常时才被执行。

下面程序涉及多个异常的捕获和处理。

程序 8.5 MultiExceptionDemo.java

```java
public class MultiExceptionDemo {
  public static void method(int sel){
    try{
      if(sel == 0){
        System.out.println("无异常发生.");
        return;
      }else if(sel == 1){
        int i = 0;
        System.out.println(4 / i);
      }else if(sel == 2){
        int iArray[] = new int [4];
        iArray[4] = 10;
      }
    }catch(ArithmeticException e){
      System.out.println("捕获到:" + e.toString());
    }catch(ArrayIndexOutOfBoundsException e){
      System.out.println("捕获到:" + e.toString());
    }catch(Exception e){
      System.out.println("Will not be excecuted");
    }finally{
      System.out.println("执行 finally 块:" + sel);
    }
  }
  public static void main(String[] args){
    method(0);
    method(1);
    method(2);
  }
}
```

程序的输出如下：

```
无异常发生.
执行 finally 块: 0
捕获到: java.lang.ArithmeticException: / by zero
执行 finally 块: 1
捕获到: java.lang.ArrayIndexOutOfBoundsException: 4
执行 finally 块: 2
```

8.2.3 用 catch 捕获多个异常

如前所述，一个 try 语句后面可以跟两个或多个 catch 语句。虽然每个 catch 语句经常提供自己的特有的代码序列，但是有时捕获异常的两个或多个 catch 语句可能执行相同的代码序列。现在可以使用 JDK 7 提供的一个新功能，用一个 catch 语句处理多个异常，而不必单独捕获每个异常类型，这就减少了代码重复。

要在一个 catch 语句中处理多个异常，需要使用"或"运算符(|)分隔多个异常。下面的程序演示了捕获多个异常的方法。

程序 8.6　MultiCatchDemo.java

```java
public class MultiCatchDemo{
    public static void main(String[] args){
      int a = 88, b = 0;
      int result;
      char[] letter = {'A', 'B', 'C'};
      for(int i = 0; i < 2; i ++){
        try{
           if(i == 0)
             result = a / b;              // 产生 ArithmeticException
           else
             letter[5] = 'X';             // 产生 ArrayIndexOutOfBoundsException
        }
        // 这里捕获多个异常
        catch(ArithmeticException | ArrayIndexOutOfBoundsException me){
          System.out.println("捕获到异常:" + me);
        }
      }
      System.out.println("处理多重捕获之后.");
   }
}
```

程序运行当尝试除以 0 时,将产生一个 ArithmeticException 错误。当尝试越界访问 letter 数组时,将产生一个 ArrayIndexOutOfException 错误,两个异常被同一个 catch 语句捕获。注意,多重捕获的每个形参隐含地为 final,所以不能为其赋新值。

8.2.4　声明方法抛出异常

所有的异常都产生在方法(包括构造方法)内部的语句。有时方法中产生的异常不需要在该方法中处理,可能需要由该方法的调用方法处理,这时可以在声明方法时用 throws 子句声明抛出异常,将异常传递给调用该方法的方法处理。

声明方法抛出异常的格式如下:

```
returnType methodName([paramlist]) throws ExceptionList{
   // 方法体
}
```

按上述方式声明的方法,就可以对方法中产生的异常不作处理,若方法内抛出了异常,则调用该方法的方法必须捕获这些异常或者再声明抛出。

程序 8.5 是在 method 方法中处理异常,若不在该方法中处理异常,而由调用该方法的 main()处理,程序修改如下。

程序 8.7　ThrowsExceptionDemo.java

```java
public class ThrowsExceptionDemo{
   static void method(int sel) throws ArithmeticException,
        ArrayIndexOutOfBoundsException{
     if(sel == 0){
       System.out.println("No exception caught.");
```

```java
        return;
    }else if(sel == 1){
        int iArray[] = new int[4];
        iArray[4] = 3;
    }
}
public static void main(String[] args){
    try{
        method(0);
        method(1);
        method(2);                              // 该语句不能被执行
    }catch(ArrayIndexOutOfBoundsException e){
        System.out.println("捕获到:" + e);
    }finally{
        System.out.println("执行 finally 块."); }
}
```

该程序的输出结果为:

```
No exception caught.
捕获到: java.lang.ArrayIndexOutOfBoundsException: 4
执行 finally 块.
```

注意:对于运行时异常可以不做处理,对于非运行时异常必须使用 try-catch 结构捕获或声明方法抛出异常。

前面讲到子类可以覆盖超类的方法,但若超类的方法使用 throws 声明抛出了异常,子类方法也可以使用 throws 声明异常。需要注意的是,子类方法抛出的异常必须是超类方法抛出的异常或子异常。

```java
class AA{
    public void test() throws IOException{
        System.out.println("In AA's test()");
    }
}
class BB extends AA{
    public void test () throws FileNotFoundException{      // 允许
        System.out.println("In BB's test()");
    }
}
class CC extends AA{
    public void test () throws Exception{                   // 错误
        System.out.println("In CC's test()");
    }
}
```

代码中 BB 类的 test 方法是对 AA 类 test 方法的覆盖,抛出了 FileNotFoundException 异常,因为该异常是 IOException 异常类的子类,这是允许的。而在 CC 类的 test()中抛出了 Exception 异常,该异常是 IOException 异常类的父类,这是不允许的,不能通过编译。

8.2.5 用 throw 语句抛出异常

到目前为止,处理的异常都是由程序产生的,并由程序自动抛出,然而也可以创建一个异常对象,然后用 throw 语句抛出,或者将捕获到的异常对象用 throw 语句再次抛出,throw 语句的格式如下:

throw throwableInstance;

throwableInstance 可以是用户创建的异常对象,也可以是程序捕获到的异常对象,该实例必须是 Throwable 类或其子类的实例,请看下面例子。

程序 8.8 ThrowExceptionDemo.java

```java
import java.io.IOException;
public class ThrowExceptionDemo{
  public static void method()throws IOException{
    try{
      throw new IOException("file not found");
    }catch(IOException e){
      System.out.println("caught inside method");
      throw e;                         // 将捕获到的异常对象再次抛出
    }
  }
  public static void main(String[] args){
    try{
      method();
    }catch(IOException e){
      System.out.println("recaught:" + e);
    }
  }
}
```

程序的输出结果为:

caught inside method
recaught: java.io.IOException: file not found

上述程序在 method 方法中 try 块中用 new 创建一个异常对象并将其抛出,随后在 catch 块中捕获到该异常,然后又再次将该异常抛给 main(),main()的 catch 块中捕获并处理了该异常。

请注意,该程序在 method 方法中需使用 throws 声明方法抛出 IOException 异常,因为该异常是非运行时异常,必须捕获或声明抛出。main()也必须使用 try-catch 捕获和处理异常。

8.2.6 try-with-resources 语句

Java 程序中经常需要创建一些对象(如 I/O 流、数据库连接),这些对象在使用完后需要关闭。忘记关闭文件可能导致内存泄露,并引起其他问题。在 JDK 7 之前,通常使用

finally 语句来确保一定会调用 close 方法：

```
try{
        // 打开资源
}catch(Exception e){
}finally{
        // 关闭资源
}
```

如果在调用 close 方法也可能抛出异常，那么也要处理这种异常。这样编写的程序代码会变得冗长。例如，下面是打开一个数据库连接的典型代码：

```
Connection connection = null;
try{
     // 创建连接对象并执行操作
}catch(Exception e){
}finally{
   if(connection!= null){
     try{
       connection.close();
     }catch(SQLException e){}
   }
}
```

可以看到，为了关闭连接资源要在 finally 块中写这些代码，如果在一个 try 块中打开多个资源，代码会更长。JDK 7 提供的自动关闭资源的功能为管理资源（如文件流、数据库连接等）提供了一种更加简便的方式。这种功能是通过一种新的 try 语句实现的，叫 try-with-resources，有时称为自动资源管理。try-with-resources 的主要好处是可以避免在资源（如文件流）不需要时忘记将其关闭。

try-with-resources 语句的基本形式如下：

```
try(resource-specification){
   //使用资源
}
```

这里，resource-specification 是声明并初始化资源（如文件）的语句，包含变量声明，用被管理对象的引用初始化该变量。这里可以创建多个资源，用分号分隔即可。当 try 块结束时，资源会自动释放。如果是文件，文件将被关闭，因此不需要显式调用 close 方法。try-with-resources 语句也可以不包含 catch 语句和 finally 语句。

并非所有的资源都可以自动关闭。只有实现了 java.lang.AutoCloseable 接口的那些资源才可自动关闭。该接口是 JDK 7 新增的，定义了 close 方法。java.io.Closeable 接口继承了 AutoCloseable 接口。这两个接口被所有的流类实现，包括 FileInputStream 和 FileOutputStream。因此，在使用流（包括文件流）时，可以使用 try-with-resources 语句。

下面的例子演示了 try-with-resources 语句的使用。

程序 8.9　TryWithResources.java

```
class Door implements AutoCloseable{
```

```java
    public Door(){
        System.out.println("The door is created.");
    }
    public void open() throws Exception{
        System.out.println("The door is opened.");
        throw new Exception(); // 模拟发生了异常
    }
    @Override
    public void close(){
        System.out.println("The door is closed.");
    }
}
class Window implements AutoCloseable{
    public Window (){
        System.out.println("The window is created.");
    }
    public void open() throws Exception{
        System.out.println("The window is opened.");
        throw new Exception(); // 模拟发生了异常
    }
    @Override
    public void close(){
        System.out.println("The window is closed.");
    }
}

public class TryWithResources{
    public static void main(String[ ]args)throws Exception{
        try(Door door = new Door();
            Window window = new Window() ){
            door.open();
            window.open();
        }catch(Exception e){
            System.out.println("There is an exception.");
        }finally{
            System.out.println("The door and the window are all closed.");
        }
    }
}
```

该程序输出如下：

The door is created.
The window is created.
The door is opened.
The window is closed.
The door is closed.
There is an exception.
The door and the window are all closed.

程序定义了 Door 类和 Window 类，它们都实现了 java.lang.AutoClosable 接口的 close

方法。此外，还定义了 open 方法，在 open 方法中使用 throw 抛出了异常。在程序的 main()中使用了 try-with-resources 语句创建了 door 对象和 window 对象，这两个对象就是可自动关闭的资源。在调用 door.open 方法时抛出异常，程序控制转到异常处理代码，在此之前，程序调用两个资源的 close 方法将 door 和 window 关闭，然后才处理异常。

8.3 自定义异常类

尽管 Java 已经预定义了许多异常类，但有时还需要定义自己的异常，这时只需要继承 Exception 类或其子类就可以了。

程序 8.10 MyException.java

```java
public class MyException extends Exception{
  private int num;
  MyException(int a){
    num = a;
  }
  public String toString(){
    return "MyException[" + num + "]";
  }
}
```

下面的程序中使用了自定义的类 MyException。

程序 8.11 ExceptionExample.java

```java
public class ExceptionExample{
  static void makeexcept(int a) throws MyException{
    System.out.println("called makeexcept(" + a + ")");
    if(a == 0)
      throw new MyException(a);
    System.out.println("exit without exception");
  }
  public static void main(String[] args){
    try{
      makeexcept(5);
      makeexcept(0);
    }catch(MyException e){
      System.out.println("caught:" + e);
    }
  }
}
```

程序的输出为：

```
called makeexception(5)
exit without exception
called makeexception(0)
caught: MyException[0]
```

8.4 断言机制

断言是 Java 1.4 版新增的一个特性,并在该版本中增加了一个关键字 assert。断言功能可以被看成是异常处理的高级形式。所谓断言(assertion)是一个 Java 语句,其中指定一个布尔表达式,程序员认为在程序执行时该表达式的值应该为 true。系统通过计算该布尔表达式执行断言,若该表达式为 false 系统会报告一个错误。通过验证断言是 true,能够使程序员确信程序的正确性。

8.4.1 断言概述

断言是通过 assert 关键字来声明的,断言的使用有两种格式:

assert expression ;
assert expression : detailMessage ;

在上述语句中,expression 为布尔表达式,detailMessage 是基本数据类型或 Object 类型的值。当程序执行到断言语句时,首先计算 expression 的值,如果其值为 true,什么也不做;如果其值为 false,抛出 AssertionError 异常。

AssertionError 类有一个默认的构造方法和 7 个重载的构造方法,它们有一个参数,类型分别为 int、long、float、double、boolean、char 和 Object。对于第一种断言语句没有详细信息,Java 使用 AssertionError 类默认的构造方法。对于第二种带有一个详细信息的断言语句,Java 使用 AssertionError 类的与消息的数据类型匹配的构造方法。由于 AssertionError 类是 Error 类的子类,当断言失败时(expression 的值为 false),程序在控制台显示一条消息并终止程序的执行。

下面是一个使用断言的例子。

程序 8.12 AssertionDemo.java

```java
public class AssertionDemo{
    public static void main(String[]args){
        int i;
        int sum = 0;
        for(i = 0; i < 10; i++){
            sum = sum + i;
        }
        assert i == 10;                          // 断言 i 的值为 10
        assert sum > 10 && sum < 5 * 10: "sum is " + sum;
        System.out.println("sum = " + sum);
    }
}
```

程序中语句"assert i == 10;"断言 i 的值为 10,如果 i 的值不为 10,将抛出 AssertionError 异常。语句"assert sum > 10&& sum < 5 * 10: "sum is "+sum;"断言 sum 大于 10 且小于 50,如果为 false,将抛出带有消息"sum is "+sum 的 AssertionError 异常。

假如现在错误地输入了 i < 100 而不是 i < 10，就会抛出下面的 AssertionError 异常：

```
Exception in thread "main" java.lang.AssertError
    at AssertionDemo.main(AssertionDemo.java:8)
```

假如将 sum = sum + i 错误地输入了 sum = sum + 1，就会抛出下面的 AssertionError 异常：

```
Exception in thread "main" java.lang.AssertError: sum is 10
    at AssertionDemo.main(AssertionDemo.java:9)
```

8.4.2 启动和关闭断言

编译带有断言的程序与一般程序相同，如下所示：

```
D:\study> javac AssertionDemo.java
```

默认情况下，断言机制在运行时是关闭的，要打开断言功能，在运行程序时需要使用 -enableassertions 或 -ea 选项。

例如：

```
D:\study> java -ea AssertionDemo
```

断言还可以在类的级别或包的级别打开或关闭。关闭断言的选项为 -disableassertions 或 -da。例如，下面的命令在包 package1 的级别打开断言，而在 Class1 类上关闭断言：

```
D:\study> java -ea:package1 -da:Class1 AssertionDemo
```

8.4.3 何时使用断言

断言的使用是一个复杂的问题，因为这将涉及程序的风格、断言运用的目标、程序的性质等。通常来说，断言用于检查一些关键的值，并且这些值对整个应用程序或局部功能的实现有较大影响，并且当断言失败，这些错误是不容易恢复的。

以下是一些使用断言的情况，它们可以使 Java 程序的可靠性更高。

1. 检查控制流

在 if-else 和 switch-case 结构中，可以在不应该发生的控制支流上加上 assert false 语句。如果这种情况发生了，断言就能够检查出来。例如，假设 x 的值只能取 1、2 或 3，可以编写下面的代码：

```
switch (x) {
  case 1: …;
  case 2: …;
  case 3: …;
  default: assert false : "x value is invalid:" + x;
}
```

2. 检查前置条件（precondition）

在 private 修饰的方法前检查输入参数是否有效。对于一些 private 方法，如果要求输入满足一定的条件,可以在方法的开始处使用 assert 进行参数检查。对于 public 方法一般不使用 assert 进行检查,因为 public 方法必须对无效的参数进行检查和处理。例如,某方法可能要求输入的参数不能为 null,那么就可以在方法的开始加上下面语句:

```
assert param != null: "parameter is null in the method";
```

3. 检查后置条件(postcondition)

在方法计算之后检查结果是否有效。对于一些计算方法,运行完成后,某些值需要保证一定的性质,这时可以通过 assert 进行检查。例如,对一个计算绝对值的方法就可以在方法的结束处使用下面语句进行检查:

```
assert value >= 0: "Value should be bigger than 0: " + value;
```

通过这种方式就可以对方法计算的结果进行检查。

4. 检查程序不变量

有些程序中,存在一些不变量,在程序的运行过程中这些变量的值是不变的。这些不变量可能是一个简单表达式,也可能是一个复杂表达式。对于一些关键的不变量,可以通过 assert 进行检查。例如,在一个财务系统中,公司的收入和支出必须保持一定的平衡,这时就可以编写一个表达式检查这种平衡关系,如下所示:

```
private boolean isBalance(){
    …
}
```

在这个系统中,在一些可能影响这种平衡关系的方法的前后,就可以加上 assert 断言:

```
assert isBalance(): "balance is destroyed";
```

8.4.4 一个使用断言的示例

下面定义的 ObjectStack 类使用对象数组实现一个简单的栈类,在 push()、pop() 和 topValue() 中使用了断言。

程序 8.13 ObjectStack.java

```java
public class ObjectStack{
    private static final int defaultSize = 10;
    private int size;
    private int top;
    private Object[] listarray;
    public ObjectStack(){
        initialize(defaultSize);
    }
    public ObjectStack(int size){
        initialize(size);
    }
    private void initialize(int size){          // 栈初始化
        this.size = size;
        top = 0;
```

```java
            listarray = new Object[size];
        }
        private void clear(){                    // 栈清空方法
            top = 0 ;
        }
        private void push(Object it){            // 进栈方法
            assert top < size : "栈溢出.";
            listarray[top++] = it;
        }
        private Object pop(){                    // 出栈方法
            assert !isEmpty(): "栈已空.";
            return listarray[ -- top];
        }
        private Object topValue(){               // 返回栈顶元素方法
            assert !isEmpty(): "栈已空.";
            return listarray[top - 1];
        }
        private boolean isEmpty(){               // 判栈空方法
            return top == 0;
        }
        public static void main(String[ ]args){
            ObjectStack os = new ObjectStack(3);
            System.out.println(os.isEmpty());
            // os.pop();
            os.push(new Integer(30));
            os.push(new Integer(20));
            os.push(new Integer(10));
            // os.push(new Integer(40));
            System.out.println(os.pop());
            System.out.println(os.pop());
            System.out.println(os.pop());
        }
    }
```

该程序的 push 方法、pop 方法和 topValue 方法中使用了断言。三个断言的含义是在对象入栈时要求栈顶指针 top 小于栈的大小 size，在对象出栈和取栈顶元素时要求栈不为空（! isEmpty()）。程序中注释掉的两行都将引起断言失败，带-ea 选项执行程序时将抛出 AssertionError 异常，并显示断言失败的信息。

8.5 小 结

异常是程序运行中造成程序终止的错误对象。在 Java 语言中有两种类型的异常：运行时异常和非运行时异常。对运行时异常可以不处理，但程序运行若产生该类异常，运行时系统同样抛出。对非运行时异常，要求必须捕获或声明抛出。

对异常若不加处理，程序就会终止运行。异常处理有多种方法：使用 try-catch-finally 结构捕获并处理异常，使用 throws 声明方法抛出异常，使用 throw 可以明确抛出异常，使用 try-with-resources 自动关闭资源等。

根据需要可以定义自己的异常类，这需要继承 Exception 类或其子类。断言是 Java 的一个语句，用来对程序运行状态进行某种判断。断言包含一个布尔表达式，在程序运行中它的值应该为 true。断言用于保证程序的正确性，避免逻辑错误。

8.6 习　　题

1. Java 异常一般分为哪几类？试分别写出几个类的名称。
2. throws 和 throw 关键字各用在什么地方？有什么作用？
3. finally 结构中的语句在什么情况下才不被执行？
4. 下面代码在运行时会产生（　　）异常。

    ```
    String s;
    int i = 5;
    try{
        i = i / 0;
        s += "next";
    }
    ```

    A. ArithmeticException　　　　　　B. DivisionByException
    C. FileNotFoundException　　　　　D. NullPointerException

5. 下面（　　）4 种类型对象可以使用 throws 抛出。

    A. Error　　　B. Event　　　C. Object　　　D. Exception
    E. Throwable　　　F. RuntimeException

6. 写出下列程序的输出结果。

    ```
    public class Test{
        public static void main(String[] args){
            try{
                for(int i = 3; i >= 0; i--){
                    System.out.println("The value of i:" + i);
                    System.out.println(6 / i);
                }
            }catch(ArithmeticException ae){
                System.out.println("Divided by zero.");
            }
        }
    }
    ```

7. 有下列程序：

    ```
    public class Test{
        public static void main(String[] args){
            String foo = args[1];
            String bar = args[2];
            String baz = args[3];
        }
    }
    ```

若用下面方式执行该程序，baz 的值为（   ）。
java Test Red Green Blue
   A．．baz 的值为 null   B．baz 的值为 "Red"
   C．代码不能编译   D．程序抛出异常

8. 有下列程序：

```
public class Foo{
  public static void method(int i){
    try{
      if(i > 0){
        return;
      }else{
        System.exit(1);
      }
    } finally{
      System.out.println("Finally");}
  }
  public static void main(String[] args){
    method(5);
    method(-5);
  }
}
```

该程序输出结果为（   ）。
   A．没有任何输出   B．输出"Finally"   C．编译错误

9. 有下列程序：

```
import java.io.IOException;
public class Test{
  public static void methodA() {
    throw new IOException();
  }
  public static void main(String[] args){
    try{
      methodA();
    }catch(IOException e){
      System.out.println("Caught Exception");
    }
  }
}
```

该程序的输出结果为（   ）。
   A．代码不能被编译   B．输出"Caught Exception"
   C．输出"Caught IOException"   D．程序正常执行，没有任何输出

10. 有下列程序：

```
class MyException extends Exception{}
public class ExceptionTest{
  public void runTest() throws MyException{}
```

```
    public void test()_____ {
        runTest();
    }
```
在划线处,加上下面( )代码可以使程序能被编译。
A. throws Exception   B. catch（Exception e）

11. 修改下列程序的错误之处。
```
public class Test{
    public static void main(String[] args){
        try{
            int a = 10;
            System.out.println( a / 0);
        }catch(Exception e){
            System.out.println("产生异常.");
        }catch(ArithmeticException ae){
            System.out.println("产生算术异常.");
        }
    }
}
```

12. 写出下列程序的运行结果。
```
public class Test{
    public static String output = "";
    public static void foo(int i){
        try {
            if(i == 1){
                throw new Exception();
            }
            output += "1";
        }catch(Exception e){
            output += "2";
            return;
        }finally{
            output += "3";
        }
        output += "4";
    }
    public static void main(String[] args){
        foo(0);
        foo(1);
        System.out.println("output = " + output);
    }
}
```

13. 编写程序,要求从键盘上输入一个 double 型的圆的半径,计算并输出其面积。测试当输入的数据不是 double 型数据(如字符串"abc")会产生什么结果,怎样处理？

14. 编写程序,在 main()中使用 try 块抛出一个 Exception 类的对象,为 Exception 的构造方法提供一个字符串参数,在 catch 块内捕获该异常并打印出字符串参数。添加一个

finally 块并打印一条消息。

15. 编写程序,定义一个 static 方法 methodA(),令其声明抛出一个 IOException 异常,再定义另一个 static 方法 methodB(),在该方法中调用 methodA 方法,在 main() 中调用 methodB 方法。试编译该类,看编译器会报告什么?对于这种情况应如何处理?由此可得到什么结论?

16. 创建一个自定义的异常类,该类继承 Exception 类,为该类写一个构造方法,该构造方法带一个 String 类型的参数。写一个方法,令其打印出保存下来的 String 对象。再编写一个类,在 main 方法中使用 try-catch 结构创建一个 MyException 类的对象并抛出,在 catch 块中捕获该异常并打印出传递的 String 消息。

第 9 章　输 入 输 出

输入输出(I/O)是任何程序设计语言都应该提供的功能,Java 对 I/O 的支持从 JDK1.0 开始就有了,是通过 java.io 包中的类和接口提供支持的。在 JDK 1.4 中增加了 New I/O (NIO)API,Java NIO API 是 java.nio 包及其子包的一部分。在 JDK 7 中又新引进了一些包,称作 NIO.2,用来对现有技术进行补充。这些新的接口和类通过 java.nio.file 包及其子包提供。

本章首先讨论 NIO.2 关于文件的 I/O,包括 Path 实例的创建和 Files 类的使用,然后讨论 Java 的流式 I/O,其中包括字节流 I/O 和字符流 I/O、SeekableByteChannel 类以及对象流等。

9.1　文件 I/O 概述

在计算机系统中通常使用文件存储信息和数据。文件存储在目录中,目录以层次结构组织。目录可有一个或多个根结点。根结点下是文件或目录(在 Windows 系统中称文件夹),每个目录中可包含文件或子目录。

9.1.1　文件系统和路径

一个文件系统可以包含三类对象:文件、目录(也称文件夹)和符号链接(symbolic link)。当今的大多数操作系统都支持文件和目录,并且允许目录包含子目录。处于目录树顶部的目录称作根目录。Linux/UNIX 类操作系统只有一个根目录:/,且支持符号链接。Windows 系统可以有多个根目录"C:\"、"D:\"等,且不支持符号链接。

图 9-1 显示了一个 Windows 系统中目录树结构。这里的根目录是"D:\"。

在文件系统中,文件和目录都是通过路径表示的,路径通常以根结点开头。例如,图 9-1 中的 report.txt 文件表示如下:

```
D:\study\user\report.txt
```

这里,"D:\"表示根结点,反斜线(\)为路径分隔符。

提示:在 Solaris OS 和 Linux 系统中,文件系统是单根结构,根结点为(/),路径分隔符为斜线(/)。

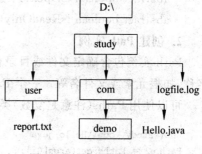

图 9-1　一个目录结构示意图

路径可以是绝对的,也可以是相对的。绝对路径是以根元素为起点的路径,如 D:\study\user\report.txt 就是绝对路径。绝对路径包含定位文件的所有信息。相对路径是不包含根元素的路径,如 study\com\Hello.java 是相对路径。只通过相对路径不能定位文件,要准确定位文件还需要另外的路径信息。

9.1.2 Path 对象

在 Java 7 之前,文件和目录用 File 对象表示。由于使用 File 类存在着许多不足,因此在 Java 7 中应使用 NIO.2 的 java.nio.file.Path 接口代替 File。

Path 对象在文件系统中表示文件或目录。这个接口命名比较恰当,就是表示一个路径,可以是一个文件、一个目录,也可以是一个符号链接,它还可以表示一个根目录。

正如名称所示,Path 在文件系统中表示路径。一个 Path 对象包含构成路径的目录列表和文件名,它用来检查、定位和操作文件。在 Windows 系统中,Path 对象使用 Windows 语法表示(如 D:\study\com\demo)。与 Path 对应的文件或目录可以不存在。

有多种方式创建和操作 Path 实例,可以把一个 Path 对象追加到另一个 Path 对象上、抽取 Path 对象部分内容、与另一个 Path 对象比较等。

提示:对 JDK 7 之前使用 java.io.File 的代码,可以使用 File 类的 toPath 方法转换成 Path 对象,从而利用 Path 功能。

1. FileSystem 类

顾名思义,FileSystem 表示一个文件系统,是一个抽象类,可以调用 FileSystems 类的 getDefault 静态方法来获取当前的文件系统。

```
FileSystem fileSystem = FileSystems.getDefault();
```

FileSystem 类中定义了下面一些常用方法:

- abstract Path getPath(String first, String…more):返回字符串 first 指定的路径对象。可选参数 more 用来指定后续路径。
- abstract String getSeparator():返回路径分隔符。在 Windows 系统中,它是"\",在 UNIX/Linux 系统中,它是"/"。
- abstract Iterable<Path> getRootDirectores():返回一个 Iterable 对象,可以用来遍历根目录。
- abstract boolean isOpen():返回该文件系统是否打开。
- abstract boolean isReadOnly():返回该文件系统是否只读。

2. 创建 Path 实例

Path 实例包含确定文件或目录位置的信息。在创建 Path 实例时,通常要提供一系列名称,如根元素或文件名等。一个 Path 可以只包含路径名或文件名。

可以使用 Paths(注意是复数)类的 get 方法创建 Path 对象:

```
"D:\\study\\com\\Hello.java"
Path p2 = Paths.get(args[0]);
Path p3 = Paths.get(URI.create("file:///users/joe/FileTest.java"));
```

实际上，Paths 类的 get()方法是下面代码的简化形式：

```
Path p4 = FileSystems.getDefault().getPath("D: \\study\\com\\Hello.java");
```

注意：创建了一个 Path 对象并不意味着在磁盘中创建一个物理意义上的文件或目录。Path 实例经常指并不存在的物理对象。为了创建文件或目录，需要使用 Files 类。

3. 检索路径信息

Path 对象可以看做一个名称序列，每一级目录可以通过索引指定。目录结构的最顶层索引为 0，目录结构的最底层元素索引是 n−1，n 是总层数。例如，getName(0)方法将返回最顶层目录名称。下面代码演示了 Path 接口的几个方法。

```
Path path = Paths.get("D:\\study\\user\\report.txt");
System.out.println("toString:" + path.toString());
System.out.println("getFileName:" + path.getFileName());
System.out.println("getName(0): " + path.getName(0));
System.out.println("getNameCount: " + path.getNameCount());
System.out.println("subpath(0,2): " + path.subpath(0,2));
System.out.println("getParent: " + path.getParent());
System.out.println("getRoot: " + path.getRoot());
```

上述代码的输出结果为：

```
toString: D:\study\user\report.txt
getFileName: report.txt
getName(0): study
getNameCount: 3
subpath(0,2): study\user
getParent: D:\study\user
getRoot: D:\
```

9.2 Files 类操作

java.nio.file.Files 类是一个功能非常强大的类。该类定义了大量的静态方法用来读写和操纵文件及目录。Files 类主要操作 Path 对象。

9.2.1 创建和删除目录和文件

Files 类提供了下面的方法创建、删除目录和文件：

- public static Path createDirectory(Path dir, FileAttribute<?>…attrs)：创建由 dir 指定的目录，参数 attrs 指定目录的属性，如果不需要设置属性，可忽略该参数。如果创建的目录已经存在，该方法将抛出 FileAlreadyExistsException 异常。
- public static Path createFile(Path file, FileAttribute<?>…attrs)：创建由 file 指定的文件，参数 attrs 指定文件的属性，如果不需要设置属性，可忽略该参数。如果文件的父目录不存在，该方法会抛出一个 IOException 异常。如果已经存在一个与 file 指定的文件同名的文件，将抛出 FileAlreadyExistsException 异常。
- public static void delete(Path path)：删除由 path 指定的目录、文件或符号链接。如

果 path 是一个目录，要求目录必须为空。如果 path 是一个符号链接，将只删除链接，链接所指的目录不会被删除。如果 path 不存在，则抛出 NoSuchFileException 异常。
- public static void deleteIfExists(Path path)：如果 path 对象存在则将其删除。如果 path 是目录，要求目录必须为空，如果不为空则抛出 DirectoryNotEmptyException 异常。

Files 类提供了两个删除文件或目录的方法。delete(Path)方法删除文件，如果删除失败抛出异常。例如，如果文件不存在将抛出 NoSuchFileException 异常，可以捕获有关异常确定删除文件失败原因。

```
try {
    Files.delete(path);
} catch (NoSuchFileException x) {
    System.out.println("No such file " + path);
} catch (DirectoryNotEmptyException x) {
    System.err.format("The directory is not empty");
} catch (IOException x) {
    // 文件许可问题在此捕获
    System.err.println(x);
}
```

deleteIfExists(Path)方法也可删除文件，但如果文件不存在将不抛出异常。这在多个线程删除文件又不想抛出异常时特别实用，因为可能一个线程先执行了删除。

9.2.2 文件属性操作

可以使用 Files 类的方法检查 Path 对象表示的文件或目录是否存在、是否可读、是否可写、是否可执行等。

- public static boolean exists(Path path，LinkOption…)：检查 path 所指的文件或目录是否存在。
- public static boolean notExists(Path path，LinkOption…)：检查 path 所指的文件或目录是否不存在。注意，"！Files.exists(path)"与 Files.notExists(path)并不等价。如果 exists(path)与 notExists(path)都返回 false，表示文件不能被检验。
- public static boolean isReadable(Path path)：检查 path 所指的文件或目录是否可读。
- public static boolean isWritable(Path path)：检查 path 所指的文件或目录是否可写。
- public static boolean isExecutable(Path path)：检查 path 所指的文件或目录是否可执行。
- static boolean isRegularFile(Path path，LinkOption…)：如果指定的 Path 对象是一个文件返回 true。

下面代码检验一个文件是否存在，是否可执行。

```
Path file = Paths.get("D:\\jdk1.7.0\\bin\\java.exe");
```

```
boolean isRegular = Files.isRegularFile(file) &
                Files.isReadable(file) & Files.isExecutable(file);
```

Files 类中包含了下面一些方法获得或设置文件的一个属性。

- static long size(Path path)：返回指定文件的字节大小。
- static boolean isDirectory(Path path，LinkOption…options)：如果指定的 Path 对象是一个目录返回 true。
- static boolean isHidden(Path path)：如果指定的 Path 对象是隐藏的返回 true。
- static FileTime getLastModifiedTime(Path path，LinkOption… options)：返回指定文件的最后修改时间。
- static Path setLastModifiedTime(Path path，FileTime)：设置指定文件的最后修改时间。
- static UserPrincipal getOwner(Path path，LinkOption… options)：返回指定文件的所有者。
- static Path setOwner(Path path，UserPrincipal)：设置指定文件的所有者。
- static Object getAttribute(Path path，String，LinkOption… options)：返回用字符串指定文件的属性。
- static Path setAttribute(Path path，String，Object obj，LinkOption… options)：设置用字符串指定文件的属性。

下面程序演示了 Files 类几个方法的使用。

程序 9.1　FileDemo.java

```java
import java.io.*;
import java.nio.file.*;

public class FileDemo {
    public static void main(String[] args){
        // 声明一个路径和一个文件对象
        Path path = Paths.get("D:\\study\\demo"),
            file = Paths.get("D:\\study\\demo\\report.txt");
        try {
            if(!Files.exists(path))
                path = Files.createDirectory(path);         // 创建路径
            if(!Files.exists(file))
                file = Files.createFile(file);              // 创建文件
        } catch (FileAlreadyExistsException fe) {
            fe.printStackTrace();
        } catch (IOException ie) {
            ie.printStackTrace();
        }
        System.out.println(Files.exists(file));
        System.out.println(Files.isReadable(file));
        try {
            Files.delete(path);                              // 删除路径
        } catch (NoSuchFileException x) {
            System.out.println("No such file " + path);
```

```
        } catch (DirectoryNotEmptyException x) {
            System.err.format("The directory is not empty");
        } catch (IOException x) {
            // 文件许可问题在此捕获
            System.err.println(x);
        }
    }
}
```

运行该程序输出如下：

```
true
true
The directory is not empty
```

当要删除路径时，由于路径不空所以发生异常。可以先删除目录中的文件，然后再删除目录。

9.2.3 文件和目录的复制与移动

使用 Files 类的 copy 方法可以复制文件和目录，使用 move 方法可以移动目录和文件。copy 方法的一般格式为：

```
public static Path copy(Path source, Path target, CopyOption... options)
```

source 为源文件，target 为目标文件，可选的参数 options 为 CopyOption 接口对象，它是 java.nio.file 包的一个接口，StandardCopyOption 枚举是 CopyOption 接口的一个实现，提供了下面三个复制选项：

- ATOMIC_MOVE，将移动文件作为一个原子的文件系统操作。
- COPY_ATTRIBUTES，将属性复制到新文件中。
- REPLACE_EXISTING，如果文件存在，将它替换。

在复制文件时，如果源文件不存在，将产生 NoSuchFileException 异常，如果目标文件存在，将产生 FileAlreadyExistsException 异常，如果要覆盖目标文件，应指定 REPLACE_EXISTING 选项。目录也可以复制，但目录中的文件不能复制，也就是即使原来目录中包含文件，新目录也是空的。

下面代码说明了 copy 方法的使用。

```
Path source = Paths.get("D:\\study\\demo\\report.txt"),
    target = Paths.get("D:\\study\\demo\\backup.txt");
try {
    Files.copy(source, target,
        StandardCopyOption.REPLACE_EXISTING);
}catch (NoSuchFileException nse) {
    nse.printStackTrace();
}catch (IOException ioe) {
    ioe.printStackTrace();
}
```

除了复制文件外，Files 类中还定义了在文件和流之间复制的方法。

- public static long copy(InputStream in，Path target，CopyOption…options)：从输入流中将所有字节复制到目标文件中。
- public static long copy(Path source，OutputStream out)：将源文件中的所有字节复制到输出流中。

使用 move 方法可以移动或重命名文件或目录，格式如下：

public static Path move(Path source, Path target, CopyOption…options)

如果目标文件存在，移动将失败，除非指定了 REPLACE_EXISTING 选项。空目录也可以被移动。

以下代码将 C：\temp\backup.bmp 文件移到 C：\data 目录中。

```
Path source = Paths.get("C:\\temp\\backup.bmp");
Path target = Paths.get("C:\\data\\backup.bmp");
try {
    Files.move(source,target,StandardCopyOption.REPLACE_EXISTING);
}catch(IOException e){
    e.printStackTrace();
}
```

9.2.4 获取目录的对象

使用 Files 类的 newDirectoryStream 方法，可以获取目录中的文件、子目录和符号链接，该方法返回一个 DirectoryStream，使用它可以迭代目录中的所有对象。newDirectoryStream 方法的格式如下：

public static DirectoryStream<Path> newDirectoryStream(Path path)

DirectoryStream 对象使用之后应该关闭。下面代码片段输出 D：\study 目录中的所有目录和文件名。

```
Path path = Paths.get("D:\\study");
try (
    DirectoryStream<Path> children =
        Files.newDirectoryStream(path)){
    for(Path child:children){
        System.out.println(child.toString());
    }
}catch (IOException e) {
    e.printStackTrace();
}
```

9.2.5 小文件的读写

Files 类提供了从一个较小的二进制文件和文本文件读取和写入的方法。readAllBytes 方法和 readAllLines 方法分别是从二进制文件和文本文件读取。这些方法可以自动打开和关闭流，但不能处理大文件。

- public static byte[] readAllBytes(Path path)：从指定的二进制文件中读取所有

字节。
- public static List<String> readAllLines(Path path, Charset cs):从指定的文本文件中读取所有的行。

使用下面方法可以把字节或行写入文件:
- public static Path write(Path, byte[],OpenOption…options);
- public static Path write(Path, Iterable< extends CharSequence >, Charset cs, OpenOption… options)。

这两个 write 方法都带一个可选的 OpenOption 参数,第二个方法还带一个 Charset。OpenOption 接口定义了打开文件进行写入的选项,StandardOpenOption 枚举实现了该接口并提供了以下这些值:
- APPEND:向文件末尾追加新数据。该选项与 WRITE 或 CREATE 同时使用。
- CREATE:若文件存在则打开,若文件不存在则创建新文件。
- CREATE_NEW:创建一个新文件,如果文件存在则抛出异常。
- DELETE_ON_CLOSE:当流关闭时删除文件。
- DSYNC:使文件内容与基本存储设备同步。
- READ:打开文件进行读取访问。
- SPARSE:稀疏文件。
- SYNC:使文件内容和元数据与基本存储设备同步。
- TRUNCATE_EXISTING:截断文件使其长度为 0 字节。该选项与 WRITE 同时使用。
- WRITE:为写数据而打开文件。

java.nio.charset.Charset 抽象类表示字符集,主要用来对字符进行编码和解码。创建 Charset 最容易的方法是调用 Charset.forName 方法,传递一个字符集名称,如 US-ASCII、UTF-8 等。例如,要创建一个 UTF-8 字符集对象,使用下面代码:

```
Charset utfset = Charset.forName("UTF-8");
```

下面的程序先向文件中写入一些行,然后再从文件中读出。

程序 9.2 FileWriteRead.java

```java
import java.io.IOException;
import java.nio.charset.Charset;
import java.nio.file.Files;
import java.nio.file.Paths;
import java.nio.file.Path;
import java.nio.file.StandardOpenOption;
import java.util.Arrays;
import java.util.List;

public class FileWriteRead{
    public static void main(String[] args){
        // 写入文本
        Path textFile = Paths.get("D:\\study\\speech.txt");
```

```java
Charset charset = Charset.forName("UTF-8");
String line1 = "使用 java.nio.file.Files 类";
String line2 = "读写文件很容易.";
List<String> lines = Arrays.asList(line1,line2);
try{
  Files.write(textFile,lines, charset,
          StandardOpenOption.CREATE,
          StandardOpenOption.TRUNCATE_EXISTING);
}catch(IOException ex){
    ex.printStackTrace();
}
// 读取文本
List<String> linesRead = null;
try{
     linesRead = Files.readAllLines(textFile, charset);
}catch(IOException ex){
    ex.printStackTrace();
}
if(linesRead != null){
    for(String line:linesRead){
       System.out.println(line);}
}
}
}
```

9.3 字节 I/O 流

Java 流式 I/O 分为输入流和输出流。程序为了获得外部数据，可以在数据源（文件、内存及网络套接字）上创建一个输入流，然后用 read 方法顺序读取数据。类似地，程序可以在输出设备上创建一个输出流，然后用 write 方法将数据写到输出流中。

所有的数据流都是单向的，对于输入流只能从中读取数据，不能向其中写数据；对于输出流，只能向其写数据，不能从中读取数据，如图 9-2 所示。

按照处理数据的类型分，数据流又可分为字节流和字符流，它们处理的信息的基本单位分别是字节和字符。InputStream 类和 OutputStream 类分别是字节输入输出流的根类，Reader 类和 Writer 类分别是字符输入输出流的根类。

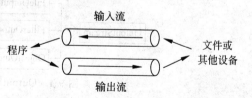

图 9-2 Java 输入输出流示意图

不管数据来自何处或流向何处，也不管是什么类型，顺序读写数据的算法基本上是一样的。如果需要从外界获得数据，首先需要建立输入流对象，然后从输入流中读取数据；如果需要将数据输出，需要建立输出流对象，然后向输出流中写出数据。

9.3.1 InputStream 类和 OutputStream 类

1. InputStream 类

InputStream 类是字节输入流的根类,有多个子类,如图 9-3 所示。

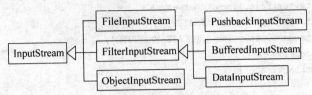

图 9-3 InputStream 类的层次结构

字节输入流 InputStream 类定义的方法如下:

- public int read():从输入流中读取下一个字节并返回它的值,返回值是 0~255 的整数值。如果读到输入流末尾,返回 -1。
- public int read(byte[] b):从输入流中读多个字节,存入字节数组 b 中,如果输入流结束,返回 -1。
- public int read(byte[]b, int offset, int len):从输入流中读 len 个字节,存入字节数组 b 中从 offset 开始的元素中,如果输入流结束,返回 -1。
- public long skip(long n):从输入流中向后跳 n 个字节,返回实际跳过的字节数。
- public int available():返回输入流中可读或可跳过的字节数。
- public void mark():标记输入流的当前位置。
- public void reset():重定位于 mark 标记的输入流的位置。
- public boolean markSupported():测试输入流是否支持 mark()和 reset()。
- public void close():关闭输入流,并释放相关的系统资源。

2. OutputStream 类

OutputStream 类是字节输出流的根类,有多个子类,如图 9-4 所示。

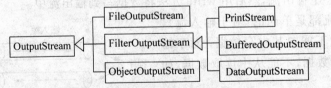

图 9-4 OutputStream 类的层次结构

字节输出流 OutputStream 类定义的方法如下:

- public void write(int b):把指定的整数 b 的低 8 位字节写入输出流。
- public void write(byte[] b):把指定的字节数组 b 的 b.length 字节写入输出流。
- public void write(byte[] b, int offset, int len):把指定的字节数组 b 的从 offset 开始的 len 个字节写入输出流。
- public void flush():刷新输出流,输出全部缓存内容。
- public void close():关闭输出流,并释放系统资源。

上述这些方法的定义都抛出了 IOException 异常,当程序不能读写数据时抛出该异常,因此使用这些方法时要么使用 try-catch 结构捕获异常,要么声明方法抛出异常。

9.3.2 读写二进制数据

使用 InputStream 类和 OutputStream 类可以读写二进制数据。例如,可以打开本地文件读写数据。在 JDK 7 之前,通常使用 FileInputStream 从一个文件中读二进制数据,使用 FileOutputStream 向文件写二进制数据。有了 NIO.2 之后,就可以调用 Files.newInputStream 方法,获得与文件关联的 InputStream 对象来读取数据,调用 Files.newOutputStream 方法获得与文件关联的 OutputStream 对象向文件写数据。

InputStream 类和 OutputStream 类都实现了 java.lang.AutoClosable 接口,因此可以在 try-with-resources 语句中使用,并且不需要显式关闭它们。

创建与文件关联的 InputStream 对象使用 Files 类的 newInputStream 方法,格式如下:

```
public static InputStream newInputStream(
        Path path, OpenOption… options) throws IOException
```

以下是部分样板代码:

```
Path path = Paths.get("src\\output.dat");
try(InputStream input = Files.newInputStream(path,
        StandardOpenOption.READ) ){
    // 操作 input 输入流对象
}catch(IOException e){
    // 处理 e 的异常信息
}
```

从 Files.newInputStream 方法返回的 InputStream 对象没有被缓存,因此可以将它包装到 BufferedInputStream 中以提高性能。样板代码应该如下所示。

```
Path path = Paths.get("src\output.dat");
try(InputStream input = Files.newInputStream(path,
        StandardOpenOption.READ);
    BufferedInputStream buffered =
        new BufferedInputStream(input) ){
    // 操作 input 输入流对象
}catch(IOException e){
    // 处理 e 的异常信息
}
```

创建与文件关联的 OutputStream 对象使用 Files 类的 newOutputStream 方法,格式如下:

```
public static OutputStream newOutputStream(
        Path path, OpenOption… options) throws IOException
```

以下是部分样板代码:

```
Path path = Paths.get("src\\output.dat");
try(OutputStream output = Files.newOutputStream(path,
        StandardOpenOption.CREATE, StandardOpenOption.APPEND) ){
    // 操作 output 输出流对象
```

```
}catch(IOException e){
    // 处理 e 的异常信息
}
```

从 Files.newOutputStream 方法返回的 OutputStream 对象没有被缓存,因此可以将它包装到 BufferedOutputStream 中以提高性能。样板代码应该如下所示。

```
Path path = Paths.get("src\\output.dat");
try(OutputStream output = Files.newOutputStream(path,
        StandardOpenOption.CREATE, StandardOpenOption.APPEND);
    BufferedOutputStream buffered =
        new BufferedOutputStream(output) ){
    // 操作 output 输出流对象
}catch(IOException e){
    // 处理 e 的异常信息
}
```

下面程序首先使用 OutputStream 对象向 output.dat 文件中写入 10 个 10~20 的随机数,然后使用 InputStream 对象从 output.dat 文件中读出这 10 个数并输出。程序中对输入输出流进行了缓存。

程序 9.3   OutputInputDemo.java

```java
import java.io.*;
import java.nio.file.*;

public class OutputInputDemo {
    public static void main(String[] args) {
        Path path = Paths.get("src\\output.dat");
        try(OutputStream output = Files.newOutputStream(path,
                StandardOpenOption.CREATE, StandardOpenOption.APPEND);
            BufferedOutputStream buffered =
                new BufferedOutputStream(output) ){
            for(int i = 0;i < 10; i++){
                int x = (int)(Math.random() * 11) + 10;
                buffered.write(x);
            }
        }catch(IOException e){
            e.printStackTrace();
        }

        try(InputStream input = Files.newInputStream(path,
                StandardOpenOption.READ);
            BufferedInputStream buffered =
                new BufferedInputStream(input) ){
            int c;
            while ((c = buffered.read()) != -1){
                System.out.print(c + " ");
            }
        }catch(IOException e){
            e.printStackTrace();
```

            }
        }
}
```

程序运行的一次结果如下：

```
17  13  15  17  18  16  14  16  10  14
```

提示：生成的 output.dat 是二进制文件，大小为 10 字节。如果使用记事本打开该文件，可以看到其内容是乱码，表明该文件不是文本文件。

下面程序使用 InputStream 和 OutputStream 对象实现文件的复制，要求源文件必须存在而目标文件不能存在。

程序 9.4 FileCopyDemo.java

```java
import java.io.*;
import java.nio.file.*;

public class FileCopyDemo {
    public void copyFiles(Path originPath, Path destinationPath)
            throws IOException{
        if(Files.notExists(originPath)||
            Files.exists(destinationPath)){
            throw new IOException("Origin file must exist and " +
                        "Destination file must not exist");
        }
        byte[] readData = new byte[1024];
        try(InputStream inputStream =
                Files.newInputStream(originPath,
                    StandardOpenOption.READ);
            OutputStream outputStream =
                Files.newOutputStream(destinationPath,
                    StandardOpenOption.CREATE) ){
            int i = inputStream.read(readData);
            while(i != -1){
                outputStream.write(readData,0,i);
                i = inputStream.read(readData);
            }
        }catch(IOException e){
            e.printStackTrace();
        }
    }

    public static void main(String[] args) {
        FileCopyDemo test = new FileCopyDemo();
        Path origin = Paths.get("D:\\study\\image\\china.gif");
        Path destination = Paths.get("D:\\study\\image\\china2.gif");
        try{
            test.copyFiles(origin, destination);
            System.out.println("Copied Successfully.");
        }catch(IOException e){
```
```

```
        e.printStackTrace();
    }
  }
}
```

程序中 readData 字节数组用来保存从输入流中读取的数据，读取的字节数赋给 i。之后代码使用 OutputStream 的 write 方法将字节数组写到输出流中。

9.3.3 DataInputStream 类和 DataOutputStream 类

DataInputStream 和 DataOutputStream 类分别是数据输入流和数据输出流。使用这两个类可以实现基本数据类型的输入输出。这两个类的构造方法如下：

- DataInputStream(InputStream instream)：参数 instream 是字节输入流对象。
- DataOutputStream(OutputStream outstream)：参数 outstream 是字节输出流对象。

下面的语句分别创建了一个数据输入流和数据输出流。第一条语句为文件 input.dat 创建了缓冲输入流，然后将其包装成数据输入流，第二条语句为文件 output.dat 创建了缓冲输出流，然后将其包装成数据输出流。

```
Path path = Paths.get("input.dat");
try(InputStream input = Files.newInputStream(path,
        StandardOpenOption.READ);
    DataInputStream dataInStream = new DataInputStream(
        new BufferedInputStream(input)) ){
    // 操作 dataInStream 输入流对象
}catch(IOException e){
    // 处理 e 的异常信息
}
Path path = Paths.get("output.dat");
try(OutputStream output = Files.newOutputStream(path,
        StandardOpenOption.CREATE);
    DataOutputStream dataOutStream = new DataOutputStream(
        new BufferedOutputStream(output)) ){
    // 操作 dataOutStream 输出流对象
}catch(IOException e){
    // 处理 e 的异常信息
}
```

DataInputStream 类和 DataOutputStream 类中定义了读写基本类型数据和字符串的方法，这两个类分别实现了 DataInput 和 DataOutput 接口中定义的方法。

DataInputStream 类定义的常用方法有：

- public byte readByte()：从输入流中读入一个字节并返回该字节。
- public short readShort()：从输入流中读入 2 字节，返回一个 short 型值。
- public int readInt()：从输入流中读入 4 字节，返回一个 int 型值。
- public long readLong()：从输入流中读入 8 字节，返回一个 long 型值。
- public char readChar()：从输入流中读入一个字符并返回该字符。
- public boolean readBoolean()：从输入流中读入一个字节，非 0 返回 true，0 返回 false。
- public float readFloat()：从输入流中读入 4 字节，返回一个 float 型值。

- public double readDouble()：从输入流中读入 8 字节，返回一个 double 型值。
- public String readLine()：从输入流中读入下一行文本。该方法已被标记为不推荐使用。
- public String readUTF()：从输入流中读入 UTF-8 格式的字符串。

DataOutputStream 类定义的常用方法有：
- public void writeByte(int v)：将 v 低 8 位写入输出流，忽略高 24 位。
- public void writeShort(int v)：向输出流中写一个 16 位的整数。
- public void writeInt(int v)：向输出流中写一个 4 字节的整数。
- public void writeLong(long v)：向输出流中写一个 8 字节的长整数。
- public void writeChar(int v)：向输出流中写一个 16 位的字符。
- public void writeBoolean(boolean v)：将一个布尔值写入输出流。
- public void writeFloat(float v)：向输出流中写一个 4 字节的 float 型浮点数。
- public void writeDouble(double v)：向输出流中写一个 8 字节的 double 型浮点数。
- public void writeBytes(String s)：将参数字符串中每个字符的低位字节按顺序写到输出流中。
- public void writeChars(String s)：将参数字符串中每个字符按顺序写到输出流中，每个字符占 2 字节。
- public void writeUTF(String s)：将参数字符串中字符按 UTF-8 的格式写出到输出流中。UTF-8 格式的字符串中每个字符可能是 1、2 或 3 字节，另外字符串前要加 2 字节存储字符数量。

下面的程序使用 DataOutputStream 流将数据写入到文件中，这里还将数据流包装成缓冲流。

程序 9.5 DataOutDemo.java

```java
import java.io.*;
import java.nio.file.*;

public class DataOutDemo{
  public static void main(String[] args){
    Path path = Paths.get("data.dat");
    try(OutputStream output = Files.newOutputStream(path,
        StandardOpenOption.CREATE);
      DataOutputStream dataOutStream = new DataOutputStream(
        new BufferedOutputStream(output)) ){
      dataOutStream.writeDouble(123.456);
      dataOutStream.writeInt(100);
      dataOutStream.writeUTF("Java 语言");
    }catch(IOException e){
      e.printStackTrace();
    }
    System.out.println("数据已写到文件中.");
  }
}
```

该程序执行后,查看 data.dat 文件的属性可知该文件的大小是 24 字节。这是因为 double 型数占 8 字节,int 型数占 4 字节,每个汉字占 3 字节,另有 2 字节记录字符串字符个数。

如果将 writeUTF 方法改为 writeBytes 方法,文件大小为 18 字节,若将 writeUTF 方法改为 writeChars 方法,文件大小为 24 字节,每个字符用 2 字节输出。

下面的 DataInDemo.java 程序使用 DataInputStream 流从文件中读取基本类型的数据或字符串。

程序 9.6 DataInDemo.java

```java
import java.io.*;
import java.nio.file.*;

public class DataInDemo{
  public static void main(String[] args){
    Path path = Paths.get("data.dat");
    try(InputStream input = Files.newInputStream(path,
          StandardOpenOption.READ);
       DataInputStream dataInStream = new DataInputStream(
          new BufferedInputStream(input)) ){
      while(dataInStream.available()> 0){
        double d = dataInStream.readDouble();
        int i = dataInStream.readInt();
        String s = dataInStream.readUTF();
        System.out.println("d = " + d);
        System.out.println("i = " + i);
        System.out.println("s = " + s);
      }
    }catch(IOException e){
      e.printStackTrace();
    }
  }
}
```

从上述程序中可以看到,从输入流中读取数据时应与写入的数据的顺序一致,否则读出的数据内容不可预测。

9.3.4 文本文件和二进制文件

文本文件(text file)是包含字符序列的文件,可以使用文本编辑器查看或通过程序阅读。例如,Java 程序源文件就是文本文件。文本文件有时也称为 ASCII 文件,因为它们包含使用 ASCII 编码机制编码的数据。而那些内容必须按二进制序列处理的文件称为二进制文件(binary file)。

尽管不是很严格,但可以认为文本文件包含字符序列,而二进制文件包含二进制数字序列。另一种区分文本文件和二进制文件的方法是:文本文件主要供人阅读,二进制文件主要供程序阅读。

二进制文件的优点是处理效率比文本文件高。与其他编程语言不同的是,Java 二进制文件与平台无关,可以把 Java 二进制文件从一种型号的计算机移到另一种型号的计算机上,Java 程序仍然能够读取二进制文件。

9.3.5 用 PrintStream 输出文本

前面很多程序中使用 System.out.println 方法输出信息到控制台。实际上,System.out 是 PrintStream 类的实例。PrintStream 类为打印各种类型的数据提供了方便。用该类对象输出的内容是以文本的方式输出,如果输出到文件中则可以用记事本浏览。

PrintStream 类的常用构造方法有:

- public PrintStream(String fileName):使用参数指定的文件创建一个打印输出流对象。
- public PrintStream(OutputStream out):使用参数指定的输出流对象 out 创建一个打印输出流对象。
- public PrintStream(OutputStream out,boolean autoFlush):使用参数 out 的输出流对象创建一个打印输出流。autoFlush 指定是否自动刷新流。

PrintStream 类定义的常用方法有:

- public void println(boolean b):输出一个 boolean 型数据。
- public void println(char c):输出一个 char 型数据。
- public void println(char[] s):输出一个 char 型数组数据。
- public void println(int i):输出一个 int 型数据。
- public void println(long l):输出一个 long 型数据。
- public void println(float f):输出一个 float 型数据。
- public void println(double d):输出一个 double 型数据。
- public void println(String s):输出一个 String 型数据。
- public void println(Object obj):将 obj 转换成 String 型数据,然后输出。

可以使用 print()代替 println 方法,println 方法输出后换行,print 方法输出后不换行。这些方法都是把数据转换成字符串,然后输出。当把对象传递给这两个方法时则先调用对象的 toString 方法将对象转换为字符串形式,然后输出。

下面的程序随机产生 100 个 100~200 的整数,然后使用 PrintStream 对象输出到文件 output.txt 中。

程序 9.7　PrintStreamDemo.java

```
import java.io.*;
import java.nio.file.*;

public class PrintStreamDemo{
    public static void main(String[]args) throws IOException{
        Path path = Paths.get("output.txt");
        try(
            OutputStream output = Files.newOutputStream(
                path, StandardOpenOption.CREATE,StandardOpenOption.APPEND);
            PrintStream printStream = new PrintStream(output)){
            for(int i = 0; i < 100; i++){
                int num = (int)(Math.random() * 101) + 100;
                printStream.println(num);
```

```
        }
    }catch(IOException e){
        e.printStackTrace();
    }
  }
}
```

该程序运行后在源程序所在的目录下创建一个 output.txt 文本文件,并且写入了 100 个整数。该文件可以通过记事本打开。

9.3.6 格式化输出

在 PrintStream 类中还定义了 printf()用来实现数据的格式化输出。该方法定义格式如下:

```
public PrintStream printf(String format, Object … args)
```

参数 format 是格式控制字符串,其中可以嵌入格式符(specifier)指定参数如何输出。args 为输出参数列表,参数可以是基本数据类型,也可以是引用数据类型。

格式符的一般格式如下:

```
%[argument_index$][flags][width][.precision]conversion
```

格式符以百分号(%)开头,至少包含一个转义字符,其他为可选内容。其中,argument_index 用来指定哪个参数应用该格式。例如,"%2$"表示列表中的第 2 个参数。flags 用来指定一个选项,如"+"表示数据前面添一个加号,0 表示数据前面用 0 补充。width 和 precision 分别表示数据所占最少的字符数和小数的位数。conversion 为指定的格式符,表 9-1 列出了常用的格式符。

表 9-1 常用的格式符

格 式 符	含 义
%d	结果被格式化成十进制整数
%f	结果被格式化成十进制浮点数
%s	结果以字符串输出
%b	结果以布尔值(true 或 false)形式输出
%c	结果为 Unicode 字符

提示:有一个不与参数对应的格式符%n,表示换行,与\n 含义相同,但%n 是跨平台的,而\n 不是。

下面详细介绍常用的格式符。

1. "%d"格式符

"%d"用来输出十进制整数,可以有长度修饰。如果指定的长度大于实际的长度,则前面补以空格;如果指定的长度小于实际的长度,则以实际长度输出。

例如:

```
System.out.printf("year = |%6d|%n",2005);
```

输出结果为:

```
year = |    2005|
```

"%d"可以应用的数据类型有 byte、Byte、short、Short、int、Integer、long、Long、BigInteger。下面的语句是错误的,将产生运行时异常。

```
System.out.printf("%8d",10.10);
```

下面的语句是正确的,因为参数被转换成了 int 数:

```
System.out.printf("%8d",(int)10.10);
```

2. "%f"格式符

"%f"用来以小数方式输出。可以应用下列浮点型数据:float、Float、double、Double、BigDecimal。可以指定格式宽度和小数位,也可以仅指定小数位。

例如:

```
System.out.printf("|%8.3f|",2005.1234);
```

输出结果为:

```
|2005.123|
```

注意,如果使用格式符"%f",而参数为整型数,也会产生运行时异常,如下面语句是错误的,因为 2005 是整数:

```
System.out.printf("|%8.3f|",2005);
```

异常的信息如下:

```
java.util.IllegalFormatConversionException: f != java.lang.Integer
```

3. "%c"格式符

"%c"用来以字符方式输出。它可以应用的数据类型有 char、Character、byte、Byte、short、Short,这些数据类型都能够转换成 Unicode 字符。

```
byte b = 65;
System.out.printf ("b = %c%n", b);
```

输出结果为:

```
b = A
```

4. "%b"格式符

"%b"格式符可以用在任何类型的数据上。对于"%b"格式符号,如果参数值为 null,结果输出 false;如果参数是 boolean 或 Boolean 类型的数据,结果是调用 String.valueOf 方法的结果,否则结果是 true。例如:

```
byte b = 0;
String s = null;
System.out.printf ("b1 = %b%n", b);
System.out.printf ("b2 = %b%n", true);
System.out.printf ("b3 = %b%n", s);
```

输出结果为：

```
b1 = true
b2 = true
b3 = false
```

5. "%s"格式符

"%s"格式符也可以用在任何类型的数据上。对于"%s"格式符号，如果参数值为 null，结果输出 null；如果参数实现了 Formatter 接口，结果是调用 args.formatTo() 的结果，否则，结果是调用 args.toString() 的结果。

如果将上面代码中"%b"改为"%s"，输出结果为：

```
b1 = 0
b2 = true
b3 = null
```

在 PrintStream 类中还提供了两个重载的 format 方法，它们的格式如下：

- public PrintStream format(String format, Object… args);
- public PrintStream format(Locale l, String format, Object… args);

这两个方法的功能与 printf() 功能类似，也是将格式化串写到输出流中。除了在 PrintStream 类中定义了 format() 外，在 java.io.PrintWriter 类、java.util.Formatter 类以及 java.lang.String 类中都提供了相应的 format()。它们的不同之处是方法的返回值不同。在各自类中的 format() 返回各自类的一个对象，如 Formatter 类的 format() 返回一个 Formatter 对象。有关这些方法的使用，请参阅 Java API 文档。

9.3.7 使用 Scanner 类读取文本文件

使用 Scanner 类从键盘上读取数据，在创建 Scanner 对象时将标准输入设备 System.in 作为其构造方法的参数。使用 Scanner 还可以关联文本文件，从中读取数据。

Scanner 类常用的构造方法有：

- public Scanner(String source)：用指定的字符串构造一个 Scanner 对象，以便从中读取数据。
- public Scanner(InputStream source)：用指定的输入流构造一个 Scanner 对象，以便从中读取数据。

创建了 Scanner 对象后，就可以根据分隔符对源数据进行解析。使用 Scanner 类的有关方法可以解析出每个标记(token)。默认的分隔符是空白，包括回车、换行、空格和制表符等，也可以指定分隔符。

Scanner 类的常用方法如下所示：

- public byte nextByte()：读取下一个标记并将其解析成 byte 型数。
- public short nextShort()：读取下一个标记并将其解析成 short 型数。
- public int nextInt()：读取下一个标记并将其解析成 int 型数。
- public long nextLong()：读取下一个标记并将其解析成 long 型数。
- public float nextFloat()：读取下一个标记并将其解析成 float 型数。

- public double nextDouble()：读取下一个标记并将其解析成 double 型数。
- public boolean nextBoolean()：读取下一个标记并将其解析成 boolean 型数。
- public String next()：读取下一个标记并将其解析成字符串。
- public String nextLine()：读取当前行作为一个 String 型字符串。
- public Scanner useDelimiter(String pattern)：设置 Scanner 对象使用的分隔符的模式。pattern 为一个合法的正则表达式。
- public void close()：关闭 Scanner 对象。

对于上述的每个 nextXxx 方法，Scanner 类还提供了一个 hasNextXxx 方法。使用该方法可以判断是否还有下一个标记。下面程序使用 Scanner 类从程序 9.7 创建的文本文件 output.txt 中读出每个整数。

程序 9.8　TextFileDemo.java

```java
import java.io.*;
import java.util.Scanner;
import java.nio.file.*;

public class TextFileDemo {
    public static void main(String[] args) {
        Path path = Paths.get("output.txt");
        try(InputStream input = Files.newInputStream(
                path, StandardOpenOption.READ);
            Scanner sc = new Scanner(input)){
            while (sc.hasNextInt()) {
                int token = sc.nextInt();
                System.out.println(token);
            }
        }catch(IOException e){
            e.printStackTrace();}
    }
}
```

9.4　字符 I/O 流

上节介绍的字节输入输出流是以字节为信息的基本单位，本节介绍以字符为信息的基本单位的字符 I/O 流。字符 I/O 流的类层次结构如图 9-5 和图 9-6 所示。

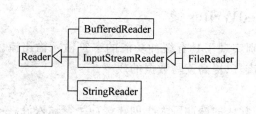

图 9-5　字符输入流的类层次

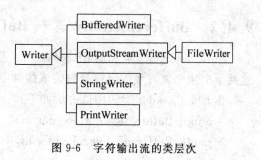

图 9-6　字符输出流的类层次

9.4.1 Reader 类和 Writer 类

抽象类 Reader 和 Writer 分别是字符输入流和输出流的根类，实现字符的读写。

1. Reader 类

Reader 类中定义的方法主要有：

- public int read()：读取一个字符，返回范围为 0～65 535 int 型值，如果到达流的末尾返回 −1。
- public int read(char[] cbuf)：读取多个字符到字符数组 cbuf 中，如果到达流的末尾返回 −1。
- public int read(char[] cbuf, int off, int len)：读取 len 个字符存放到字符数组从 off 开始的位置中。
- public void mark(int readAheadLimit)：标记输入流的当前位置。
- public boolean markSupported()：测试输入流是否支持 mark 方法。
- public void reset()：重定位输出流。
- public long skip(long n)：从输入流中最多向后跳 n 个字符，返回实际跳过的字符数。
- public boolean ready()：返回输入流是否做好读的准备。
- public void close()：关闭输入流。

上述方法在发生 I/O 错误时都抛出 IOException 异常。

2. Writer 类

Writer 类定义的方法主要有：

- public void write(int c)：向输出流中写一个字符，实际是将 int 型的 c 的低 16 位写入输出流。
- public void write(char [] cbuf)：把字符数组 cbuf 中的字符写入输出流。
- public void write(char [] cbuf, int off, int len)：把字符数组 cbuf 中从 off 开始的 len 个字符写入输出流。
- public void write(String str)：把字符串 str 写入输出流中。
- public void write(String str, int off, int len)：把字符串 str 中从 off 开始的 len 个字符写入输出流中。
- public void flush()：刷新输出流。
- public void close()：关闭输出流。

9.4.2 BufferedReader 类和 BufferedWriter 类

BufferedReader 类和 BufferedWriter 类分别实现了具有缓冲功能的字符输入输出流。这两个类用来将其他的字符流包装成缓冲字符流，以提高读写数据的效率。

BufferedReader 类的构造方法如下：

- public BufferedReader(Reader in)：使用默认的缓冲区大小创建缓冲字符输入流。
- public BufferedReader(Reader in, int sz)：使用指定的缓冲区大小创建缓冲字符输入流。

下面代码创建了一个 BufferedReader 对象：

```
BufferedReader in = new BufferedReader(
                        new FileReader("input.txt"));
```

BufferedReader 类除覆盖了超类 Reader 类的方法外，还定义了 readLine 方法，从输入流中读取一行文本。

BufferedWriter 类的构造方法如下：

- BufferedWriter(Writer out)：使用默认的缓冲区大小创建缓冲字符输出流。
- BufferedWriter(Writer out, int sz)：使用指定的缓冲区大小创建缓冲字符输出流。

除继承 Writer 类的方法外，该类提供了一个 newLine 方法，用来写一个行分隔符。它是系统属性 line.separator 定义的分隔符。通常 Writer 直接将输出发送到基本的字符或字节流，建议在 Writer 上（如 FileWriter 和 OutputStreamWriter）包装 BufferedWriter，例如：

```
BufferedWriter br = new BufferedWriter(
                        new FileWriter("output.txt"));
```

除使用上述方法创建 BufferedReader 和 BufferedWriter 对象外，使用 java.nio.file.Files 类的 newBufferedReader() 和 newBufferedWriter() 创建这两个对象，格式如下。

```
public static BufferedReader newBufferedReader(Path path, Charset charset)
public static BufferedWriter newBufferedWriter(Path path,
                    Charset charset, OpenOption…options)
```

下面程序向文本文件中写入一行文本，然后读出并输出该文本行。

程序 9.9　TextWriteRead.java

```
import java.io.*;
import java.nio.charset.Charset;
import java.nio.file.*;

public class TextWriteRead {
  public static void main(String[] args) {
    Path path = Paths.get("article.txt");
    Charset chinaSet = Charset.forName("GB2312");
    char[] chars = {'\u4F60','\u597D',',','中','国'};
    // 向文件中写入数据
    try(BufferedWriter output =
            Files.newBufferedWriter(path, chinaSet)){
      output.write(chars);  // 将字符数组写入文件
    }catch(IOException e){
      e.printStackTrace();
    }
    // 从文件中读出数据
    try(BufferedReader input =
            Files.newBufferedReader(path, chinaSet)){
      String line = input.readLine();
      while(line != null){
```

```
            System.out.println(line);
            line = input.readLine();
        }
    }catch(IOException e){
        e.printStackTrace();
    }
  }
}
```

程序在创建文件时指定了所使用的字符集,然后 BufferedWriter 对象将字符数组写入文件。读取文本时使用 BufferedReader 对象,创建该对象时也指定了字符集,然后使用 readLine 方法读取所有行。

9.4.3 InputStreamReader 类和 OutputStreamWriter 类

InputStreamReader 和 OutputStreamWriter 是字节流与字符流转换的桥梁。前者实现将字节输入流转换为字符输入流,后者实现将字符输出流转换为字节输出流。

InputStreamReader 的构造方法如下:
- InputStreamReader(InputStream in);
- InputStreamReader(InputStream in, String charsetName);
- InputStreamReader(InputStream in, Charset cs)。

使用指定的字符集读出字节并将它们解码成字符。字符集可用名字明确指出或使用平台默认的字符集。其中,参数 in 为字节输入流对象;charsetName 为字符串表示的字符编码名称;cs 为使用的字符集 Charset 对象。

FileReader 和 FileWriter 读写 16 位字符,然而大多数本地文件系统是基于 8 位字节的。这些流在操作时根据默认的编码方案编码。可以通过下列方法得到系统默认的字符编码方案。

```
System.getProperty("file.encoding");
```

如果不使用默认的编码方案,可以在构造 InputStreamReader 和 OutputStreamWriter 对象时指定使用的编码。可以使用 InputStreamReader 类的 getEncoding 方法返回输入流正在使用的字符编码名。

为了提高效率,一般将 InputStreamReader 用 BufferedReader 包装起来。

例如:

```
BufferedReader in = new BufferedReader(
                    new InputStreamReader(System.in));
```

该语句将标准输入流对象 System.in 转换成字符输入流,然后再包装成缓冲字符输入流。

OutputStreamWriter 的构造方法如下:
- OutputStreamWriter(OutputStream out);
- OutputStreamWriter(OutputStream out, String charsetName);
- OutputStreamWriter(OutputStream out, Charset sc)。

其中,out 为字节输出流对象；charsetName 为字符串表示的字符编码名称；cs 为使用的字符集对象。OutputStreamWriter 类也定义了 getEncoding 方法返回输出流正在使用的字符编码名。

为了提高效率,通常将 OutputStreamWriter 对象用 BufferedWriter 类包装起来。
例如:

```
BufferedWriter out = new BufferedWriter(
                    new OutputStreamWriter(System.out));
```

该语句将标准输出流对象 System.out 转换成字符输出流,然后再包装成缓冲字符输出流。

9.4.4 PrintWriter 类

PrintWriter 类实现字符打印输出流,它的构造方法如下:
- PrintWriter(Writer out);
- PrintWriter(Writer out, boolean autoFlush);
- PrintWriter(OutputStream out);
- PrintWriter(OutputStream out, boolean autoFlush)。

该类的方法与 PrintStream 类的方法类似,请查阅 Java API 文档。

9.4.5 标准输入输出流

计算机系统都有标准的输入设备和标准输出设备。对一般系统而言,标准输入设备通常是键盘,而标准输出设备是屏幕。Java 程序经常需要从键盘上输入数据,从屏幕上输出数据,为此频繁创建输入输出流对象将很不方便。因此,Java 系统事先定义了两个对象,分别与系统的标准输入和标准输出相联系,它们是 System.in 和 System.out,另外还定义了标准错误输出流 System.err。

System.in 是标准输入流,是 InputStream 类的实例,可以使用 read 方法从键盘上读取字节,也可以将它包装成数据流读取各种类型的数据和字符串。由于 read 方法在定义时抛出了 IOException 异常,因此必须使用 try-catch 结构捕获异常或声明抛出异常。

System.out 和 System.err 是标准输出流和标准错误输出流,是 PrintStream 类的实例。

下面的程序从控制台输入若干行数据,然后将其写入 keyout.txt 文件中。

程序 9.10　KeyInValue.java

```java
import java.io.*;
public class KeyInValue {
  public static void main(String[] args) throws IOException{
    try(BufferedReader br = new BufferedReader(
              new InputStreamReader(System.in));
      PrintWriter pw = new PrintWriter(new FileWriter("keyout.txt"));)
    {
    System.out.println("按 Ctrl+C 键或输入 exit 退出程序!");
    String s = br.readLine();
```

```
        while (s != null && !s.equals("exit")) {
            pw.println(s);
            s = br.readLine();
        }
    }catch(IOException e){}
  }
}
```

9.5 随机访问文件

前面学习的数据流都只能顺序读写。在实际应用中可能需要对文件进行随机读写,如利用文件实现的数据库,可能需要经常修改文件中的记录,如插入或删除记录,这时使用顺序流就不能实现。为此,Java 提供了 RandomAccessFile 类来处理这种类型的输入输出,但该类已经过时了。在 java.nio.channels 包中新提供了一个 SeekableByteChannel 接口,新开发的程序应该使用这个接口。

9.5.1 创建 SeekableByteChannel 对象

使用 Files 类的 newByteChannel 方法可以创建 SeekableByteChannel 对象,格式如下:

```
public static SeekableByteChannel newByteChannel(Path path,
                             OpenOption… options)
```

在用 newByteChannel 方法打开文件时,可以选择一种打开方式,如"只读"、"读写"、"创建追加"等。

```
Path path1 = Paths.get("D:\\study\\java.log");
SeekableByteChannel readOnlyChannel =
        Files.newByteChannel(path1,EnumSet.of(READ));
Path path2 = Paths.get("D:\\study\\student.dat");
SeekableByteChannel writableChannel =
        Files.newByteChannel(path2,EnumSet.of(CREATE,APPEND));
```

9.5.2 SeekableByteChannel 接口的方法

SeekableByteChannel 接口中定义了对它操作的几种方法。

- public long position():SeekableByteChannel 用一个内部指针指向要读取或写入的下一个字节,该方法获取指针的位置。
- public SeekableByteChannel position(long newPosition) throws IOException:在 SeekableByteChannel 刚创建时,它的指针指向第一个字节,position 方法返回 0L。通过调用带参数的 position 方法可以修改指针的位置。如果传递的参数大于文件的大小,不会抛出异常,文件大小也不会改变。
- public long size():返回 SeekableByteChannel 连接的资源的当前大小。
- public SeekableByteChannel truncate(long size):将 SeekableByteChannel 连接的资源的大小截短到指定的大小。

- public int read(ByteBuffer buffer) throws IOException：从该通道对象中读取字节序列存储到指定的缓存中。
- public int write(ByteBuffer buffer) throws IOException：将指定的缓存中的字节序列写到该通道对象中。

9.5.3 ByteBuffer 类

在 SeekableByteChannel 接口的 read 方法和 write 方法的参数是一个 ByteBuffer 对象，该对象是一个字节缓存。ByteBuffer 是 java.nio.Buffer 类的子类，是一种特定基本数据类型的容器。Buffer 类的其他子类包括 CharBuffer、FloatBuffer、DoubleBuffer、ShortBuffer、IntBuffer 以及 LongBuffer。

每个缓存都有一个容量，表示它所包含的元素数量，通过 capacity 方法可以返回缓存的容量。它还有一个内部指针指明要读取或写入的下一个元素，同样使用 position 方法可以返回或设置指针的位置。

创建一个 ByteBuffer 的简单的方法是调用 ByteBuffer 类的 allocate() 静态方法，格式如下：

public static ByteBuffer allocate(int capacity)

例如，要创建一个容量是 100 的 ByteBuffer，可用下列代码：

ByteBuffer byteBuffer = ByteBuffer.allocate(100);

ByteBuffer 是由字节数组支持的，为了获取这个数组，可以调用 ByteBuffer 的 array 方法，如下所示：

public final byte[] array()

数组的长度等于 ByteBuffer 容量的大小。

ByteBuffer 为写入数据提供了若干方法，常用的如下：

- public abstract ByteBuffer put(byte b)：在 ByteBuffer 内部指针所指的位置写入字节 b。
- public abstract ByteBuffer put(int index, byte b)：在索引所指定的位置写入字节 b。
- public ByteBuffer put(byte[] src)：将字节数组从位置 0 开始写入 ByteBuffer 中。
- public ByteBuffer put(byte[] src, int offset, int length)：将字节数组中从 offset 开始写入 ByteBuffer 中，写入的字节为 length。

ByteBuffer 类还提供了各种将不同的数据类型写入缓存的方法。例如，putInt 方法写入一个 int 值，putDouble 方法写入一个 double 值。每个方法都有两个版本，其中一个是将值写入 ByteBuffer 内部指针所指的下一个位置；另一个方法将值写入索引指定的位置。下面是写入 double 值的两个方法：

- public abstract ByteBuffer putDouble(double value)：将 double 值写入 ByteBuffer 指针所指的下一个位置。
- public abstract ByteBuffer putDouble(int index, double value)：将 double 值写入

index 所指的位置。

为了从 ByteBuffer 中读取数据，该类提供了若干 get 方法，常用的如下：
- public abstract byte get()：从 ByteBuffer 内部指针所指的位置读出一个字节。
- public ByteBuffer get(byte[] dst)：从 ByteBuffer 内部指针所指的位置读出若干字节，存入字节数组 dst 中。
- public abstract byte get(int index)：从 ByteBuffer 中指定的位置读取一个字节。
- public abstract double getDouble()：从 ByteBuffer 内部指针所指的位置读出一个 double 值。
- public abstract double getDouble(int index)：从 index 所指的位置读出一个 double 值。

下面的程序实现向文件 file.dat 中写入不同类型的数据，然后读出。

程序 9.11　SeekableByteChannelDemo.java

```java
import java.io.IOException;
import java.nio.ByteBuffer;
import java.nio.channels.SeekableByteChannel;
import java.nio.file.*;

public class SeekableByteChannelDemo {
    public static void main(String[] args) {
        ByteBuffer buffer = ByteBuffer.allocate(20);
        System.out.println(buffer.position());
        buffer.putDouble(3.14);
        System.out.println(buffer.position());
        buffer.putChar('好');
        buffer.put((byte)127);
        System.out.println(buffer.position());          // 输出 11
        buffer.rewind();
        System.out.println(buffer.position());
        System.out.println(buffer.getDouble());
        System.out.println(buffer.getChar());
        buffer.rewind();

        Path path = Paths.get("temp.dat");
        System.out.println("-------------------------------");
        try(SeekableByteChannel byteChannel =
            Files.newByteChannel(path,
                StandardOpenOption.CREATE,
                StandardOpenOption.READ,
                StandardOpenOption.WRITE);){
            System.out.println(byteChannel.position());
            byteChannel.write(buffer);
            System.out.println(byteChannel.position());  // 输出 20

            // 读取文件
            ByteBuffer buffer2 = ByteBuffer.allocate(40);
            byteChannel.position(0);
```

```
            byteChannel.read(buffer2);
            buffer2.rewind();
            System.out.println("get double:" + buffer2.getDouble());
            System.out.println("get char:" + buffer2.getChar());
            System.out.println("get byte:" + buffer2.get());
        }catch(IOException e){
            e.printStackTrace();
        }
    }
}
```

程序中首先创建 ByteBuffer 对象并指定容量为 20。然后写入一个 double 值(8 字节)、一个 char 值(2 字节)和一个 byte 值(1 字节)。之后输出 buffer 的 position()结果为 11。为 ByteBuffer 指定的容量必须足够存储要存放的数据,否则抛出 BufferOverflowException 异常,另外用 put 方法写入字节需要强制转换。

```
ByteBuffer buffer = ByteBuffer.allocate(20);
buffer.putDouble(3.14);
buffer.putChar('好');
buffer.put((byte)127);
System.out.println(buffer.position());        // 输出 11
```

下面语句实现将缓存 buffer 写入 SeekableByteChannel 对象中:

```
byteChannel.write(buffer);
```

下面语句从 SeekableByteChannel 对象中读出数据存放到 buffer2 缓存中:

```
byteChannel.read(buffer2);
```

9.6 对象序列化

对象的寿命通常随着创建该对象程序的终止而终止。有时可能需要将对象的状态保存下来,在需要时再将其恢复。对象状态的保存和恢复可以通过对象 I/O 流实现。

9.6.1 对象序列化与对象流

1. Serializable 接口

将程序中的对象输出到外部设备(如磁盘、网络)中,称为对象序列化(serialization)。反之,从外部设备将对象读入程序中称为对象反序列化(deserialization)。一个类的对象要实现对象序列化,必须实现 java.io.Serializable 接口,该接口的定义如下:

```
public interface Serializable{}
```

Serializable 接口只是标识性接口,其中没有定义任何方法。一个类的对象要序列化,除了必须实现 Serializable 接口外,还需要创建对象输出流和对象输入流,然后通过对象输出流将对象状态保存下来,通过对象输入流恢复对象的状态。

2. ObjectOutputStream 类和 ObjectInputStream 类

在 java.io 包中定义了 ObjectInputStream 和 ObjectOutputStream 两个类,分别称为对

象输入流和对象输出流。ObjectInputStream 类继承了 InputStream 类,实现了 ObjectInput 接口,而 ObjectInput 接口又继承了 DataInput 接口。ObjectOutputStream 类继承了 OutputStream 类,实现了 ObjectOutput 接口,而 ObjectOutput 接口又继承了 DataOutput 接口。

9.6.2 向 ObjectOutputStream 中写入对象

若将对象写到外部设备需要建立 ObjectOutputStream 类的对象,构造方法为:

`public ObjectOutputStream(OutputStream out)`

参数 out 为一个字节输出流对象。创建了对象输出流后,就可以调用它的 writeObject 方法将一个对象写入流中,该方法格式为:

`public final void writeObject(Object obj) throws IOException`

若写入的对象不是可序列化的,该方法会抛出 NotSerializableException 异常。由于 ObjectOutputStream 类实现了 DataOutput 接口,该接口中定义多个方法用来写入基本数据类型,如 writeInt()、writeFloat() 及 writeDouble() 等,因此可以使用这些方法向对象输出流中写入基本数据类型。

下面代码实现将一些数据和对象写到对象输出流中。

```
Path path = Paths.get("data.ser");
try(OutputStream output = Files.newOutputStream(path,
            StandardOpenOption.CREATE);
   ObjectOutputStream oos = new ObjectOutputStream(ouput){
   oos.writeInt(2010);
   oos.writeObject("Today");
   oos.writeObject(new Date());
}catch(IOException e){
   e.printStackTrace();
}
```

ObjectOutputStream 必须建立在另一个流上,该例是建立在 OutputStream 上的。然后向文件中写入一个整数、字符串"Today"和一个 Date 对象。

9.6.3 从 ObjectInputStream 中读出对象

若要从外部设备上读取对象,需建立 ObjectInputStream 对象,该类的构造方法为:

`public ObjectInputStream(InputStream in)`

参数 in 为字节输入流对象。通过调用 ObjectInputStream 类的方法 readObject 方法可以将一个对象读出,该方法的声明格式为:

`public final Object readObject() throws IOException`

在使用 readObject 方法读出对象时,其类型和顺序必须与写入时一致。由于该方法返回 Object 类型,因此在读出对象时需要适当的类型转换。

ObjectInputStream 类实现了 DataInput 接口,该接口中定义了读取基本数据类型的方法，如 readInt()、readFloat() 及 readDouble()，使用这些方法可以从 ObjectInputStream 流中读取基本数据类型。

下面代码在 InputStream 对象上建立一个对象输入流对象。

```java
Path path = Paths.get("data.ser");
try(InputStream input = Files.newInputStream(path,
                StandardOpenOption.READ);
    ObjectInputStream ois = new ObjectInputStream(input)){
    int i = ois.readInt();
    String today = (String)ois.readObject();
    Date date = (Date)ois.readObject();
} catch(IOException e){
    e.printStackTrace();
}
```

与 ObjectOutputStream 一样，ObjectInputStream 也必须建立在另一个流上，本例中就是建立在 InputStream 上的。接下来使用 readInt 方法和 readObject 方法读出整数、字符串和 Date 对象。

下面的例子说明如何实现对象的序列化和反序列化，这里的对象是 Student 类的对象。

程序 9.12　Student.java

```java
import java.io.*;
public class Student implements Serializable{
    int id;
    String name;
    int age;
    String department;
    public Student(int id,String name,int age,String department){
        this.id = id;
        this.name = name;
        this.age = age;
        this.department = department;
    }
}
```

下面的程序实现将 Student 类的对象序列化和反序列化。

程序 9.13　ObjectSerializeDemo.java

```java
import java.io.*;
import java.nio.file.*;
public class ObjectSerialDemo {
    public static void main(String[]args){
        Path path = Paths.get("D:\\study\\data.ser");
        Student stu = new Student(
            20050101,"Liu Ming",20,"Information Dept");
        Student stu2 = new Student(
            20050102,"Zhang Qiang",19,"Mathematics Dept");
        // 序列化
        try(OutputStream output = Files.newOutputStream(path,
```

```
                              StandardOpenOption.CREATE);
        ObjectOutputStream oos = new ObjectOutputStream(output)){
      oos.writeObject(stu);
      oos.writeObject(stu2);
    }catch(IOException e){
      e.printStackTrace();
    }

    //反序列化
    try(InputStream input = Files.newInputStream(path,
                              StandardOpenOption.READ);
       ObjectInputStream ois = new ObjectInputStream(input))){
      while(true){
      try{
          Student stud = (Student)ois.readObject();
          System.out.println("ID:" + stud.id);
          System.out.println("Name:" + stud.name);
          System.out.println("Age:" + stud.age);
          System.out.println("Dept:" + stud.department);
        }catch(EOFException e){
          break;
        }
      }
    }catch(ClassNotFoundException | IOException e){
      e.printStackTrace();
    }
  }
}
```

对象序列化需要注意的事项：

• 序列化只能保存对象的非 static 成员，不能保存任何成员方法和 static 成员变量，而且序列化保存的只是变量的值；

• 用 transient 关键字修饰的变量为临时变量，也不能被序列化；

• 对于成员变量为引用类型时，引用的对象也被序列化。

9.7 小　　结

在 Java 7 中，文件和目录的处理通过 Path 对象实现。NIO.2 还提供了 Files 类，该类定义了大量方法实现文件 I/O。此外，Java 还支持流式 I/O，分为字节数据流和字符数据流。InputStream 和 OutputStream 是所有字节数据流的基类，Reader 和 Writer 是所有字符数据流的基类。

SeekableByteChannel 对象实现随机存取的文件对象。SeekableByteChannel 对象实际是在 ByteBuffer 上操作，该类提供了读写各种基本类型数据的方法。

将程序中的对象输出到外部设备中称为对象的序列化，从外部设备中将对象读入程序称为对象的反序列化。序列化对象的类必须实现 Serializable 接口。序列化对象需要使用 ObjectOutputStream 类的 writeObject 方法，反序列化对象需要使用 ObjectInputStream 类的 readObject 方法。

9.8 习　　题

1. 要得到一个 Path 对象可使用哪两种方法？
2. 使用 createDirectory(Path dir) 创建一个目录，若该目录已存在，将抛出（　　）异常。
   A. FileAlreadyExistsException　　　B. NoSuchFileException
   C. DirectoryNotEmptyException　　　D. DirectoryAlreadyExistsException
3. 若要删除一个文件，使用下面（　　）类比较合适。
   A. FileOutputStream　　　B. File
   C. RandomAccessFile　　　D. Files
4. 文件 debug.txt 在文件系统中不存在，执行下列代码后（　　）选项是正确的。

   ```
   Path file = Paths.get("D:\\study\\debug.txt");
   try (InputStream in = Files.newInputStream(
                   file,StandardOpenOption.READ)){
       // 操作 in 对象
   }catch (IOException e) {
       e.printStackTrace();
   }
   ```

   A. 代码不能编译
   B. 代码能够运行并创建 debug.txt 文件
   C. 代码运行时抛出 NoSuchFileException 异常
   D. 代码运行时抛出 FileNotFoundException 异常

5. 文件 debug.txt 在文件系统中不存在，执行下列代码后（　　）选项是正确的。

   ```
   Path file = Paths.get("D:\\study\\debug.txt");
   try (OutputStream out = Files.newOutputStream(
                   file,StandardOpenOption.CREATE)){
       // 操作 out 对象
   }catch (IOException e) {
       e.printStackTrace();
   }
   ```

   A. 代码不能编译
   B. 代码能够运行并创建 debug.txt 文件
   C. 代码运行时抛出 NoSuchFileException 异常
   D. 代码运行时抛出 FileNotFoundException 异常

6. 一个类要具备（　　）才可以序列化。
   A. 继承 ObjectStream 类　　　B. 具有带参数构造方法
   C. 实现 Serializable 接口　　　D. 定义了 writeObject 方法

7. 编写程序，程序执行后将一个指定的文件删除。如果该文件不存在，要求给出提示。
8. 编写程序，使用 Files 类的有关方法实现文件改名，要求源文件不存在时给出提示，目标文件存在也给出提示。

9. 编写程序,要求从命令行输入一个目录名称,输出该目录中所有子目录和文件。

10. 编写程序,读取一指定小文本文件的内容,并在控制台输出。如果该文件不存在,要求给出提示。

11. 编写程序,统计一个文本文件中的字符(包括空格)数、单词数和行的数目。

12. 编写程序,随机生成 10 个 1000~2000 的整数,将它们写到一个文件 data.dat 中,然后从该文件中读出这些整数,要求使用 DataInputStream 和 DataOutputStream 类实现。

13. 编写程序,比较两个指定的文件内容是否相同。

14. 编写实现简单加密的程序,要求从键盘上输入一个字符,输出加密后的字符。加密规则是输入 A,输出 Z,输入 B 输出 Y,输入 a,输出 z,输入 b,输出 y。

15. 定义一个 Employee 类,编写程序使用对象输出流将几个 Employee 对象写入 employee.ser 文件中,然后使用对象输入流读出这些对象。

第 10 章　集合与泛型

在编写面向对象的程序时，经常要用到一组同一类型的对象。可以使用数组来集中存放同一类型的对象，但数组一经定义便不能改变大小。因此，从 Java 2 开始提供了一个集合框架(collections framework)，该框架定义了一套接口和类，使得处理对象组更容易。

泛型是 Java 5 引进的一个新特征，是类和接口的一种扩展机制，主要实现参数化类型机制。Java 5 对 Java 集合 API 中的接口和类都进行了泛型化。使用该机制，程序员可以编写更安全的程序。

本章首先介绍集合框架，然后介绍泛型的概念，其中包括泛型类型的定义和使用、泛型方法、子类型和通配符等。

10.1　集合框架

集合是指集中存放其他对象的一个对象。集合也相当于一个容器，它提供了保存、获取和操作其他元素的方法。集合能够帮助 Java 程序员轻松地管理对象。Java 集合框架由两种类型构成，一个是 Collection；另一个是 Map。Collection 对象用于存放一组对象，Map 对象用于存放一组关键字/值的对象。Collection 和 Map 是最基本的接口，它们又有子接口，这些接口的层次关系如图 10-1 所示。

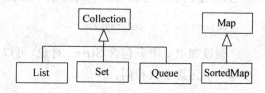

图 10-1　集合框架的接口继承关系

10.1.1　Collection 接口及操作

Collection 接口是所有集合类型的根接口，有三个子接口：Set 接口、List 接口和 Queue 接口。Collection 接口的定义如下：

```
public interface Collection<E> extends Iterable<E> {
    // 基本操作
    boolean add(E element);
    boolean remove(Object element);
    boolean contains(Object element);
    boolean isEmpty();
    int size();
    Iterator iterator();
    // 批量操作
    boolean containsAll(Collection<?> c);
```

```
    boolean addAll(Collection<? extends E> c);
    boolean removeAll(Collection<?> c);
    boolean retainAll(Collection<?> c);
    void clear();
    // 数组操作
    Object[] toArray();
    <T> T[] toArray(T[] a);
}
```

Collection 接口中定义的操作主要包括三类：基本操作、批量操作和数组操作。

1. 基本操作

实现基本操作的方法有 add 方法向集合中添加元素；remove 方法从集合中删除指定元素；size 方法返回集合中元素的个数；isEmpty 方法返回集合是否为空；contains 方法返回集合中是否包含指定的对象；iterator 方法返回集合的迭代器对象。

2. 批量操作

实现批量操作的方法有 containsAll()，它返回集合中是否包含指定集合中的所有元素；addAll 方法和 removeAll 方法将指定集合中的元素添加到集合中和从集合中删除指定的集合元素；retainAll 方法删除集合中不属于指定集合中的元素；clear 方法删除集合中所有元素。

3. 数组操作

toArray 方法可以实现将集合元素转换成数组元素。无参数的 toArray 方法实现将集合转换成 Object 类型的数组。有参数的 toArray 方法将集合转换成指定类型的对象数组。例如，假设 c 是一个 Collection 对象，下面的代码将 c 中的对象转换成一个新的 Object 数组，数组的长度与集合 c 中的元素个数相同。

```
Object[] a = c.toArray();
```

假设知道 c 中只包含 String 对象，可以使用下面代码将其转换成 String 数组，它的长度与 c 中元素个数相同：

```
String[] a = c.toArray(new String[0]);
```

10.1.2 集合元素迭代

在使用集合时，迭代集合是最常见的任务。迭代集合中的元素有两种方法：使用 Iterator 迭代器对象和使用增强的 for 循环。

1. 使用迭代器

迭代器是一个可以遍历集合中每个元素的对象。调用集合对象的 iterator 方法可以得到 Iterator 对象，再调用 Iterator 对象的方法就可以遍历集合中的每个元素。

Iterator 接口的定义如下：

```
public interface Iterator<E> {
    boolean hasNext();        // 返回迭代器中是否还有对象
    E next();                 // 返回迭代器中下一个对象
    void remove();            // 删除迭代器中的当前对象
```

}

Iterator 使用一个内部指针,开始它指向第一个元素的前面。如果在指针的后面还有元素,hasNext 方法返回 true。调用 next 方法,指针将移到下一个元素,并返回该元素。remove 方法将删除指针所指的元素。假设 myList 是 ArrayList 的一个对象,要访问 myList 中的每个元素,可以按下列方法实现:

```
Iterator iterator = myList.iterator();   // 得到迭代器对象
while (iterator.hasNext()){
  System.out.println(iterator.next());
}
```

注意:Iterator 接口的 remove 方法用来删除迭代器中当前的对象,该方法同时从集合中删除对象。

2. 使用增强的 for 循环

使用增强的 for 循环不但可以遍历数组的每个元素,还可以遍历集合中的每个元素。下面的代码打印集合的每个元素:

```
for (Object o : collection)
  System.out.println(o);
```

上述代码的含义是对集合 collection 中的每个对象 o 打印输出之。

10.1.3　List 接口及实现类

List 接口是 Collection 接口的子接口,实现一种线性表的数据结构。存放在 List 中的所有元素都有一个下标(从 0 开始),可以通过下标访问 List 中的元素。List 中可以包含重复元素。List 接口及其实现类如图 10-2 所示。

List 接口有两个通用的实现类,ArrayList 和 LinkedList。另外,Java 早期版本的 Vector 类和 Stack 类被重新设计以适应新的集合框架。下面首先讨论 List 接口的操作,然后讨论这些实现类。

List 接口除了继承 Collection 的方法外,还定义了一些自己的方法。使用这些方法可以实现定位访问、查找、迭代和返回子线性表。List 接口的定义如下:

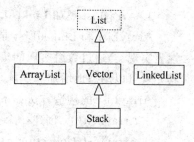

图 10-2　List 接口及实现类

```
public interface List<E> extends Collection<E> {
  // 定位访问
  E get(int index);                             // 返回指定下标处的元素
  E set(int index, E element);                  // 设置指定下标处的元素
  boolean add(E element);                       // 将指定元素添加到列表的末尾
  void add(int index, E element);               // 将指定元素添加到指定下标处
  E remove(int index);                          // 删除指定下标处的元素
  abstract boolean addAll(int index, Collection<? extends E> c);
  // 查找
  int indexOf(Object o);                        //查找指定对象第一次出现的位置
  int lastIndexOf(Object o);                    //查找指定对象最后一次出现的位置
```

```
// 迭代
ListIterator<E> listIterator();           // 返回 ListIterator 对象
ListIterator<E> listIterator(int index);
// 返回一个子线性表
List<E> subList(int from, int to);        // 返回从 from 到 to 元素的一个子线性表
}
```

1. 定位访问和查找操作

List 的基本定位访问方法包括 get()、set()、add() 和 remove()。它们与 Vector 类的长名字的操作如 elementAt()、setElementAt()、insertElementAt() 和 removeElementAt() 的功能基本相同,只是 set() 和 remove() 返回被修改和删除的旧值,而 Vector 的 setElementAt() 和 removeElementAt() 返回 void。

查找方法 indexOf() 和 lastIndexOf() 与 Vector 的完全相同。addAll 方法可以将指定的集合插入到线性表的指定位置。

2. 集合操作

List 接口从 Collection 接口继承的操作与 Collection 接口类似,但有的操作有些不同。例如,remove() 总是从线性表中删除指定的首次出现的元素;add() 和 addAll() 总是将元素添加到线性表的末尾,因此,下面的代码可以实现连接两个线性表:

```
list1.addAll(list2);
```

如果不想破坏原来的线性表,可以按如下代码实现:

```
List<Type> list3 = new ArrayList<>(list1);
list3.addAll(list2);
```

对于两个线性表对象的比较,如果它们包含相同的元素并且顺序相同,则两个线性表相等。

3. ArrayList 类和 LinkedList 类

ArrayList 和 LinkedList 是 List 接口的两个常用的实现类。ArrayList 是最常用的线性表实现类,通过数组实现的集合对象。ArrayList 类实际上实现了一个变长的对象数组,其元素可以动态地增加和删除。它的定位访问时间是常量时间。

ArrayList 的构造方法如下:

- ArrayList():创建一个空的数组线性表对象,默认初始容量是 10。
- ArrayList(Collection c):用集合 c 中的元素创建一个数组线性表对象。
- ArrayList(int initialCapacity):创建一个空的数组线性表对象,并指定初始容量。初始容量指的是线性表可以存放多少元素。当线性表填满而又需要添加更多元素时,线性表大小会自动增大。

下面的程序演示了 ArrayList 的使用。

程序 10.1   ListDemo.java

```
import java.util.*;
public class ListDemo{
    public static void main(String[] args){
        List<String> myPets = new ArrayList<String>();
```

```java
        myPets.add("cat");
        myPets.add("dog");
        myPets.add("horse");
        System.out.println(myPets);
        String[] bigPets = {"tiger","lion"};
        Collection<String> coll = new ArrayList<>();
        coll.add(bigPets[0]);
        coll.add(bigPets[1]);
        myPets.addAll(coll);
        System.out.println(myPets);
        Iterator<String> iterator = myPets.iterator();
        while(iterator.hasNext()){
            String pet = iterator.next();
            System.out.println(pet);
        }
    }
}
```

程序输出结果为：

```
[cat, dog, horse]
[cat, dog, horse, tiger, lion]
cat
dog
horse
tiger
lion
```

集合都是泛型类型,在声明时需通过尖括号指定要传递的具体类型,实例化泛型类对象,使用 new 运算符,但在类名后面也需指定类型参数。

例如：

List<String> myPets = new ArrayList<String>();

在 Java SE 7 中,由于编译器能够从上下文中推断出泛型参数的类型,所以在创建泛型类型时仅用一对尖括号(<>)即可,称为菱形(diamond)语法。如,上述语句可以写成：

List<String> myPets = new ArrayList<>();

如果需要经常在线性表的头部添加元素或在内部删除元素,就应该使用 LinkedList。这些操作在 LinkedList 中是常量时间,在 ArrayList 中是线性时间。对定位访问 LinkedList 是线性时间,ArrayList 是常量时间。

LinkedList 的构造方法如下：

- LinkedList()：创建一个空的链表。
- LinkedList(Collection c)：用集合 c 中的元素创建一个链表。

创建 LinkedList 对象不需要指定初始容量。LinkedList 类除实现 List 接口中方法外,还定义了 addFirst()、getFirst()、removeFirst()、addLast()、getLast()和 removeLast()等方法。注意,LinkedList 也实现了 Queue 接口。

4. 双向迭代器

List 接口同样提供了 iterator 方法返回一个 Iterator 对象。另外，List 接口还提供了 listIterator 方法返回 ListIterator 接口对象。该对象允许以两个方向遍历线性表中元素，在迭代中修改元素以及获得元素的当前位置。ListIterator 接口的声明如下：

```java
public interface ListIterator<E> extends Iterator<E> {
    boolean hasNext();         // 是否还有下一个元素
    E next();                  // 返回下一个元素
    boolean hasPrevious();     // 是否还有前一个元素
    E previous();              // 返回前一个元素
    int nextIndex();           // 返回下一个元素的索引
    int previousIndex();       // 返回前一个元素的索引
    void remove();             // 删除当前元素
    void set(E o);             // 修改当前元素
    void add(E o);             // 在当前位置插入一个元素
}
```

ListIterator 接口是 Iterator 的子接口，不但继承了 Iterator 接口中的方法，还定义了自己的方法，如 hasPrevious() 和 previous() 分别判断前面是否还有元素和返回前面的元素，set() 和 add() 方法分别修改当前元素和在当前位置插入一个元素。

使用迭代器可以修改线性表中的元素，但不能同时使用两个迭代器修改一个线性表中的元素，否则将抛出异常。

程序 10.2　IteratorDemo.java

```java
import java.util.*;
public class IteratorDemo{
    public static void main(String[] args) {
        List<String> myList = new ArrayList<String>();
        myList.add("one");
        myList.add("two");
        myList.add("three");
        myList.add("four");
        ListIterator<String> iterator = myList.listIterator();
        while(iterator.hasNext()){
            iterator.next();
        }
        while (iterator.hasPrevious())
            System.out.println(iterator.previous());
    }
}
```

该程序反向输出 myList 列表中的元素。

5. Vector 类和 Stack 类

Vector 类和 Stack 类是 Java 早期版本提供的两个集合类，分别实现向量和对象栈。

Vector 类的构造方法有：

- public Vector()：创建一个空的向量对象，其内部数组的大小为 10。
- public Vector(int initialCapacity)：创建一个空的向量对象，并指定初始容量大小。

- public Vector(int initialCapacity, int capacityIncrement)：创建一个空的向量对象，并指定初始容量大小和当向量满时增加的空间大小。
- public Vector(Collection<? extends E> c)：创建一个包含指定集合中元素的向量对象。

Vector 类的常用方法有：
- public void addElement(E obj)：将指定的对象添加到向量的尾部，其大小加 1。
- public void insertElement(E obj, int index)：将指定的对象插入到向量中指定的位置。向量中的每个元素都有一个下标，起始下标为 0。使用该方法插入一个元素后，后面的元素向后移动。index 的值必须大于等于 0，小于等于向量的大小。
- public void setElementAt(E obj, int index)：将指定下标位置的元素用指定的元素修改，原来的元素被丢弃。
- public void removeElement(int index)：删除指定下标所在的元素，后面元素向前移动，向量的大小减 1。
- public boolean removeElement(Object obj)：从向量中删除第一次出现的指定的元素对象，如果找到一个对象，则将其删除，后面元素向前移动，向量的大小减 1。
- public void removeAllElements()：从向量中删除所有的元素，向量的大小置为 0。

Stack 类是 Vector 类的子类，它实现一种后进先出（last in first out，LIFO）的对象栈。它只有一个默认的构造方法，用来创建一个空的栈对象。

Stack 类定义的常用操作有：
- public E pop()：弹出栈顶元素并返回弹出的对象。
- public E push(E item)：将参数 item 对象压入栈中并返回入栈对象。
- public boolean empty()：测试栈是否为空。
- public E peek()：返回栈顶元素，但并不将其删除。
- public int search(Object o)：返回指定对象 o 在栈中的位置，位置从 1 开始。

提示：Vector 类和 Stack 类的方法都是同步的，都适合在多线程的环境中使用。

10.1.4 Set 接口及实现类

Set 接口是 Collection 的子接口，Set 接口对象类似于数学上的集合概念，其中不允许有重复的元素。Set 接口没有定义新的方法，只包含从 Collection 接口继承的方法。Set 接口有几个常用的实现类，它们的层次关系如图 10-3 所示。

Set 接口的常用实现类有 HashSet 类、TreeSet 类和 LinkedHashSet 类。

1. HashSet 类与 LinkedHashSet 类

HashSet 类是抽象类 AbstractSet 的子类，实现了 Set 接口，HashSet 使用散列方法存储元素，具有最好的存取性能，但元素没有顺序。

HashSet 类的构造方法有：
- HashSet()：创建一个空的散列集合，装填因子（load

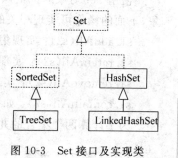

图 10-3 Set 接口及实现类

factor)是 0.75。
- HashSet(Collection c)：用指定的集合 c 的元素创建一个散列集合。
- HashSet(int initialCapacity)：创建一个散列集合，并指定集合的初始容量。
- HashSet(int initialCapacity, float loadFactor)：创建一个散列集合，并指定的集合初始容量和装填因子。

下面程序将一个字符串中的单词解析出来，然后将它们添加到一个集合中，并输出每个重复的单词，不同单词的个数及消除重复单词后的列表。

程序 10.3 FindDups.java

```java
import java.util.*;
public class FindDups {
  public static void main(String[] args) {
    String s = "one little,two little,three little.";
    String[] str = s.split("[ ,.]");
    Set<String> hs = new HashSet<>();
    for (String a : str){
      if (!hs.add(a)) // 如果集合中已经存在 a,add()方法返回 false
        System.out.println("重复单词:" + a);
    }
    System.out.println("共有:" + hs.size() + "个不同单词:");
    System.out.println(hs);
  }
}
```

该程序运行结果为：

```
重复单词: little
重复单词: little
共有:4 个不同单词:
[two, one, three, little]
```

从结果可以看到，在向 Set 对象中添加元素时，重复的元素不能添加到集合中。另外，由于程序中使用的实现类为 HashSet，并不保证集合中元素的顺序。

LinkedHashSet 类是 HashSet 类的子类。与 HashSet 不同的是它对所有元素维护一个双向链表，该链表定义了元素的迭代顺序，这个顺序是元素插入集合的顺序。

2. 用 Set 对象实现集合运算

使用 Set 对象的批量操作方法，可以实现标准集合代数运算。假设 s1 和 s2 是 Set 对象，下面的操作可实现相关的集合运算。

s1.addAll(s2)：实现集合 s1 与 s2 的并运算。
s1.retainAll(s2)：实现集合 s1 与 s2 的交运算。
s1.removeAll(s2)：实现集合 s1 与 s2 的差运算。
s1.containAll(s2)：如果 s2 是 s1 的子集，该方法返回 true。

为了计算两个集合的并、交、差运算而又不破坏原来的集合，可以通过下面代码实现：

```java
Set<Type> union = new HashSet<>(s1);   // Type 为集合中对象类型
union.addAll(s2);
```

```
Set<Type> intersection = new HashSet<>(s1);
intersection.retainAll(s2);
Set<Type> difference = new HashSet<>(s1);
difference.removeAll(s2);
```

下面的程序实现了两个集合的并、交、差运算。

程序 10.4　SetDemo.java

```java
import java.util.*;
public class SetDemo {
    public static void main(String[] args) {
        Set<Integer> s1 = new HashSet<>();
        Set<Integer> s2 = new HashSet<>();
        s1.add(1);                    // 这里进行了自动装箱转换
        s1.add(2);
        s1.add(3);
        s2.add(2);
        s2.add(3);
        s2.add(4);
        Set<Integer> union = new HashSet<>(s1);
        union.addAll(s2);
        System.out.println(union);
        Set<Integer> intersection = new HashSet<>(s1);
        intersection.retainAll(s2);
        System.out.println(intersection);
        Set<Integer> difference = new HashSet<>(s1);
        difference.removeAll(s2);
        System.out.println(difference);
    }
}
```

程序输出结果为：

[1, 2, 3, 4]
[2, 3]
[1]

3. SortedSet 接口与 TreeSet 类

SortedSet 是有序对象的集合，其中的元素按自然顺序排列。为了能够对元素排序，要求添加到 SortedSet 中的元素可以相互比较。关于对象的顺序在下节讨论。

SortedSet 接口中定义了下面几个方法：

- E first()：返回有序集合中的第一个元素。
- E last()：返回有序集合中最后一个元素。
- SortedSet<E> subSet(E fromElement, E toElement)：返回有序集合中的一个子有序集合，它的元素从 fromElement 开始到 toElement 结束（不包括最后元素）。
- SortedSet<E> headSet(E toElement)：返回有序集合中小于指定元素 toElement 的一个子有序集合。
- SortedSet<E> tailSet(E fromElement)：返回有序集合中大于等于 fromElement

元素的子有序集合。
- Comparator<? super E> comparator()：返回与该有序集合相关的比较器，如果集合使用自然顺序则返回 null。

TreeSet 是 SortedSet 接口的实现类，使用红-黑树为元素排序，基于元素的值对元素排序，它的操作要比 HashSet 慢。

TreeSet 类的构造方法有：
- TreeSet()：创建一个空的树集合。
- TreeSet(Collection c)：用指定集合 c 中的元素创建一个新的树集合，集合中的元素按自然顺序排序。
- TreeSet(Comparator c)：创建一个空的树集合，元素的排序规则按给定的比较器 c 的规则排序。
- TreeSet(SortedSet s)：用 SortedSet 对象 s 中的元素创建一个树集合，排序规则与 s 的排序规则相同。

下面的程序创建一个 TreeSet 对象，其中添加了 4 个字符串对象。

程序 10.5　TreeSetDemo.java

```java
import java.util.*;
public class TreeSetDemo{
    public static void main(String[] args){
        Set<String> ts = new TreeSet<>(); // TreeSet 中的元素将自动排序
        String[] s = new String[]{"one","two","three","four"};
        for (int i = 0; i < s.length; i++){
            ts.add(s[i]);
        }
        System.out.println(ts);
    }
}
```

程序输出结果为：

[four, one, three, two]

从输出结果中可以看到，这些字符串是按照字母的顺序排列的。

10.1.5　对象顺序

创建 TreeSet 类对象时如果没有指定比较器(Comparator)对象，集合中的元素按自然顺序排列，如果指定了比较器对象，元素将按比较器的规则排序。所谓自然顺序(natural order)是指集合中对象的类实现了 Comparable 接口，并实现了其中的 compareTo 方法，对象则根据该方法排序。如果试图对没有实现 Comparable 接口的集合元素排序，将抛出 ClassCastException 运行时异常。另一种排序方法是创建 TreeSet 对象时指定一个比较器对象，这样集合中的元素将按比较器的规则排序。

下面分别叙述这两种方法。

1. 实现 Comparable 接口

如果要对类的对象进行排序，则应该在定义类时实现 java.lang.Comparable 接口，并实

现其中的 compareTo 方法,该接口的定义如下:

```java
public interface Comparable<T> {
    public int compareTo(T obj);
}
```

该接口只声明了一个 compareTo 方法,该方法实现当前对象与参数对象比较,返回值是一个整数。当调用对象小于、等于、大于参数对象时,该方法分别返回负整数、0 和正整数。

下面的程序说明了如何通过实现 Comparable 接口对 Employee 类的对象根据年龄 (age 的值)进行排序。

程序 10.6　Employee.java

```java
import java.util.*;

public class Employee implements Comparable<Employee>{
    public String name;
    public int age;
    public double salary;
    public Employee(String name, int age, double salary) {
        this.name = name;
        this.age = age;
        this.salary = salary;
    }
    public int compareTo(Employee obj){
        return this.age - obj.age;
    }
    public String toString(){
        return "[" + this.name + "," + this.age + "," + this.salary + "]";
    }

    public static void main(String[] args){
        Employee[] empList = new Employee[3];
        empList[0] = new Employee("李明",20,3000);
        empList[1] = new Employee("王月",18,1800);
        empList[2] = new Employee("张山",19,2200);

        Set<Employee> empSet = new TreeSet<>();
        for(int i = 0; i < empList.length; i ++)
            empSet.add(empList[i]);

        for(Employee emp:empSet){
            System.out.println(emp);
        }
    }
}
```

程序运行结果为:

[王月,18,1800.0]

[张山,19,2200.0]
[李明,20,3000.0]

Employee 类实现了 Comparable 接口的 compareTo 方法,它是根据年龄(age 的值)比较两个 Employee 对象的大小。当将 Employee 对象存放到 TreeSet 中时就是按照 compareTo 方法对 Employee 对象排序的。

Java 平台中有些类实现了 Comparable 接口,如基本数据类型包装类(Byte、Short、Integer、Long、Float、Double 、Character、Boolean),另外还有 File 类、String 类、Date 类、BigInteger 类、BigDecimal 类等也实现了 Comparable 接口,这些类的对象都可按自然顺序排序。

2. 比较器 Comparator

如果一个类没有实现 Comparable 接口或实现了 Comparable 接口,又想改变比较规则,可以定义一个实现 java.util.Comparator 接口的类,然后为集合提供一个新的比较器。Comparator 接口定义了两个方法,声明如下:

```java
public interface Comparator<T> {
  int compare(T obj1, T obj2);
  boolean equals(Object obj);
}
```

compare 方法用来比较它的两个参数。当第一个参数小于、等于、大于第二个参数时,该方法分别返回负整数、0、正整数。equals 方法用来比较两个 Comparator 对象是否相等。

字符串的默认比较规则是按字典顺序比较。假如按反顺序比较,可以定义一个类实现 Comparator 接口,然后用该类对象作为比较器。下面的程序就可以实现字符串的降序排序。

程序 10.7 DescSortDemo.java

```java
import java.util.*;
public class DescSortDemo{
  // DescSort 是一个成员内部类
  private static class DescSort implements Comparator<String>{
    public int compare(String s1, String s2){
      return - s1.compareTo(s2);
    }
  }
  public static void main(String[] args){
    String[] s = new String[]{"China",
        "England","France","America","Russia",};
    Set<String> ts = new TreeSet<>();
    for(int i = 0; i< s.length; i ++)
     ts.add(s[i]);
    System.out.println(ts);
    Comparator<String> comp = new DescSort();
    ts = new TreeSet<String>(comp);        // 使用指定的比较器创建树集合对象
    for(int i = 0; i< s.length; i ++)
     ts.add(s[i]);
    System.out.println(ts);
```

```
        }
    }
```

该程序运行结果为：

[America, China, England, French, Russia]
[Russia, French, England, China, America]

输出的第一行是按字符串自然顺序的比较输出，第二行的输出使用了自定义的比较器，按与自然顺序相反的顺序输出。

10.1.6 Queue 接口及实现类

Queue 接口也是 Collection 的子接口，是以先进先出的方式排列其元素，一般称为队列。

Queue 接口有两个实现类：LinkedList 和 PriorityQueue，如图 10-4 所示。其中 LinkedList 也是 List 接口的实现类，而 PriorityQueue 是优先队列，优先队列中元素的顺序是根据元素的值排列的。不管使用什么顺序，队头总是在调用 remove()或 poll()时被最先删除。

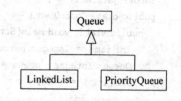

图 10-4 Queue 接口及其实现类

Queue 接口除了提供 Collection 的操作外，还提供了插入、删除和检查操作。Queue 接口的定义如下：

```
public interface Queue<E>     extends Collection<E> {
    boolean add(E e)           // 将指定的元素 e 插入到队列中
    E remove();                // 返回队列头元素,同时将其删除
    E element();               // 返回队列头元素,但不将其删除
    boolean offer(E e);        // 将指定的元素 e 插入到队列中
    E poll();                  // 返回队列头元素,同时将其删除
    E peek();                  // 返回队列头元素,但不将其删除
}
```

Queue 接口的每种操作都有两种形式：一个是在操作失败时抛出异常；另一个是在操作失败时返回一个特定的值(根据操作的不同,可能返回 null 或 false)。这些方法如表 10-1 所示。

表 10-1 Queue 接口的两类不同操作

操 作	抛出异常	返回特定值
插入操作	add(e)	offer(e)
删除操作	remove()	poll()
检查操作	element()	peek()

一个 Queue 的实现类可能限制它所存放的元素的数量，这样的 Queue 称为受限队列。在 java.util.concurrent 包中的有些队列是受限的，而 java.util 包中的队列不是。

Queue 接口的 add 方法是从 Collection 接口继承的，向队列中插入一个元素。如果队列的容量限制遭到破坏，将抛出 IllegalStateExcepion 异常。offer 方法与 add 方法的区别是

在插入元素失败时返回 false，一般用在受限队列中。

remove()和 poll()方法都是删除并返回队头元素。它们的区别是当队列为空时 remove()方法抛出 NoSuchElementException 异常，而 poll()方法返回 null。

element()和 peek()返回队头元素但不删除。区别是如果队列为空 element()抛出 NoSuchElementException 异常，而 peek()返回 false。

队列的实现类一般不允许插入 null 元素，但 LinkedList 类是一个例外。由于历史的原因，允许 null 元素。

下面程序使用队列实现一个计时器。从命令行指定一个整数，从指定的数到 0 事先存放的队列中，然后每隔 1 秒钟输出一个数。

程序 10.8　CountDown.java

```java
import java.util.*;
public class CountDown {
    public static void main(String[] args){
        int time = Integer.parseInt(args[0]);
        Queue<Integer> queue = new LinkedList<>();
        for(int i = time; i >= 0; i--)
            queue.add(i);
        while(!queue.isEmpty()){
            System.out.println(queue.remove());
            try{
                Thread.sleep(1000);         // 当前线程睡眠 1 秒钟
            }catch(InterruptedException e){
                e.printStackTrace();
            }
        }
    }
}
```

PriorityQueue 类是 Queue 接口的一个实现类，实现一种优先级队列。它的元素的插入和删除并不遵循 FIFO 的原则，而是根据某种优先顺序插入元素和删除元素。这种优先顺序与对象的排序类似，可以通过 Comparable 接口和 Comparator 接口实现。

PriorityQueue 常用构造方法有：

- public PriorityQueue()：创建一个空的优先队列。使用默认的初始容量(11)，元素顺序为自然顺序。
- public PriorityQueue(int initialCapacity)：创建一个指定初始容量的空的优先队列，元素顺序为自然顺序。
- public PriorityQueue(Collection<? extends E> c)：创建一个包含指定集合 c 中的元素的优先队列。元素顺序与 c 的顺序相同或使用自然顺序。
- public PriorityQueue(int initialCapacity, Comparator<? Super E> comparator)：创建一个指定初始容量的空的优先队列，元素顺序为比较器 comparator 指定的顺序。

下面程序演示了 PriorityQueue 类的使用。

程序 10.9　PQDemo.java

```java
import java.util.*;
public class PQDemo {
  static class PQSort implements Comparator<Integer>{
    public int compare(Integer one, Integer two){
      return two - one;
    }
  }
  public static void main(String[]args){
    int[] ia = {1,5,3,7,6,9,8};
    PriorityQueue<Integer> pq1 =
            new PriorityQueue<>();
    for(int x : ia)
      pq1.offer(x); //将数组 ia 中的元素插入到优先队列中
    for(int x : ia)
      System.out.print(pq1.poll() + " ");
    System.out.println();
    PQSort pqs = new PQSort();
    PriorityQueue<Integer> pq2 =
            new PriorityQueue<>(10,pqs);
    for(int x : ia)
      pq2.offer(x);
    System.out.println("size = " + pq2.size());
    System.out.println("peek = " + pq2.peek());
    System.out.println("poll = " + pq2.poll());
    System.out.println("size = " + pq2.size());
    for(int x : ia)
      System.out.print(pq2.poll() + " ");
  }
}
```

程序运行结果为：

```
1 3 5 6 7 8 9
size = 7
peek = 9
poll = 9
size = 6
8 7 6 5 3 1 null
```

从输出结果可以看到，对象是按某种优先顺序插入到队列中的。第一次插入使用对象的自然顺序；第二次插入使用了比较器对象，按与自然顺序相反的顺序插入。

从对 peek() 和 poll() 的调用结果可以看到，它们分别返回和删除了具有最高优先级的元素。最后输出的 null 表示队列已为空。

10.1.7　集合转换

Collection 的实现类的构造方法一般都接受一个 Collection 对象，可以将 Collection 转换成不同类型的集合。下面是一些实现类的构造方法：

```
public ArrayList(Collection c)
public HashSet(Collection c)
public LinkedList(Collection c)
```

下面代码将一个 Queue 对象转换成一个 List：

```
Queue<String> queue = new LinkedList<>();
queue.add("hello");
queue.add("world");
List<String> myList = new ArrayList(queue);
```

以下代码又可以将一个 List 对象转换成 Set 对象：

```
Set<String> set = new HashSet(myList);
```

10.2　Map 接口及实现类

Map 是用来存储关键字/值对的对象。在 Map 中存储的关键字和值都必须是对象，并要求关键字是唯一的，而值可以有重复的。

Map 接口常用的实现类有 HashMap 类、LinkedHashMap 类、TreeMap 类和 Hashtable 类，前三个类的行为和性能与前面讨论的 Set 实现类 HashSet、LinkedHashSet 及 TreeSet 类似。Hashtable 类是 Java 早期版本提供的类，经过修改实现了 Map 接口。Map 接口及实现类的层次关系如图 10-5 所示。

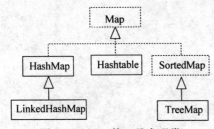

图 10-5　Map 接口及实现类

10.2.1　Map 接口

Map 接口的定义如下：

```
public interface Map<K, V> {
    // 基本操作
    V put(K key, V value);                          // 向映射对象中添加一个键/值对
    V get(Object key);                              // 返回指定键的值
    V remove(Object key);                           // 从映射中删除指定键的键/值对
    boolean containsKey(Object key);                // 返回映射中是否包含指定的键
    boolean containsValue(Object value);            // 返回映射中是否包含指定的值
    int size();                                     // 返回映射中包含的键/值对个数
    boolean isEmpty();                              // 返回映射是否为空
    // 批量操作
    void putAll(Map<? extends K, ? extends V> t);
    void clear();
    // 集合视图
    public Set<K> keySet();                         // 返回由键组成的 Set 对象
    public Collection<V> values();                  // 返回由值组成的 Collection 对象
    // 内部接口的定义
    public interface Entry {
```

```
        K getKey();
        V getValue();
        V setValue(V value);
    }
    public Set<Map.Entry<K,V>> entrySet();
}
```

  Map 接口的批量操作有两个方法 clear()和 putAll()。clear()是从 Map 对象中清除所有的映射。putAll()与 Collection 接口的 addAll()类似。

  Map 接口的 keySet()返回包含在 Map 中键的一个 Set 对象。values()返回包含在 Map 中值的一个 Collection 对象，该 Collection 对象不是一个 Set，因为在 Map 中可能多个键映射到一个相同的值上。

  在 Map 接口中还定义了一个名为 Entry 的内部接口，其中定义了三个方法，分别为 getKey()、getValue()和 setValue()。使用 Map 接口的 entrySet()可以得到包含 Entry 的 Set 对象。

  在 Map 对象的键上迭代可以使用增强的 for 循环，也可以使用迭代器，如下所示：

```
for (KeyType key : m.keySet())
    System.out.println(key);
```

如果使用迭代器，可通过下面方式实现：

```
for (Iterator<Type> i = m.keySet().iterator(); i.hasNext(); )
    if (i.next().isBogus())
        i.remove();
```

  在值上迭代与在键上迭代类似。可以使用 values 方法得到值的 Collection 对象，然后在其上迭代。也可以在键/值对上迭代，如下所示：

```
for(Map.Entry<KeyType, ValType> e : m.entrySet())
    System.out.println(e.getKey() +":" + e.getValue());
```

  这里，KeyType 为 Map 的键类型，ValType 为 Map 的值类型。

10.2.2 Map 接口的实现类

  Map 接口的常用实现类有 HashMap、TreeMap 和 Hashtable 类。

1．HashMap 类

HashMap 类以散列方法存放键/值对，它的构造方法有：

- HashMap()：创建一个空的映射对象，使用默认的装填因子(0.75)。
- HashMap(int initialCapacity)：用指定的初始容量和默认的装填因子创建一个映射对象。
- HashMap(int initialCapacity, float loadFactor)：用指定的初始容量和指定的装填因子创建一个映射对象。
- HashMap(Map m)：用指定的映射对象 m 创建一个新的映射对象。

  下面程序使用 HashMap 存放几个国家名称和首都名称对照表，然后对其进行各种操作。

程序 10.10 MapDemo.java

```java
import java.util.*;
public class MapDemo {
  public static void main(String[] args) {
    String[] country = {"China","India","Australia",
                "Germany","Cuba","Greece","Japan"};
    String[] capital = {"Beijing","New Delhi","Canberra","Berlin",
                "Havana","Athens","Tokyo"};
    Map<String, String> m = new HashMap<>();
    for(int i = 0;i<country.length;i++){
      m.put(country[i], capital[i]);
    }
    System.out.println("共有 " + m.size() + " 个国家:");
    System.out.println(m);
    System.out.println(m.get("China"));
    m.remove("Japan");
    Set<String> coun = m.keySet();
    for(Object c : coun)
      System.out.print(c + " ");
  }
}
```

程序运行结果为：

```
共有 7 个国家:
{Cuba=Havana, Greece=Athens, Australia=Canberra, Germany=Berlin,
Japan=Tokyo, China=Beijing, India=New Delhi}
Beijing
Cuba Greece Australia Germany China India
```

LinkedHashMap 是 HashMap 类的子类，保持键的顺序与插入的顺序一致。它的构造方法与 HashMap 的构造方法类似。对程序 10.10，如果希望国家名按输入的顺序输出，可以使用 LinkedHashMap 类创建映射对象。

2. TreeMap 类

TreeMap 类实现了 SortedMap 接口，SortedMap 接口能保证 Map 中的各项按关键字升序排序。TreeMap 类的构造方法如下：

- TreeMap()：创建根据键的自然顺序排序的空的映射。
- TreeMap(Comparator c)：根据给定的比较器创建一个空的映射。
- TreeMap(Map m)：用指定的映射 m 创建一个新的映射，根据键的自然顺序排序。
- TreeMap(SortedMap m)：在指定的 SortedMap 对象创建新的 TreeMap 对象。

对程序 10.10 的例子，假设希望按国家名的顺序输出 Map 对象，仅将 HashMap 改为 TreeMap 即可。输出结果将为：

```
{Australia=Canberra, China=Beijing, Cuba=Havana, Germany=Berlin,
 Greece=Athens, India=New Delhi, Japan=Tokyo}
```

这里，键的顺序是按字母顺序输出的。

下面程序从一文本文件中读取数据,统计该文件中共有多少不同的单词及每个单词出现的次数,设文件名为 proverb.txt,内容为下面三行:

```
no pains, no gains.
well begun is half done.
where there is a will, there is a way.
```

程序 10.11　WordFrequency.java

```java
import java.util.*;
import java.io.*;
public class WordFrequency{
  public static void main(String[] args)throws IOException{
    String line = null;
    String[] words = null;
    Map<String,Integer> m = new TreeMap<>();
    BufferedReader br = new BufferedReader(
                        new FileReader("proverb.txt"));
    while((line = br.readLine())!= null){
      words = line.split("[ ,.]"); // 每读一行将其解析成字符串数组
      for(String s : words){
        Integer freq = m.get(s);
        if(freq == null)
          m.put(s,1);
        else
          m.put(s,freq + 1);
      }
    }
    System.out.println("共有" + m.size() + "个不同单词.");
    System.out.println(m);
  }
}
```

程序运行结果为:

共有 13 个不同单词.
{a = 2, begun = 1, done = 1, gains = 1, half = 1, is = 3, no = 2, pains = 1, there = 2, way = 1, well = 1, where = 1, will = 1}

由于程序中使用了 TreeMap,输出单词的顺序是按字母顺序排列的。

3. Hashtable 类

Hashtable 类是 Java 早期版本提供的一个存放"键/值"对的实现类,实现了一种散列表,现在也属于集合框架。Hashtable 类的方法都是同步的,因此它是线程安全的。

任何非 null 对象都可以作为散列表的关键字和值,但是要求作为关键字的对象必须实现 hashCode 方法和 equals 方法,以使对象的比较成为可能。

一个 Hashtable 实例有两个参数影响它的性能:一个是初始容量(initial capacity);另一个是装填因子。

Hashtable 的构造方法有:

- Hashtable():使用默认的初始容量(11)和默认的装填因子(0.75)创建一个空的散列表。
- Hashtable(int initialCapacity):使用指定的初始容量和默认的装填因子(0.75)创建

一个空的散列表。
- Hashtable(int initialCapacity, float loadFactor)：使用指定的初始容量和指定的装填因子创建一个空的散列表。
- Hashtable(Map< ? extends K, ? extends V> m)：使用给定的Map对象m创建一个散列表。

Hashtable类的常用方法有：
- public V put(K key, V value)：在散列表中建立指定的键和值的映射，键和值都不能为null。
- public V get(Object key)：返回散列表中指定的键所映射的值。
- public V remove(Object key)：从散列表中删除由键指定的映射值。
- public Enumeration<K> keys()：返回散列表中键组成的一个枚举对象。
- public Enumeration<V> elements()：返回散列表中值组成的一个枚举对象。

4. Enumeration接口

Hashtable类的keys()和elements()的返回类型都是Enumeration接口类型的对象，该接口中定义了两个方法：
- boolean hasMoreElements()：测试枚举对象中是否还含有元素，如果还含有元素返回true，否则返回false。
- E nextElement()：如果枚举对象中至少还有一个元素，它返回下一个元素。

下面代码创建一个包含数字的散列表对象，使用数字名作为关键字。

```
Hashtable<String,Integer> numbers = new Hashtable<>();
numbers.put("one", new Integer(1));
numbers.put("two", new Integer(2));
numbers.put("three", new Integer(3));
```

要检索其中的数字，可以使用下面代码：

```
Integer n = numbers.get("two");
if (n != null) {
  System.out.println("two = " + n);
}
```

调用Hashtable对象的keys()可以返回包含键的Enumeration对象。
例如：

```
Enumeration<String> en = numbers.keys();
while(en.hasMoreElements()){
  System.out.println(en.nextElement());
}
```

10.3 Arrays类和Collections类

Arrays类和Collections类是java.util包中定义的两个工具类，这两个类提供了若干static方法实现数组和集合对象的有关操作。

10.3.1 Arrays 类

Arrays 类定义了对数组操作的方法，这些操作包括对数组排序、在已排序的数组中查找指定元素、比较两个数组是否相等、将一个值填充到数组的每个元素中。上述操作都有多个重载的方法，可用于所有的基本数据类型和 Object 类型。另外还提供了一个 asList 方法，用来将数组转换为 List 对象。

1. 数组的排序

使用 Arrays 的 sort 方法可以对数组元素排序。使用该方法的排序是稳定的（stable），即相等的元素在排序结果中不会改变顺序。对于基本数据类型，按数据的升序排序。对于对象数组的排序要求数组元素的类必须实现 Comparable 接口，若要改变排序顺序，还可以指定一个比较器对象。对象数组的排序方法格式如下：

- public static void sort(Object[] a)：对数组 a 按自然顺序排序。
- public static void sort(Object[] a, int fromIndex, int toIndex)：对数组 a 中的元素从起始下标 fromIndex 到终止下标 toIndex 之间的元素排序。
- public static void sort(Object[] a, Comparator c)：使用比较器对象 c 对数组 a 排序。

注意：不能对布尔型数组排序。

下面程序演示了对一个字符串数组的排序。

程序 10.12 SortDemo.java

```java
import java.util.*;
public class SortDemo{
  public static void main(String[] args){
    String[] s = new String []{"China", "England",
                "France","America","Russia",};
    for(int i = 0;i<s.length;i++)
      System.out.print(s[i]+" ");
    System.out.println();
    Arrays.sort(s);    // 对数组 s 排序
    for(int i = 0; i<s.length; i++)
      System.out.print(s[i]+" ");
    System.out.println();
  }
}
```

程序输出结果为：

China England France America Russia
America China England France Russia

2. 元素的查找

对排序后的数组可以使用 binarySearch 方法从中快速查找指定元素，该方法也有多个重载的方法，下面是对整型数组和对象数组的查找方法：

- public static int binarySearch (int[] a, int key);

- public static int binarySearch (Object[] a, Object key)。

查找方法根据给定的键值,查找该值在数组中的位置,如果找到指定的值,则返回该值的下标值。如果查找的值不包含在数组中,方法的返回值为(一插入点-1)。插入点为指定的值在数组中应该插入的位置。

例如,下面代码输出结果为-3:

```java
int[] a = new int[]{1,3,5,7};
Arrays.sort(a);
int i = Arrays.binarySearch(a,4);
System.out.println(i);   //输出-3
```

注意:使用 binarySearch 方法前,数组必须已经排序。

3. 数组的比较

使用 Arrays 的 equals 方法可以比较两个数组,被比较的两个数组要求数据类型相同且元素个数相同,比较的是对应元素是否相同。对于引用类型的数据,如果两个对象 e1、e2 值都为 null 或 e1.equals(e2),则认为 e1 与 e2 相等。

下面是布尔型数组和对象数组 equals 方法的格式:

- public static boolean equals(boolean[] a, boolean[] b):比较布尔型数组 a 与 b 是否相等。
- public static boolean equals(Object[] a, Object[] b):比较对象数组 a 与 b 是否相等。

下面的程序给出了 equals 方法的示例。

程序 10.13 EqualsTest.java

```java
import java.util.*;
public class EqualsTest {
  public static void main(String[] args) {
    int[] a1 = new int[10];
    int[] a2 = new int[10];
    Arrays.fill(a1, 47);
    Arrays.fill(a2, 47);                           //用 47 填充数组 a1 的每个元素
    System.out.println(Arrays.equals(a1, a2));     // 输出 true
    System.out.println(a1.equals(a2));             // 输出 false
    a2[3] = 11;
    System.out.println(Arrays.equals(a1, a2));     // 输出 false
    String[] s1 = new String[5];
    Arrays.fill(s1, "Hi");
    String[] s2 = {"Hi", "Hi", "Hi", "Hi", "Hi"};
    System.out.println(Arrays.equals(s1, s2));     // 输出 true
  }
}
```

4. 数组元素复制

使用 Arrays 类的 copyOf 方法和 copyOfRange 方法将一个数组中的全部或部分元素复制到另一个数组中。有 10 个重载的 copyOf 方法,其中 8 个为各基本类型的,2 个为对象

类型的。下面给出几个方法的格式。

- public static boolean[] copyOf(boolean[] original, int newLength);
- public static double[] copyOf(double[] original, int newLength);
- public static <T> T[] copyOf(T[] original, int newLength)。

这些方法的 original 参数是原数组，newLength 参数是新数组的长度。如果 newLength 小于原数组的长度，则将原数组的前面若干元素复制到目标数组。如果 newLength 大于原数组的长度，则将原数组的所有元素复制到目标数组，目标数组的长度为 newLength。

下面代码创建了一个包含 4 个元素的数组，将 numbers 的内容复制到它的前三个元素中。

```
int[] numbers = {3, 7, 9};
int[] newArray = Arrays.copyOf(numbers, 4);
```

当然，也可以将新数组重新赋给原来的变量：

```
numbers = Arrays.copyOf(numbers, 4);
```

与 copyOf() 类似的另一个方法是 copyOfRange()，它可以将原数组中指定位置开始的若干元素复制到目标数组中。下面是几个方法的格式。

- public static boolean[] copyOfRange(boolean[] original, int from, int to);
- public static double[] copyOfRange(double[] original, int from, int to);
- public static <T> T[] copyOfRange(T[] original, int from, int to)。

上述方法中，from 参数指定复制的元素在原数组中的起始下标，to 参数是结束下标（不包含），将这些元素复制到目标数组中。

```
char[] letter = {'a','b','c','d','e','f','g'};
letter = Arrays.copyOfRange(letter, 1,5);
```

上述代码执行后，letter 数组的长度变为 4，其中包含 'b'、'c'、'd' 和 'e' 四个元素。

5. 数组转换为 List 对象

Arrays 类提供了一个 asList 方法，实现将数组转换成 List 对象的功能，该方法的定义如下：

```
public static <T> List<T> asList(T... a)
```

该方法提供了一个方便的从多个元素创建 List 对象的途径，它的功能与 Collection 接口的 toArray() 方法相反。

程序 10.14　AsListDemo.java

```
import java.util.*;
public class AsListDemo{
    public static void main(String[]args){
        String[] str = {"one","two","three","four"};
        List<String> list = Arrays.asList(str); // 将数组转换为线性表
        System.out.println(list);
```

```
//list.add("five"); 将引发运行时异常
    }
}
```

也可以将数组元素直接作为 asList() 方法的参数写在括号中。

例如：

```
List list = Arrays.asList("one", "two", "three", "four");
```

这里还可以使用基本数据类型，如果使用基本数据类型，则转换成 List 对象元素时进行了自动装箱操作。

注意，Arrays.asList 方法返回的 List 对象是不可变的，如果对该 List 对象进行填加、删除等操作，将抛出 UnsupportedOperationException 异常。如果要实现对 List 对象的操作，可以将其作为一个参数传递给另一个 List 的构造方法，如下所示：

```
List<String> list = new ArrayList<> (Arrays.asList(str));
```

6. 填充数组元素

调用 Arrays 类的 fill 方法可以将一个值填充到数组的每个元素中，也可将一个值填充到数组连续的几个元素中。下面是向整型数组和对象数组中填充元素的方法：

- public static void fill (int[] a, int val)：用指定的 val 值填充数组 a 中的每个元素。
- public static void fill (int[] a, int fromIndex, int toIndex, int val)：用指定的 val 值填充数组中的下标从 fromIndex 开始到 toIndex 为止的每个元素。
- public static void fill (Object[] a, Object val)：用指定的 val 值填充对象数组中的每个元素。
- public static void fill (Object[] a, int fromIndex, int toIndex, Object val)：用指定的 val 值填充对象数组中的下标从 fromIndex 开始到 toIndex 为止的每个元素。

下面的程序创建一个整型数组，然后使用 fill 方法为其每个元素填充一个两位随机整数。

程序 10.15　FillDemo.java

```java
import java.util.*;
public class FillDemo{
    public static void main(String[] args){
        int[] intArray = new int[10];
        for(int i = 0;i < intArray.length;i++){
            int num = (int)(Math.random() * 90) + 10;
            Arrays.fill(intArray, i, i + 1, num);
        }
        for(int i : intArray)
            System.out.print(i + " ");
    }
}
```

下面是该程序某次输出结果：

```
58  73  92  34  56  32  13  67  30  98
```

10.3.2 Collections 类

Collections 类也提供了若干静态方法,实现多态算法。这些算法大多对 List 操作,主要包括排序、重排、查找、常规操作等。

1. 排序

对线性表排序使用 sort()方法,有下面两种格式:

- public static<T> void sort(List<T> list);
- public static<T> void sort(List <T>list, Comparator<? super T> c)。

该方法实现对 List 的元素按升序或指定的比较器顺序排序。该方法使用优化的归并排序算法,因此排序是快速的和稳定的。在排序时如果没有提供 Comparator 对象,则要求 List 中的对象必须实现 Comparable 接口。

2. 重排次序

使用 shuffle 方法可以重排 List 对象中元素的次序,该方法格式为:

- public static void shuffle(List<?> list):使用默认的随机数重新排列 List 中的元素。
- public static void shuffle(List<?> list, Random rnd):使用指定的 Random 对象,重新排列 List 中的元素。

下面的例子说明了 sort 方法和 shuffle 方法的使用。

程序 10.16　ListSortDemo.java

```
import java.util.*;
public class ListSortDemo {
  public static void main(String[] args) {
    Integer [] num = {1, 3, 5, 6, 4, 2, 7, 9, 8, 10};
    List< Integer > list = Arrays.asList(num);
    System.out.println(list);
    Collections.sort(list);
    System.out.println(list);
    Collections.shuffle(list,new Random());
    System.out.println(list);
  }
}
```

程序运行结果为:

[1, 3, 5, 6, 4, 2, 7, 9, 8, 10]
[1, 2, 3, 4, 5, 6, 7, 8, 9, 10]
[6, 8, 7, 9, 1, 5, 2, 10, 3, 4]

3. 查找

使用 binarySearch()方法可以在已排序的 List 中查找指定的元素,该方法格式如下:

- public static<T> int binarySearch(List<T> list, T key);
- public static <T>int binarySearch(List<T> list, T key, Comparator c)。

第一个方法指定 List 和要查找的元素。该方法要求 List 已经按元素的自然顺序的升序排序。第二个方法除了指定查找的 List 和要查的元素外,还要指定一个比较器,并且假定 List 已经按该比较器升序排序。在执行查找算法前必须先执行排序算法。

如果 List 包含要查找的元素,方法返回元素的下标,否则返回值为(一插入点-1),插入点为该元素应该插入到 List 中的下标位置。

下面的代码可以实现在 List 查找指定的元素,如果找不到,将该元素插入到适当的位置。

```
List< Integer > list = Arrays.asList(5,3,1,7);
Collections.sort(list);
int key = 4;
int pos = Collections.binarySearch(list, key);
if( pos < 0){
  List< Integer > nlist = new ArrayList<>(list);
  nlist.add( - pos - 1, key);
  System.out.println(nlist);
}
```

注意:不能在原来的 List 上执行插入操作,否则会引发 UnsupportedOperationException 异常。

4. 常规操作

Collections 类提供了 5 个对 List 对象的常规操作方法,如下所示。

- public static void reverse(List<?> list):该方法用来反转 List 中元素的顺序。
- public static void fill(List<? super T> list, T obj):用指定的值覆盖 List 中原来的每个值,该方法主要用于对 List 进行重新初始化。
- public static void copy(List<? super T> dest, List<? extends T> src):该方法带有两个参数,目标 List 和源 List。它实现将源 List 中的元素复制到目标 List 中并覆盖其中的元素。使用该方法要求目标 List 的元素个数不少于源 List。如果目标 List 的元素个数多于源 List,其余元素不受影响。
- public static void swap(List<?> list, int i, int j):交换 List 中指定位置的两个元素。
- public static<T> boolean addAll(Collection<? super T> c, T…elements):该方法用于将指定的元素添加到集合 c 中,可以指定单个元素或数组。

5. 组合操作

使用 frequency 方法可以返回指定元素在集合中出现的次数,使用 disjoint 方法可以判断两个集合是否不相交。

- public static int frequency(Collection<?> c, Object o):返回指定的元素 o 在集合 c 中出现的次数。
- public static boolean disjoint(Collection<?> c1, Collection<?> c2):如果两个集合不包含相同的元素,该方法返回 true。

6. 查找极值

Collections 类提供了 max()和 min()用来在集合中查找最大值和最小值。它们的格式为:

- public static <T> T max(Collection<? extends T> coll);
- public static <T> T max(Collection<? extends T> coll, Comparator<? super T> comp);
- public static <T> T min(Collection<? extends T> coll);
- public static <T> T min(Collection<? extends T> coll, Comparator<? super T> comp)。

这里每个方法都有两种形式。简单的形式只带一个 Collection 参数,它根据元素的自然顺序返回集合中的最大、最小值。带比较器的方法是根据比较器返回集合中的最大、最小值。

10.4 泛型介绍

10.4.1 为何引进泛型

下面通过一个简单的例子说明为何引进泛型机制。程序 10.17 的 Box 类表示盒子,其中定义了一个 Object 类型的成员变量表示盒子中存放的对象。Box 类中定义了两个方法,其中 add 方法用来填加对象,get 方法用来返回对象。使用 Box 类可以对任何类型的对象操作。

程序 10.17 Box.java

```java
public class Box {
    private Object object;
    public void add(Object object) {
        this.object = object;
    }
    public Object get() {
        return object;
    }
}
```

由于 Box 类的方法接受和返回 Object 对象,可以向 add 方法传递任何类型(包括基本类型)的数据(如 Integer),如下所示:

```java
public static void main(String[] args) {
    Box integerBox = new Box();
    integerBox.add(new Integer(88));
    Integer someInteger = (Integer)integerBox.get();
    System.out.println(someInteger);
}
```

这里程序通过 add 方法向 Box 对象中填加一个 Integer 对象,然后通过 get 方法返回该 Integer 对象,最后输出该对象。注意,需要对 get 方法的返回值进行强制类型转换。

但如果向 Box 对象中填加一个字符串对象,而将 get 方法返回值转换为 Integer,将发生运行时异常,如下列代码所示。

```java
public static void main(String[] args) {
```

```
    Box integerBox = new Box();
    integerBox.add("hello");              // 注意添加的是 String 对象
    Integer someInteger = (Integer)integerBox.get();
    System.out.println(someInteger);
}
```

程序中显然存在错误,但这种错误在编译时不能被发现,而是等到运行时会产生下面异常:

```
Exception in thread "main" java.lang.ClassCastException:
    java.lang.String cannot be cast to java.lang.Integer
    at Box.main(Box.java:13)
```

异常的原因是不能将存储在 Box 中的 String 对象转换为 Integer 对象。从上面程序中可以看到,要返回 Box 中的对象必须使用强制类型转换,要求程序员必须清楚 Box 中存放的对象类型,如果做了不正确的转换,将发生运行时异常。这不但增加了程序员的负担,而且程序也不安全。因此,从 Java 5 开始提供了类型安全的泛型类型功能。如果采用泛型设计 Box 类,这种错误就会在编译时被捕获,而不是在运行时才被发现。

10.4.2 泛型类型

泛型是带一个或多个类型参数(type parameter)的类或接口。例如,Box 类可以使用泛型定义,程序如下。

程序 10.18　Box.java

```java
public class Box<T> {
    private T t;
    public void add(T t) {
        this.t = t;
    }
    public T get() {
        return t;
    }
}
```

这里在 Box 类声明中使用尖括号引进了一个名为 T 的类型变量,该变量可在类的内部任何位置使用。可以将 T 看作一种特殊类型的变量,它的值可以是任何类或接口,但不能是基本数据类型。T 可以看作 Box 类的一个形式参数,因此泛型也被称为参数化类型(parameterized type)。这样声明的 Box 类就是一个泛型类。这种技术也适用于接口。

泛型类型的使用与方法调用类似,方法调用需向方法传递参数,使用泛型需传递一个类型参数,即用某个具体的类型替换 T。例如,如果要在 Box 对象中存放 Integer 对象,就需要在创建 Box 对象时为其传递 Integer 类型参数。

要实例化泛型类对象,也使用 new 运算符,但在类名后面需加上要传递的具体类型,例如:

```java
Box<Integer> integerBox = new Box<Integer>();
```

在 Java SE 7 中,仅使用一对尖括号(<>)即可,这称为菱形语法。例如,上述语句可

以写成:

```
Box<Integer> integerBox = new Box<>();
```

一旦创建了 integerBox 对象,就可以调用 add 方法向其中添加 Integer 对象,如下代码所示。

```
public static void main(String[] args) {
    Box<Integer> integerBox = new Box<>();
    integerBox.add(new Integer(88));
    Integer someInteger = Integer integerBox.get(); // 不需要类型转换
    System.out.println(someInteger);
}
```

然而,如果向 integerBox 中添加不相容的类型(如 String),将发生编译错误,从而在编译阶段保证了类型的安全。

```
integerBox.add(new String("hello"));    // 该语句会发生编译错误
```

需要注意的是,泛型可能具有多个类型参数,但在类或接口的声明中,每个参数名必须是唯一的。例如,假如 Box 类有两个类型参数,则若声明为 Box<T, T>将产生错误,而声明为 Box<T, U>是允许的。

按照约定,类型参数名使用单个大写字母表示。常用的类型参数名有 E 表示元素、K 表示键、N 表示数字、T 表示类型、V 表示值等。

10.4.3 泛型方法

泛型方法(generic method)是带类型参数的方法。类的成员方法和构造方法都可以定义为泛型方法。泛型方法的定义与泛型类型的定义类似,但类型参数的作用域仅限于声明的方法和构造方法内。下面在 Box 类中定义的 display 方法就是泛型方法。

程序 10.19 Box.java

```
import java.util.Date;
public class Box<T> {
  // 同程序 10.18 的定义
  public <U> void display(U u){
    System.out.println("U: " + u.getClass().getName());
    System.out.println("T: " + t.getClass().getName());
  }
  public static void main(String[] args) {
    Box<Integer> integerBox = new Box<>();
    integerBox.add(new Integer(88));
    integerBox.display(new Date());
  }
}
```

该程序的输出结果为:

```
U: java.util.Date
T: java.lang.Integer
```

这里在 Box 类中定义了一个名为 display() 的泛型方法，其中定义了一个名为 U 的类型参数，该方法接受一个对象并输出其类型，同时也输出 T 的类型。若传递的类型不同，输出结果也不同。

10.4.4 通配符(?)的使用

泛型类型本身也是一个 Java 类型，就像 java.lang.String 和 java.util.Date 一样，将不同的类型参数传递给一个泛型类型会产生不同的类型。例如，下面的 list1 和 list2 就是不同的类型对象。

```
List<Object> list1 = new ArrayList<>();
List<String> list2 = new ArrayList<>();
```

尽管 String 类是 Object 类的子类，但 List<String> 与 List<Object> 却没有关系，List<String> 并不是 List<Object> 的子类型。因此，把一个 List<String> 对象传递给一个需要 List<Object> 对象的方法，将会产生一个编译错误。请看下面代码。

```
public static void printList(List<Object> list){
  for(Object element : list){
    System.out.println(element);
  }
}
```

该方法的功能是打印传递给它的一个列表的所有元素。如果传递给该方法一个 List<String> 对象，将发生编译错误。如果要使上述方法可打印任何类型的列表，可将其参数类型修改为：

```
List<?> list
```

这里，问号(?)就是通配符，表示该方法可接受任何类型的 List 对象。

程序 10.20 WildCardDemo.java

```
import java.util.*;

public class WildCardDemo {
  public static void printList(List<?> list){
    for(Object element : list){
      System.out.println(element);
    }
  }
  public static void main(String[] args) {
    List<String> myList = new ArrayList<>();
    myList.add("cat");
    myList.add("dog");
    myList.add("horse");
    printList(myList);
  }
}
```

10.4.5 有界类型参数

有时需要限制传递给类型参数的类型种类。例如,要求一个方法只接受 Number 类或其子类的实例,需要使用有界类型参数(bounded type parameter)。

要声明有界类型参数,应列出类型参数名,后跟 extends 关键字,然后是上界类型。这里,extends 具有一般的意义,对类表示扩展(extends),对接口表示实现(implements)。

假如要定义一个 getAverage 方法,它返回一个列表中所有数字的平均值,希望该方法能够处理 Integer 列表、Float 列表等各种数字列表。但是,如果把 List<Number> 作为 getAverage 方法的参数,将不能处理 List<Integer> 列表或 List<Double> 列表。为了使该方法更具有通用性,可以限定传递给该方法的参数是 Number 对象或其子类对象的列表,这里 Number 类型就是列表中元素类型的上界(upper bound)。具体表示如下:

```
List<? extends Number>
```

程序 10.21　BoundedTypeDemo.java

```java
import java.util.*;
public class BoundedTypeDemo {
  public static double getAverage(List<? extends Number> numberList){
    double total = 0.0;
    for(Number number :numberList){
      total += number.doubleValue();
    }
    return total/numberList.size();
  }

  public static void main(String[] args) {
    List<Integer> integerList = new ArrayList<>();
    integerList.add(3);
    integerList.add(30);
    integerList.add(300);
    System.out.println(getAverage(integerList)); // 111.0
    List<Double> doubleList = new ArrayList<>();
    doubleList.add(5.5);
    doubleList.add(55.5);
    System.out.println(getAverage(doubleList)); // 30.5
  }
}
```

上述 getAverage 方法的定义要求类型参数为 Number 类或其子类对象,这里的 Number 就是上界类型。因此若给 getAverage 方法传递 List<Integer> 和 List<Double> 类型都是正确的,若传递一个非 List<Number> 对象(如 List<Date>),将产生编译错误。

如果还要求类型实现了某个接口,则应使用 & 符号。

例如:

```
<U extends Number & MyInterface>
```

也可以通过使用 super 关键字替代 extends 指定一个下界(lower bound)。

例如：

List<? **super Integer**> integerList

这里，"? super Integer"的含义是"Integer 类型或其超类型的一个未知类型"。Integer 类型构成未知类型的一个下界。

10.4.6 类型擦除

当泛型类型实例化时，编译器使用一种叫类型擦除（type erasure）的技术转换这些类型。在编译时，编译器将清除类和方法中所有与类型参数有关的信息。类型擦除可让使用泛型的 Java 应用程序与之前不使用泛型类型的 Java 类库和应用程序兼容。

例如，Box<String>被转换成 Box，称为源类型（raw type）。源类型是不带任何类型参数的泛型类或接口名。这说明在运行时找不到泛型类使用的是什么类型。下面的操作是不可能的：

```
public class MyClass<E> {
    public static void myMethod(Object item) {
        if (item instanceof E) {        // 编译错误
            …
        }
        E item2 = new E();              // 编译错误
        E[] iArray = new E[10];         // 编译错误
        E obj = (E)new Object();        // 非检查的造型警告
    }
}
```

因为编译器在编译时擦除了实际类型参数（用 E 表示的）的所有信息，黑体代码的操作在运行时是没有意义的。

类型擦除存在的目的是使新代码与早期遗留代码共存。为任何其他目的使用源类型都应该避免。

当使用泛型代码与遗留代码混合时，编译器将产生警告，请看下面的例子。

程序 10.22　WarningDemo.java

```
public class WarningDemo {
    // 该方法是非泛型方法
    public static Box createBox(){
        return new Box();
    }
    public static void main(String[] args){
        Box<Integer> box = createBox();
    }
}
```

上述代码将产生警告信息。对泛型类若没有给出类型参数，警告信息如下：

Box is a raw type. References to generic type Box<T> should be parameterized.

该信息表明使用泛型类应给出类型参数。可以使用泛型修改 createBox 方法，代码

如下:

```
public static Box<Integer> createBox(){
    return new Box<Integer>();
}
```

10.5 小　　结

本章主要讨论了Java的集合框架和Java 5的新功能泛型。Java集合框架主要由接口、实现类和算法构成。Collection接口是所有集合的根接口,Map接口是键/值对映射的根接口。这些接口分别有若干实现类。Set接口的实现类有HashSet、LinkedHashSet和TreeSet。List接口的实现类有ArrayList、LinkedList、Vector和Stack等。Queue接口的实现类有LinkedList和PriorityQueue。Map接口的实现类有HashMap、LinkedHashMap、TreeMap和Hashtable等。Arrays类和Collections类分别提供了对数组和集合对象的实用操作功能。

泛型是Java 5引进的一个新特征,它是类和接口的一种扩展机制,主要实现参数化类型机制。Java 5对Java集合API中的接口和类都进行了泛型化。使用该机制,程序员可以编写更安全的程序。

10.6 习　　题

1. 如果要求其中不能包含重复的元素,使用(　　)结构存储最合适。
    A. Collection   B. List   C. Set
    D. Map   E. Vector
2. 有下列一段代码,下面(　　)语句可以确定"cat"包含在列表list中。

```
ArrayList<String> list = new ArrayList<>();
list.add("dog");
list.add("cat");
list.add("horse");
```

    A. list.contains("cat")   B. list.hasObject("cat")
    C. list.indexOf("cat")   D. list.indexOf(1)
3. 有下列一段代码,执行后输出结果为(　　)。

```
TreeSet<String> mySet = new TreeSet<>();
mySet.add("one");
mySet.add("two");
mySet.add("three");
mySet.add("four");
mySet.add("one");
Iterator<String> it = mySet.iterator();
while(it.hasNext()){
    System.out.println(it.next()+" ");
}
```

A. one two three four B. four three two one
C. four one three two D. one two three four one

4. 下面（　）可以产生一个元素序列，然后可以使用 nextElement 方法检索序列中的连续元素。

A. Iterator　　B. Enumeration　　C. ListIterator
D Collection　　E. HashMap

5. 下列程序的运行结果为（　　）。

```
import java.util.*;
public class SortOf{
    public static void main(String[]args){
        ArrayList<String> a = new ArrayList<>();
        a.add(1); a.add(5); a.add(3);
        Collections.sort(a);
        a.add(2);
        Collections.reverse(a);
        System.out.println(a);
    }
}
```

A. [1,2,3,5]　　B. [2,1,3,5]　　C. [2,5,3,1]　　D. [1,3,5,2]

6. 编写程序实现一个对象栈类 MyStack<T>，要求使用 ArrayList 类实现该栈，该栈类的 UML 图如图 10-6 所示。

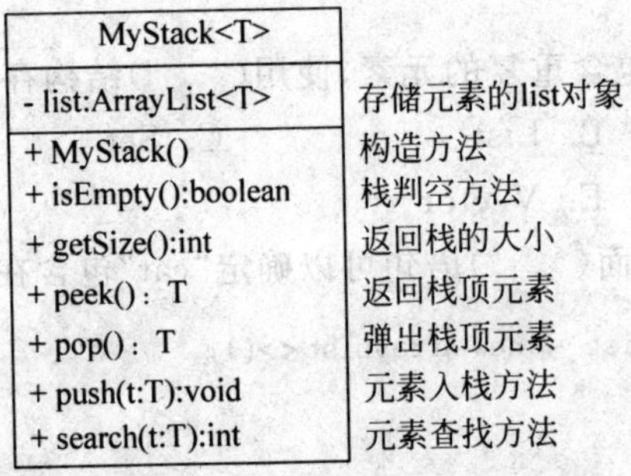

MyStack<T>	
- list:ArrayList<T>	存储元素的list对象
+ MyStack()	构造方法
+ isEmpty():boolean	栈判空方法
+ getSize():int	返回栈的大小
+ peek() : T	返回栈顶元素
+ pop() : T	弹出栈顶元素
+ push(t:T):void	元素入栈方法
+ search(t:T):int	元素查找方法

图 10-6　MyStack 类的 UML 图

7. 编写程序，随机生成 10 个两位整数，将其分别存入 HashSet 和 TreeSet 对象，然后将它们输出，观察输出结果的不同。

8. 编写一个类实现 Comparator 接口，使用该类对象实现 Student 对象按姓名顺序排序。

9. 有下列程序：

```
import java.util.*;
public class FindDups2 {
    public static void main(String[] args) {
        Set<String> uniques = new HashSet<>();
        Set<String> dups = new HashSet<>();
        for (String a : args)
```

```
        if (!uniques.add(a))
          dups.add(a);
      // 去掉重复的单词
      uniques.removeAll(dups);
      System.out.println("不重复的单词:" + uniques);
      System.out.println("重复的单词:" + dups);
    }
  }
```

如果运行该程序时给定的命令行参数为 i came i saw i left,程序运行结果如何?

10. 编写程序,从一文本文件中读若干行,实现将重复的单词存入一个 Set 对象中,将不重复的单词存入另一个 Set 对象中。

11. 有下面的类定义:

```
public class Animal{ }
public class Cat extends Animal { }
public class Dog extends Animal { }

public class AnimalHouse<E> {
  private E animal;
  public void setAnimal(E x) {
    animal = x;
  }
  public E getAnimal() {
    return animal;
  }
}
```

下面代码中产生编译错误的有(　　),出现编译警告的有(　　)。

A. AnimalHouse<Animal> house = new AnimalHouse<Cat>();
B. AnimalHouse<Dog> house = new AnimalHouse<Animal>();
C. AnimalHouse<?> house = new AnimalHouse<Cat>();
   house.setAnimal(new Cat());
D. AnimalHouse house = new AnimalHouse();
   house.setAnimal(new Dog());

12. 下面的代码定义了一个媒体(Media)接口及其三个子接口:图书(book)、视频(video)和报纸(newspaper),Library 类是一个非泛型类,请使用泛型重新设计该类。

```
import java.util.List;
import java.util.ArrayList;
interface Media { }
interface Book extends Media { }
interface Video extends Media { }
interface Newspaper extends Media { }
public class Library {
  private List resources = new ArrayList();
  public void addMedia(Media x) {
    resources.add(x);
```

```
        }
        public Media retrieveLast() {
          int size = resources.size();
          if (size > 0) {
            return (Media)resources.get(size - 1);
          }
          return null;
        }
      }
```

第 11 章　嵌套类、枚举和注解

嵌套类是在一个类（或接口）的内部定义另一个类，可以增强类与类之间的关系。枚举是 Java 5 增加的一种新的类型，是用来枚举值的。注解也是 Java 5 新增的类型，可以为编译器等工具提供信息。本章主要介绍这几种类型。

11.1　嵌　套　类

Java 语言允许在一个类的内部定义另一个类（或接口），这种类称为嵌套类（nested class），如下所示。

```
class OuterClass{
   // 成员变量和方法
   class NestedClass{
   // 成员变量和方法
   }
}
```

NestedClass 类就是嵌套类，而 OuterClass 类为外层类（enclosing class）。Java 允许使用嵌套类的目的是增强两个类之间的联系，并可以使程序代码清晰、简洁。

嵌套类有两种类型：静态的和非静态的。使用 static 声明的嵌套类称为静态嵌套类（static nested class）。非静态嵌套类称为内部类（inner class），内部类包括成员内部类、局部内部类和匿名内部类。

使用嵌套类可以带来如下优点：
- 对只在一处使用的类进行分组。
- 提高封装性。
- 增强代码的可读性和可维护性。

11.1.1　静态嵌套类

与类的其他成员类似，静态嵌套类使用 static 修饰。

例如：

```
class OuterClass{
   // 成员变量或方法
   static class InnerClass{
   // 成员变量或方法
   }
}
```

InnerClass 是静态嵌套类。静态嵌套类与静态方法类似只能访问外层类的 static 成员,不能直接访问外层类的实例变量和实例方法,只有通过对象引用才能访问。

程序 11.1 OuterClass.java

```java
package com.demo;
public class OuterClass{
  private static int x = 100;
  public static class StaticNestedClass{
    private String y = "hello";
    public void innerMethod(){
      System.out.println("x is " + x); // 可以访问 x
      System.out.println("y is " + y);
    }
  }

  public static void main(String[] args){
    OuterClass.StaticNestedClass snc =
        new OuterClass.StaticNestedClass();
    snc.innerMethod();
  }
}
```

程序运行结果为:

```
x is 100
y is hello
```

静态嵌套类实际是一种外部类,不存在对外部类的引用,不通过外部类的实例就可以创建一个对象,程序 11.1 的静态嵌套类的完整名称为 OuterClass.StaticNestedClass,此时必须使用完整的类名(如 OuterClass.StaticNestedClass)创建对象。因此,有时将静态嵌套类称为顶层类。

由于 static 嵌套类不具有任何对外层类实例的引用,因此 static 嵌套类中的方法不能使用 this 关键字访问外层类的实例成员,然而这些方法可以访问外层类的 static 成员。这一点与一般类的 static 方法的规则相同。

在类的内部还可以定义内部接口,内部接口的隐含属性是 static 的,当然也可以指定。嵌套的类或接口可以有任何访问修饰符,如 public、protected、private 以及默认。在内部类中还可以定义下一层的内部类,形成类的多层嵌套。

程序 11.2 OuterInterface.java

```java
package com.demo;
public class OuterInterface{
  String s1 = "Hello";
  static String s2 = "World";
  int i = 0;
  interface InnerInterface{          // 内部接口的声明
    void show();
  }
```

```java
    static class InnerClass implements InnerInterface{
        public void show(){
            System.out.println("s1 = " + new OuterInterface().s1);
            System.out.println("s2 = " + s2); // 可以访问外层类的 static 变量
        }
    }
    public static void main(String[] args){
        InnerClass inner = new InnerClass();
        inner.show();
        OuterInterface.InnerClass inner2 = new OuterInterface.InnerClass();
        inner2.show();
    }
}
```

在 OuterInterface 类内部定义了一个 InnerInterface 接口、一个 static 内部类并且该类实现了 InnerInterface 接口。

程序运行结果为：

```
s1 = Hello
s2 = World
s1 = Hello
s2 = World
```

11.1.2 成员内部类

成员内部类是没有用 static 修饰且定义在外层类的类体中。下面程序在 TopLevel 类中定义了一个成员内部类 Inner。

程序 11.3 TopLevel.java

```java
package com.demo;
public class TopLevel{
    private int x = 100;
    public class Inner{                // 成员内部类定义
        public int calculate(){
            return x;
        }
    }
    public static void main(String[] args){
        TopLevel topLevel = new TopLevel();
        TopLevel.Inner inner = topLevel.new Inner();
        System.out.println(inner.calculate());
    }
}
```

程序中 Inner 是 TopLevel 的成员内部类。在成员内部类中可以定义自己的成员变量和方法（如 calculate()），也可以定义自己的构造方法。成员内部类的访问修饰符可以是 private、public、protected 或默认。成员内部类可以看成是外层类的一个成员，因此可以自由地访问外层类的所有成员，包括私有成员。

当创建成员内部类对象时,它对外层类对象有一个隐含的引用。一般来说,当创建成员内部类的对象时应该有一个外层类的实例作为上下文。

在main()中,首先使用外层类的构造方法创建一个外层类对象topLevel,然后通过该对象创建内部类对象inner:

```
TopLevel topLevel = new TopLevel();
TopLevel.Inner inner = topLevel.new Inner();
```

创建内部类对象也可以使用下面的语句实现:

```
Toplevel.Inner inner = new TopLevel().new Inner();
```

在使用成员内部类时需要注意下面几个问题:
- 在成员内部类中不能定义static变量和static方法。
- 成员内部类也可以使用abstract和final修饰,其含义与其他类一样。
- 成员内部类还可以使用private、public、protected或包可访问修饰符。

11.1.3 局部内部类

可以在方法体或语句块内定义类。在方法体或语句块(包括方法、构造方法、局部块、初始化块或静态初始化块)内部定义的类称为局部内部类(local inner class)。

局部内部类不能视作外部类的成员,只对局部块有效,如同局部变量一样,在说明它的块之外完全不能访问,因此不能有任何访问修饰符。下面程序演示了局部内部类的定义。

程序11.4 MyOuter.java

```java
class MyOuter{
  private int size = 5;
  public Object makeInner(int localVar){
    final int finalLocalVar = localVar;
    class MyInner{                    // 局部内部类
      public String toString(){
        return "Size:" + size + " LocalVar = " + finalLocalVar;
      }
    }
    return new MyInner();              // 创建并返回局部内部类的一个实例
  }
  public static void main(String[] args){
    Object obj = new MyOuter().makeInner(47);
    System.out.println(obj.toString());
  }
}
```

在MyOuter外层类的makeInner方法中定义了一个局部内部类MyInner,该类只在makeInner方法中有效,就像方法中定义的变量一样。在方法体的外部不能创建MyInner类的对象。

在mian方法中创建了一个MyOuter类的实例并调用它的makeInner方法,该方法返回一个 MyInner 类的对象 obj,调用其 toString 方法输出如下：

```
Size: 5 LocalVar = 47
```

使用局部内部类时要注意下面问题：

(1) 局部内部类同方法局部变量一样,不能使用 private、protected 和 public 等访问修饰符,也不能使用 static 修饰,但可以使用 final 或 abstract 修饰。

(2) 局部内部类可以访问外层类的成员,若要访问其所在方法的参数和局部变量,这些参数和局部变量必须使用 final 修饰。

(3) static 方法中定义的局部内部类,可以访问外层类定义的 static 成员,不能访问外层类的实例成员。

11.1.4 匿名内部类

定义类最终目的是创建一个类的实例,但如果某个类的实例只使用一次,可以将类的定义和实例的创建在一起完成,或者说在定义类的同时就创建一个实例。以这种方式定义的没有名字的类称为匿名内部类(anonymous inner class)。

声明和构造匿名内部类的一般格式如下：

```
new ClassOrInterfaceName(){
    /* 此处为类体 */
}
```

匿名内部类可以继承一个类或实现一个接口,这里的 ClassOrInterfaceName 是匿名内部类所继承的类名或实现的接口名。但匿名内部类不能同时继承一个类和实现一个接口,也不能实现多个接口。如果实现了一个接口,该类是 java.lang.Object 类的直接子类。匿名类继承一个类或实现一个接口不需要使用 extends 或 implements 关键字。

由于匿名内部类没有名称,所以类体中不能定义构造方法。由于不知道类名,所以也不能使用 new 关键字创建该类的实例。实际上,匿名内部类的定义、构造和第一次使用都发生在同一个地方。

另外,上式是一个表达式,返回一个对象的引用,所以可以直接使用或将其赋给一个对象变量。

例如：

```
TypeName obj = new Name (){
    /* 此处为类体 */
};
```

同样,也可以将构造的对象作为方法调用的参数。

例如：

```
someMethod(new Name(){
        /* 此处为类体 */
    });
```

下面程序中的匿名内部类实现一个 Printable 接口。

程序 11.5　AnonymousDemo.java

```java
interface Printable {
  void print(String message);
}
public class AnonymousDemo {
  public static void main(String[] args){
    Printable printer = new Printable(){
      public void print(String message){
        System.out.println(message);
      }
    };
    printer.print("Anonymous Class");
  }
}
```

匿名内部类的一个重要应用是编写 GUI 的事件处理程序。如为按钮对象 jButton 注册事件监听器，就可以使用匿名内部类。

```java
jButton.addActionListener(
  new ActionListener(){
    public void actionPerformed(ActionEvent e){
      System.out.println("The button is clicked.");
    }
});
```

这里，ActionListener 是匿名内部类实现的接口；actionPerformed() 是该接口中定义的方法。关于 GUI 的事件处理请参考第 14 章。

11.2　枚 举 类 型

在实际应用中，有些变量的取值被限定在几个确定的值之内。例如，一年有 4 个季度，一周有 7 天、一副纸牌有 4 种花色等。对这种类型的数据，以前通常是在类或接口中定义常量来实现。Java 5 中增加了枚举类型，这种类型的数据可以定义为枚举类型。

11.2.1　枚举类型的定义

枚举类型是一种特殊的引用类型，它的声明和使用与类和接口有类似的地方。它可以作为顶层的类型声明，也可以像内部类一样在其他类的内部声明，但不能在方法内声明枚举。下面程序定义了一个名为 WeekDay 的枚举类型，表示一周的 7 天。

程序 11.6　EnumDemo.java

```java
package com.demo;
enum WeekDay {
   SUNDAY, MONDAY, TUESDAY, WEDNESDAY,
     THURSDAY, FRIDAY, SATURDAY;
}
public class EnumDemo {
```

```
public static void main(String[] args){
    WeekDay rest = WeekDay.SUNDAY;
    System.out.println(rest);           // 输出 SUNDAY
  }
}
```

枚举类型的声明使用 enum 关键字，WeekDay 为枚举类型名，其中声明了 7 个常量，分别表示一周的 7 天。由于枚举类型的实例是常量，因此按照命名惯例它们都用大写字母表示。上面的程序存入 EnumDemo.java 文件中，经过编译后产生一个 WeekDay.class 文件。

上述声明中，最后一个常量 SATURDAY 后面的分号可以省略，但如果枚举中还声明了方法，最后的分号不能省略。

为了使用枚举类型，需要创建一个该类型的引用，并将其赋值给某个实例。

11.2.2 枚举类型的方法

每一种枚举类型 E 都有两个静态方法，它们是编译器为枚举类型自动生成的。

- public static E[] values()：返回一个包含了所有枚举常量的数组，这些枚举常量在数组中是按照它们的声明顺序存储的。
- public static E valueOf(String name)：返回指定名字的枚举常量。如果这个名字与任何一个枚举常量的名字都不能精确匹配，将抛出 IllegalArgumentException 异常。

任何枚举类型都隐含地继承了 java.lang.Enum 抽象类，Enum 类又是 Object 类的子类，同时实现了 Comparable 接口和 Serializable 接口。每个枚举类型都包含了若干方法，下面是一些常用的。

- public final int compareTo(E o)：返回当前枚举对象与参数枚举对象的比较结果。
- public final Class<E> getDeclaringClass()：返回对应该枚举常量的枚举类型的类对象。两个枚举常量 e1、e2，当且仅当 e1.getDeclaringClass() == e2.getDeclaringClass()时，这两个枚举常量类型相同。
- public final String name()：返回枚举常量名。
- public final int ordinal()：返回枚举常量的顺序值，该值是基于常量声明的顺序的，第一个常量的顺序值是 0，第二个常量的顺序值为 1，以此类推。
- public String toString()：返回枚举常量名。

下面代码可以输出每个枚举常量名和它们的顺序号：

```
for(WeekDay d : WeekDay.values()){
    System.out.println(d+" , ordinal "+d.ordinal());
}
```

11.2.3 枚举在 switch 中的应用

枚举类型有一个特别实用的特性，可以在 switch 语句中使用，如下程序所示。

程序 11.7　EnumTest.java

```
import com.demo.WeekDay;
public class EnumTest {
```

```java
    WeekDay day;
    public EnumTest(WeekDay day) {
      this.day = day;
    }
    public void describe () {
      switch (day) {
        case MONDAY:
          System.out.println("Mondays are bad.");
          break;
        case FRIDAY:
          System.out.println("Fridays are better.");
          break;
        case SATURDAY:
        case SUNDAY:
          System.out.println("Weekends are best.");
          break;
        default:
          System.out.println("Midweek days are so-so.");
          break;
      }
    }

    public static void main(String[] args) {
      EnumTest firstDay = new EnumTest(WeekDay.MONDAY);
      firstDay.describe ();
      EnumTest thirdDay = new EnumTest(WeekDay.WEDNESDAY);
      thirdDay.describe ();
      EnumTest seventhDay = new EnumTest(WeekDay.SUNDAY);
      seventhDay.describe ();
    }
}
```

程序运行结果为：

Mondays are bad.
Midweek days are so-so.
Weekends are best.

11.2.4 枚举类型的构造方法

在枚举类型的声明中，除了枚举常量外还可以声明构造方法，成员变量和其他方法，如下程序所示。

程序 11.8 MealDemo.java

```java
public class MealDemo {
  public enum Meal {                              // 内部枚举
    BREAKFAST(7, 30), LUNCH(12, 15), DINNER(19, 45);
    private int hh;
    private int mm;
    Meal(int hh, int mm) {                        // 枚举的构造方法
```

```
       assert (hh >= 0 && hh <= 23) : "小时范围非法.";
       assert (mm >= 0 && mm <= 59) : "分钟范围非法.";
       this.hh = hh;
       this.mm = mm;
    }
    public int getHour() {return hh;}
    public int getMins() {return mm;}
  }

  public static void main (String[] args) {
    Meal bf = Meal.BREAKFAST;
    System.out.println("早饭时间:" + bf.getHour() + ":" + bf.getMins());
  }
}
```

枚举类型 Meal 中声明了三个枚举常量,同时声明了两个 private 的成员变量 hh 和 mm 分别表示小时和分钟,另外声明了一个构造方法和两个访问方法。

注意:枚举常量的声明必须在任何其他成员的前面声明。

11.3 注解类型

注解类型(annotation type)是 Java 5 新增的一个功能。注解以结构化的方式为程序元素提供信息,这些信息能够被外部工具(编译器、解释器等)自动处理。

注解有许多用途,其中包括:
- 为编译器提供信息。编译器可以使用注解检测错误或阻止编译警告。
- 编译时或部署时处理。软件工具可以处理注解信息生成代码、XML 文件等。
- 运行时处理。有些注解在运行时可以被检查。

像使用类一样,要使用注解必须先定义注解类型(也可以使用语言本身提供的注解类型)。

11.3.1 注解概述

注解是为 Java 源程序添加的说明信息,这些信息可以被编译器等工具使用。可以给 Java 包、类型(类、接口、枚举)、构造方法、方法、成员变量、参数及局部变量进行标注。例如,可以给一个 Java 类进行标注,以便阻止 javac 程序可能发出的任何警告,也可以对一个想要覆盖的方法进行标注,让编译器知道是要覆盖这个方法而不是重载它。

1. 注解和注解类型

学习注解会经常用到下面两个术语:注解(annotation)和注解类型(annotation type)。注解类型是一种特殊的接口类型。注解是注解类型的一个实例。就像接口一样,注解类型也有名称和成员。注解中包含的信息采用"键/值"对的形式,可以有零或多个"键/值"对,并且每个键有一个特定类型。它可以是一个 Stirng、int 或其他 Java 类型。没有"键/值"对的注解类型称作标记注解类型(marker annotation type)。如果注解只需要一个"键/值"对,则称为单值注解类型。

2. 注解语法

在 Java 程序中为程序元素指定注解的语法如下：

@AnnotationType

或

@AnnotationType(elementValuePairs)

在使用注解类型注解程序元素时，对每个没有默认值的元素，都应该以 name = value 的形式对元素初始化。初始化的顺序并不重要，但每个元素只能出现一次。如果元素有默认值，可以不对该元素初始化，也可以用一个新值覆盖默认值。

如果注解类型是标记注解类型（无元素），或所有的元素都具有默认值，那么就可以省略初始化器列表。

如果注解类型只有一个元素，可以使用缩略的形式对注解元素初始化，即不使用name=value 的形式，而是直接在初始化器中给出唯一元素的值。例如，假设注解类型 Copyright 只有一个 String 类型的元素，用它注解程序元素时就可以写为：

@Copyright("copyright 2010 - 2015")

11.3.2 标准注解

注解的功能很强大，但程序员很少需要定义自己的注解类型。大多数情况下是使用语言本身定义的注解类型。下面介绍几个 Java API 中定义的注解类型。

Java 语言规范中定义了三个注解类型，它们是供编译器使用的。这三个注解类型定义在 java.lang 包中，分别为@Override、@Deprecated 和@SuppressWarnings。

1. Override

Override 是一个标记注解类型，可以用在一个方法的声明中，告诉编译器这个方法要覆盖一个超类中的某个方法。使用该注解可以防止程序员在覆盖某个方法时出错。例如，考虑下面的 Parent 类：

```
class Parent{
  public double calculate(double x,double y){
    return x * y;
  }
}
```

假设现在要扩展 Parent 类，并覆盖它的 calculate 方法。下面是 Parent 类的一个子类：

```
class Child extends Parent{
  public int calculate(int x,int y){
    return (x + 1) * y;
  }
}
```

Child 类可以编译。然而，Child 类中的 calculate 方法并没有覆盖 Parent 中的方法，因为它的参数是两个 int 型，而不是两个 double 型。使用 Override 注解就可以很容易防止这类错误。每当想要覆盖一个方法时，就在这个方法前声明 Override 注解类型：

```
class Child extends Parent{
  @Override
  publicint calculate(int x, int y){
      return (x + 1) * y;
  }
}
```

这样，如果要覆盖的方法不是超类中的方法，编译器会产生一个编译错误，并指出 Child 类中的 calculate 方法并没有覆盖父类中的方法。

2. Deprecated

Deprecated 是一个标记注解类型，可以应用于某个方法或某个类型，指明方法或类型已被弃用。标记已被弃用的方法或类型，是为了警告其代码用户，不应该使用或覆盖该方法，或不该使用或扩展该类型。一个方法或类型被标记弃用通常是因为有了更好的方法或类型。当前的软件版本中保留这个被弃用的方法或类型是为了向后兼容。

下面代码使用了 Deprecated 注解。

```
public class DeprecatedDemo{
  @Deprecated
  public void badMethod(){
    System.out.println("Deprecated");
  }
  public static void main(String[]args){
    DeprecatedDemo dd = new DeprecatedDemo();
    dd.badMethod();
  }
}
```

编译该文件，编译器将发出警告。

3. SuppressWarnings

使用 SuppressWarnings 注解指示编译器阻止某些类型的警告，具体的警告类型可以用初始化该注解的字符串来定义。该注解可应用于类型、构造方法、方法、成员变量、参数以及局部变量。它的用法是传递一个 String 数组，其中包含需要阻止的警告。语法如下：

```
SuppressWarnings(value = {string-1,…,string-n})
```

以下是 SuppressWarnings 注解的有效参数：

- unchecked：未检查的转换警告。
- deprecation：使用了不推荐使用的方法的警告。
- serial：实现 Serializable 接口但没有定义 serialVersionUID 常量的警告。
- finally：任何 finally 子句不能正常完成的警告。
- fallthrough：switch 块中某个 case 后没有 break 语句的警告。

下面程序阻止了代码中出现的几种编译警告。

程序 11.9　SuppressWarningDemo.java

```java
import java.io.Serializable;
import java.util.*;
@SuppressWarnings(value = {"unchecked","serial","deprecation"})
public class SuppressWarningsDemo implements Serializable {
  public static void main(String[] args) {
    Date d = new Date();
    System.out.println(d.getDay());           //调用被弃用的方法
    List myList = new ArrayList();            //使用不安全的方法
    myList.add("one");
    myList.add("two");
    myList.add("three");
    System.out.println(myList);
  }
}
```

该类通过 SuppressWarnings 注解阻止了三种警告类型：unchecked、serial 和 deprecation。如果没有使用 SuppressWarnings 注解，当程序代码出现这几种情况时，编译器将给出警告信息。

11.3.3　定义注解类型

除了可以使用 Java 类库提供的注解类型外，用户也可以定义和使用注解类型。注解类型的定义与接口类型的定义类似。注解类型的定义使用 interface 关键字，前面加上 @ 符号。

```java
public @interface CustomAnnotation{
  //…
}
```

默认情况下，所有的注解类型都扩展了 java.lang.annotation.Annotation 接口。该接口定义了一个返回 Class 对象的 annotationType 方法，如下：

```java
Class <?extends Annotation> annotationType()
```

另外，该接口还定义了 equals 方法、hashCode 方法和 toString 方法。

下面程序定义了名为 ClassInfo 的注解类型。

程序 11.10　ClassInfo.java

```java
public @interface ClassInfo{
  String created();
  String author();
  String lastModified();
  int version();
}
```

可以像类和接口一样编译该注解类型，编译后产生 ClassInfo.class 类文件。在注解类型中声明的方法称为注解类型的元素，它的声明类似于接口中的方法声明，没有方法体，但有返回类型。元素的类型有一些限制，如只能是基本类型、String、枚举类型、其他注解类型等,并且元素不能声明任何参数。

实际上,注解类型的元素就像对象的域一样,所有应用该注解类型的程序元素都要对这些域实例化。这些域的值是在应用注解时由初始化器决定,或由元素的默认值决定。

在定义注解时可以使用 default 关键字为元素指定默认值。例如,假设定义一个名为 Version 的注解类型表示软件版本,通过两个元素 major 和 minor 表示主版本号和次版本号,并分别指定其默认值分别为 1 和 0(表示 1.0 版),该注解类型就可以定义如下:

```
public @interface Version{
    int major() default 1;
    int minor() default 0;
}
```

Version 注解类型可以用来标注类和接口,也可以供其他注解类型使用。例如,可以用它来重新定义 ClassInfo 注解类型:

```
public @interface ClassInfo{
    String created();
    String author();
    String lastModified();
    Version version();
}
```

注解类型中也可以没有元素,这样的注解称为标记注解(marker annotation),与标记接口类似。例如,下面定义了一个标记注解类型 Preliminary:

```
public @interface Preliminary { }
```

如果注解类型只有一个元素,这个元素应该命名为 value。例如,Copyright 注解类型只有一个 String 类型的元素,则其应该定义为:

```
public @interface Copyright {
    String value();
}
```

这样,在为程序元素注解时就可以不需要指定元素名称,而采用一种缩略的形式:

@Copyright("flying dragon company").

11.3.4 标准元注解

元注解(meta annotation)是对注解进行标注的注解。在 java.lang.annotation 包中定义了下面 4 个元注解类型:Documented、Inherited、Retention 和 Target。本节讨论这几个注解。

1. Documented

Documented 是一种标记注解类型,用于对一个注解类型的声明进行标注,使该注解类型的实例包含在用 javadoc 工具产生的文档中。

2. Inherited

用 Inherited 标注的注解类型的任何实例都会被继承。如果 Inherited 标注一个类,那么注解将会被这个被标注的类的所有子类继承。

3. Retension

Retension 注解指明被标注的注解保留多长时间。Retension 注解的值为 RetensionPolicy 枚举的一个成员：

- SOURCE，表示注解仅存于源文件中，注解将被编译器丢弃。
- CLASS，表示注解将保存在类文件中，但不被 JVM 保存的注解。这是默认值。
- RUNTIME，表示要被 JVM 保存的注解，在运行时可以利用反射机制查询。

例如，SuppressWarnings 注解类型的声明就利用@Retension 进行标注，并且它的值为 SOURCE。

```
@Retension(value = SOURCE)
public @interface SuppressWarnings
```

4. Target

Target 注解用来指明哪个（些）程序元素可以利用被标注的注解类型进行标注。Target 的值为 java.lang.annotation.ElementType 枚举的一个成员：

- ANNOTATION_TYPE，可以对注解类型标注。
- CONSTRUCTOR，可以对构造方法进行标注。
- FIELD，可以对成员的声明进行标注。
- LOCAL_VARIABLE，可以对局部变量进行标注。
- METHOD，可以对方法进行标注。
- PACKAGE，可以对包进行标注。
- PARAMETER，可以对参数声明进行标注。
- TYPE，可以对类型声明进行标注。

例如，Override 注解类型使用了 Target 注解标注，使得 Override 只适用于方法声明：

```
@Target(value = METHOD)
```

在 Target 注解中可以有多个值。例如，SuppressWarnings 注解类型的声明如下：

```
@Target(value = {TYPE,FIELD,METHOD,PARAMETER,CONSTRUCTOR,LOCAL_VARIABLE})
@Retention(value = SOURCE)
public @interface SuppressWarnings
```

此外，在 javax.jws 包中定义了一些用来创建 Web 服务的注解类型，在 javax.xml.ws 包和 javax.xml.bind.annotation 包中也定义了许多注解类型。注解类型在 Java Web 开发和 Java EE 开发中被广泛使用。

11.4 小 结

Java 允许在一个类（或接口）的内部定义另一个类，这种类称为嵌套类，嵌套类的目的是增强两个类之间的联系，并可以使程序代码清晰、简洁。枚举类型和注解类型都是 Java 5 新增加的语言特征。现在可以通过 enum 关键字定义枚举类型，可以使用预定义的注解类型和自定义的注解类型为程序元素添加注解。

11.5 习 题

1. 下面 Problem.java 程序不能通过编译,为什么?修改该程序使其能够编译。

   ```
   public class Problem {
     String s;
     static class Inner {
       void testMethod() {
         s = "Set from Inner";
       }
     }
   }
   ```

2. 有下面类定义:

   ```
   public class MyOuter{
     public static class MyInner{
       public static void foo(){}
     }
   }
   ```

   如果在其他类中创建 MyInner 类的实例,下面( )是正确的。

   A. MyOuter.MyInner mi = new MyOuter.MyInner();

   B. MyOuter.MyInner mi = new MyInner();

   C. MyOuter m = new MyOuter();
      MyOuter.MyInner mi = m.new MyOuter.MyInner();

   D. MyInner mi = new MyOuter.MyInner();

3. 将下面选项的代码插入程序指定位置,( )是正确的。

   ```
   public class OuterClass{
     private double d1 = 1.0;
     //代码插入此处
   }
   ```

   A. static class InnerOne{
         public double methodA(){return d1;} }

   B. static class InnerOne{
         static double methodA(){return d1;}}

   C. private class InnerOne{
         public double methodA(){return d1;}}

   D. protected class InnerOne{
         static double methodA(){return d1;}}

   E. public abstract class InnerOne{
         public abstract double methodA(); }

4. 编译和执行下面的 MyClass 类,输出结果如何?

```java
public class MyClass {
    protected InnerClass ic;
    public MyClass() {
        ic = new InnerClass();
    }
    public void displayStrings() {
        System.out.println(ic.getString() + ".");
        System.out.println(ic.getAnotherString() + ".");
    }
    // 内部类定义
    protected class InnerClass {
        public String getString() {
            return "InnerClass: getString invoked";
        }
        public String getAnotherString() {
            return "InnerClass: getAnotherString invoked";
        }
    }
    static public void main(String[] args) {
        MyClass c1 = new MyClass();
        c1.displayStrings();
    }
}
```

5. 给定接口 Runnable 的定义：

```java
public interface Runnable{
    void run();
}
```

下面（　　）语句创建了匿名内部类的实例。

A. Runnable r = new Runnable(){}

B. Runnable r = new Runnable(public void run(){});

C. Runnable r = new Runnable {public void run(){}};

D. System.out.println(new Runnable(){public void run(){}});

E. System.out.println(new Runnable(public void run(){}));

6. 给定下列代码，下面（　　）是正确的。

```
1. public class HorseTest{
2.   public static void main(String args[]){
3.     class Horse{
4.       public String name;
5.       public Horse(String s){
6.         name = s;
7.       }
8.     }
9.     Object obj = new Horse("Zippo");
10.    Horse h = (Horse) obj;
11.    System.out.println(h.name);
12.  }
```

13. }

  A. 第 10 行发生运行时异常
  B. 输出 Zippo
  C. 第 9 行发生编译错误
  D. 第 10 行发生编译错误

  7. 定义一个名为 TrafficLight 的 enum 类型，包含三个常量：GREEN、RED 和 YELLOW 表示交通灯的三种颜色。通过 values 方法和 ordinal 方法循环并打印每一个值及其顺序值。编写一个 switch 语句，为 TrafficLight 的每个常量输出有关信息。

  8. 可以使用注解类型标注的程序元素有哪些？

  9. 下面代码为 Employee 类添加了 Author 注解，请编写程序定义该注解。

```
@Author(
    firstName = "Zegang",
    lastName = "SHEN",
    internalEmployee = true
)
publicclass Employee {
    // …
}
```

第 12 章　国际化与本地化

在程序设计领域,在不改写有关代码的前提下,让开发的应用程序能够支持多种语言和数据格式的技术称为国际化技术。引入国际化机制的目的在于提供自适应、更友好的用户界面,而并不改变程序的其他功能和业务逻辑。

本章首先介绍国际化的概念和 Locale 类和 TimeZone 类,然后介绍与国际化有关的类,如 Date 类、Calendar 类和 GregorianCalendar 类,接下来介绍日期和数字的格式化,最后介绍资源包的使用。

12.1　国际化(i18n)

人们常用 i18n 这个词作为"国际化"的简称,其来源是英文单词 internationalization 的首末字母 i 和 n 以及它们之间有 18 个字符。

国际化是商业系统中不可或缺的一部分,是学习 Java 技术必须掌握的技能。许多 Java 框架为实现软件产品的国际化提供了强有力的支持,开发人员只需做很少的工作就可以实现软件的国际化。下面首先介绍与国际化密切相关的 Locale 类和 TimeZone 类。

12.1.1　Locale 类

Locale 类的实例表示一个特定的地理、政治或文化区域。在涉及地区信息的操作中可使用该类对象为用户提供地区信息。例如,显示本地区习惯的日期、数字和货币等。

使用 Locale 类的构造方法创建 Locale 类对象,该类有下面三个构造方法:

- public Locale(String language);
- public Locale(String language, String country);
- public Locale(String language, String country, String variant).

参数 language 指定一个有效的语言代码。该代码由 ISO 639 定义的用两个小写字母表示的语言代码,常见的语言代码如表 12-1 所示。关于该代码的完整列表可以在地址 http://www.loc.gov/standars/iso639-2/englangn.html 找到。

country 参数指定一个有效的国家代码。国家代码是由 ISO 3166 定义的用两个大写字母表示的代码,常见的国家代码如表 12-2 所示。关于国家代码的完整列表可以从地址 http://www.iso.ch/iso/en/prods-services/iso3166ma/02iso-3166-code-lists/list-en1.html 找到。

variant 参数是针对厂商或浏览器的代码。例如,对 Windows 操作系统使用 WIN、对 Macintosh 系统使用 MAC,该参数很少使用。

为了方便，Locale 类提供了许多常量，可以创建 Locale 对象，如 Locale.CANADA、Locale.CHINA、Locale.FRANCE、Locale.US 等。下面代码创建一个地区是美国的 Locale 对象：

```
Locale local = Locale.US;
```

表 12-1 ISO 639 语言代码示例

代 码	语 言	代 码	语 言
de	德语	it	意大利语
el	希腊语	ja	日语
en	英语	pt	葡萄牙语
es	西班牙语	ru	俄语
fr	法语	zh	汉语

表 12-2 ISO 3166 国家代码示例

代 码	国 家	代 码	国 家
AU	澳大利亚	FR	法国
BR	巴西	DE	德国
CA	加拿大	IN	印度
CN	中国	GB	英国
EG	埃及	US	美国

下面是 Locale 类的常用方法：

- public static Locale getDefault()：返回在运行程序的 JVM 默认的区域对象。
- public static Locale[] getAvailableLocales()：返回所有安装的区域的数组。
- public String getLanguage()：返回由两个小写字母组成的语言代码。
- public String getCountry()：返回由两个大写字母组成的国家代码。
- public String getDisplayLanguage()：返回默认地区的语言名称。
- public String getDisplayLanguage(Locale inLocale)：返回指定地区的语言名称。
- public String getDisplayCountry()：返回当前地区表示的国家名称。
- public String getDisplayCountry(Locale inLocale)：返回指定地区表示的国家名称。
- public String getDisplayName()：返回默认地区的名称。
- public String getDisplayName(Locale inLocale)：返回指定地区的名称。
- public static void setDefault(Locale newLocale)：为当前的 JVM 实例设置默认的地区。

如果一个操作需要指定 Locale，则该操作称为地区敏感的（locale-sensitive）。例如，显示时间或日期数据是一个地区敏感操作，应该根据用户地区的习惯来格式化。Java 类库中有很多类都包含地区敏感的方法，如 Date、Calendar、DateFormat、NumberFormat 都是地区敏感的。这些类都含有一个静态方法 getAvailableLocales()，返回这个类所支持的地区数组。例如，下列代码可返回安装日历的所有地区：

```
Locale[] availableLocales = Calendar.getAvailableLocales();
```

下面是使用Locale类的一个简单的程序。

程序12.1 LocaleDemo.java

```java
import java.util.*;
import static java.lang.System.*;
public class LocaleDemo{
  public static void main(String[] args){
    Locale locale = Locale.getDefault();
    out.println("Language code = " + locale.getLanguage());
    out.println("Country code = " + locale.getCountry());
    out.println("Language name = " + locale.getDisplayLanguage());
    out.println("Country name = " + locale.getDisplayCountry());
    out.println("Locale name = " + locale.getDisplayName());
  }
}
```

程序运行结果为：

```
Languange code = zh
Country code = CN
Languange name = 中文
Country name = 中国
Locale name = 中文(中国)
```

12.1.2 TimeZone 类

TimeZone抽象类表示时区偏量。通常使用TimeZone类的静态方法getDefault()创建TimeZone对象，是基于程序运行的主机所在的时区。例如，对于一个在中国运行的程序，getDefault方法返回中国标准时间所在的时区对象。也可以使用getTimeZone方法返回时区对象，这两个方法的格式为：

- public static TimeZone getDefault()：返回运行程序主机所在的时区对象。
- public static TimeZone getTimeZone(String ID)：返回指定时区ID所指定的时区对象。参数ID是时区的ID，可以是一个缩写，如PST表示太平洋标准时间，也可以是一个完整的名称，如Asia/Shanghai表示中国标准时间。

TimeZone类的常用方法包括：

- public static String[] getAvailableIDs()：返回系统支持的所有的时区ID。
- public String getDisplayName()：返回默认地区的时区显示名称。
- public String getID()：返回该时区的ID。

下面代码演示了TimeZone类的使用。

程序12.2 TimeZoneDemo.java

```java
import java.util.*;
public class TimeZoneDemo {
  public static void main(String[] args) {
    //TimeZone tz = TimeZone.getDefault();
    TimeZone tz = TimeZone.getTimeZone("Asia/Shanghai");
```

```java
        System.out.println(tz.getDisplayName());
        System.out.println(tz.getID());
    }
}
```

程序运行结果为：

中国标准时间
Asia/Shanghai

12.2 时间、日期和日历

在 Java 语言中，时间、日期和日历都是地区敏感的。

12.2.1 Date 类

在 Java 语言中，时间是用 long 型数据表示的，是从格林尼治标准时间(GMT)1970 年 1 月 1 日 0 点 0 分 0 秒到当前时刻的毫秒数。使用 System.currentTimeMillis 方法可以返回当前的时间。还可以使用 java.util.Date 类来获得当前时间。Date 类的大多数方法已经被废弃，没有被废弃的构造方法有：

- public Date()：创建一个 Date 对象，表示从格林尼治标准时间到现在的毫秒数。
- public Date(long date)：使用参数 date 创建一个 Date 对象。

没有被废弃的其他方法有：

- public boolean after(Date when)：测试当前日期是否在指定的日期之后。
- public boolean before(Date when)：测试当前日期是否在指定的日期之前。
- public long getTime()：返回该 Date 对象表示的 GMT 时间从 1970 年 1 月 1 日 0 点 0 分 0 秒到当前时刻的毫秒数。
- public void setTime(long time)：设置 Date 对象表示的时间。

程序 12.3　DateDemo.java

```java
import java.util.Date;
public class DateDemo {
    public static void main(String[] args){
        Date now = new Date();
        System.out.println(now);
        System.out.println(System.currentTimeMillis());
        System.out.println(new Date(System.currentTimeMillis()));
    }
}
```

程序可能的运行结果为：

Sun Jan 13 21:36:35 CST 2013
1358084195390
Sun Jan 13 21:36:35 CST 2013

12.2.2 Calendar 类

java.util.Calendar 类对象表示日历中某个特定时刻。Calendar 类是抽象类,可以通过静态方法 getInstance() 的某种重载形式获得某个地区的日历对象,这些方法如下:

- public static Calendar getInstance():返回默认时区和默认地区的日历对象。
- public static Calendar getInstance(TimeZone zone):返回指定时区和默认地区的日历对象。
- public static Calendar getInstance(Locale aLocale):返回默认时区和指定地区的日历对象。
- public static Calendar getInstance(TimeZone zone, Locale aLocale):返回指定时区和指定地区的日历对象。

在 Calendar 类中定义了许多对日历非常有用的常量,例如 Calendar.AM 和 Calendar.PM 分别表示 12 小时制的上午和下午,Calendar.JANUARY、Calendar.FEBRUARY 表示日历的一月、二月等。

Calendar 类还为日历对象定义了许多日历字段,这些日历字段也是以常量的形式定义的,如表 12-3 所示。

表 12-3 Calendar 类的常量

常 量 名	说 明
ERA	表示日历中的纪元
YEAR、MONTH、DATE	表示日历中的年、月、日
HOUR、MINUTE、SECOND	表示日历中的时、分、秒
DAY_OF_YEAR	表示年的第几天
WEEK_OF_YEAR	表示年的第几个星期
DAY_OF_MONTH	表示月的第几天,月份的范围是 0~11
WEEK_OF_MONTH	表示月的第几个星期
DAY_OF_WEEK	表示星期的第几天,星期日为 1
HOUR_OF_DAY	表示天的小时

这些日历类型值都是用 int 型存储的,可以使用这些常量为 Calendar 类的有关方法指定日历字段。

在 Calendar 类中还定义了如下的常用方法:

- public int get(int field):返回给定日历字段的值。
- public final Date getTime():返回表示该日历时间值的 Date 对象。
- public final void setTime(Date date):用给定的 Date 对象设置日历对象的时间。
- public TimeZone getTimeZone():返回日历对象的时区。
- public void setTimeZone(TimeZone value):用给定的时区值设置日历对象的时区。
- public final void clear():设置日历对象的所有的域值和时间值为未定义。
- public final void clear(int field):设置日历对象的给定的域值和时间值为未定义。
- public long getTimeInMillis():以毫秒的形式返回日历的时间。
- public void set(int field, int value):用给定的 value 值设置日历指定的字段

field 值。
- public void set(int year, int month, int date)：用给定的值设置日历对象的年、月、日。
- public void set(int year, int month, int date, int hrs, int min)：用给定的值设置日历对象的年、月、日、小时和分钟。
- public void set(int year, int month, int date, int hrs, int min, int sec)：用给定的值设置日历对象的年、月、日、小时、分钟和秒。

下面的 dotw 方法用日期字段指定一个日期，并计算某个日期是一周中的哪一天：

```
public static int dotw(int year, int month, int date){
    Calendar cal = new GregorianCalendar();
    cal.set(Calendar.YEAR, year);
    cal.set(Calendar.MONTH, month);
    cal.set(Calendar.DATE, date);
    return cal.get(Calendar.DAY_OF_WEEK);
}
```

12.2.3 GregorianCalendar 类

java.util.GregorianCalendar 类是 Calendar 类的具体子类，是世界上大部分国家使用的标准的日历系统，通常被称为格利高历（Gregorian Calendar），以纪念罗马教皇格利高十三世，是他主持创建了该日历。

GregorianCalendar 类中定义了多个构造方法，比较重要的方法如下：
- public GregorianCalendar()：在默认时区和默认地区创建一个日历对象。
- public GregorianCalendar(int year, int month, int date, int hrs, int min, int sec)：用给定的年、月、日、时、分、秒创建一个默认时区和默认地区日历对象。在该构造方法中可以省略秒或时分秒，省略的值为 0。
- public GregorianCalendar(TimeZone zone, Locale locale)：返回指定时区和指定地区的日历对象。在该构造方法中可以省略其中一个参数或两个参数，默认参数使用默认值。

下面的程序演示了 GregorianCalendar 类有关方法和常量的使用。

程序 12.4 CalendarDemo.java

```
import java.util.*;
import static java.lang.System.*;
public class CalendarDemo {
    public static void main (String[] args) {
        Date now = new Date();
        Calendar cal = new GregorianCalendar();
        cal.setTime(now);
        out.println("ERA: " + cal.get(Calendar.ERA));
        out.println("YEAR: " + cal.get(Calendar.YEAR));
        out.println("MONTH: " + cal.get(Calendar.MONTH));
        out.println("WEEK_OF_YEAR: " + cal.get(Calendar.WEEK_OF_YEAR));
```

```
            out.println("WEEK_OF_MONTH: " + cal.get(Calendar.WEEK_OF_MONTH));
            out.println("DATE: " + cal.get(Calendar.DATE));
            out.println("DAY_OF_MONTH: " + cal.get(Calendar.DAY_OF_MONTH));
            out.println("DAY_OF_YEAR: " + cal.get(Calendar.DAY_OF_YEAR));
            out.println("DAY_OF_WEEK: " + cal.get(Calendar.DAY_OF_WEEK));
            out.println("AM_PM: " + cal.get(Calendar.AM_PM));
            out.println("HOUR: " + cal.get(Calendar.HOUR));
            out.println("HOUR_OF_DAY: " + cal.get(Calendar.HOUR_OF_DAY));
            out.println("MINUTE: " + cal.get(Calendar.MINUTE));
            out.println("SECOND:" + cal.get(Calendar.SECOND));
            out.println("MILLISECOND: " + cal.get(Calendar.MILLISECOND));
            out.println("ZONE_OFFSET: "
                    + (cal.get(Calendar.ZONE_OFFSET)/(60 * 60 * 1000)));
        }
    }
```

假设当前的日期是 2010 年 2 月 28 日,星期日,下面是程序的输出结果:

```
ERA: 1                    // 日历的纪元
YEAR: 2010                // 日历中的年份
MONTH: 1                  // 月份的范围是 0～11
WEEK_OF_YEAR: 10          // 年的第几个星期
WEEK_OF_MONTH: 5          // 月的第几个星期
DATE: 28                  // 日的范围是 1～31
DAY_OF_MONTH: 28          // 月的第几天
DAY_OF_YEAR: 59           // 年的第几天
DAY_OF_WEEK: 1            // 星期中的第几天,星期日为 1
AM_PM: 0                  // 当前时间是上午(0)还是下午(1)
HOUR: 0                   // 上午或下午的小时
HOUR_OF_DAY: 0            // 时间中的小时,范围是 0～23
MINUTE: 21                // 时间中的分钟,范围是 0～59
SECOND: 34                // 时间中的秒,范围是 0～59
MILLISECOND: 312          // 时间中的毫秒,范围为 0～999
ZONE_OFFSET: 8            // 当地时区,这里为东 8 区
```

12.3 数据格式化

时间数据和数值数据在不同的地区表示格式可能不同。Java 提供了 DateFormat 类和 NumberFormat 类对时间和数值进行格式化。

12.3.1 DateFormat 类

要输出适合习惯的时间格式可以使用 DateFormat 类对 Date 格式化。DateFormat 类可以将日期和时间格式化成多种形式。要使用 DateFormat 类格式化日期和时间,可以使用 DateFormat 类的下面的静态方法获得 DateFormat 类的对象:

- public static final DateFormat getDateInstance():返回默认地区的使用默认格式化风格的格式化器。
- public static final DateFormat getDateInstance(int style):返回默认地区的使用指

定格式化风格的格式化器。参数 style 可以使用 DateFormat 类的 4 个常量之一。它们分别是 SHORT、MEDIUM、LONG 和 FULL。这 4 个常量指定用多长的格式表示的日期和时间。SHORT 使用短格式,如 13-8-20;MEDIUM 使用中等长度的格式,如 2013-8-20;LONG 是较长的形式,如 2013 年 8 月 20 日;FULL 是完全的形式,如 2013 年 8 月 20 日 星期五。

- public static final DateFormat getDateInstance(int style, Locale aLocale):返回指定地区的使用指定格式化风格的格式化器。
- public static final DateFormat getDateTimeInstance():返回默认地区的使用默认格式化风格的日期/时间格式化器。
- public static final DateFormat getDateTimeInstance(int style, Locale aLocale):返回指定地区的使用指定格式化风格的日期/时间格式化器。
- public static final DateFormat getInstance():返回日期和时间都使用 SHORT 风格的默认的日期/时间格式化器。

得到 DateFormat 类的对象后,就可以使用该类的 format 方法将 Date 对象格式化成字符串,也可以使用该类的 parse() 将字符串解析成一个 Date 对象,这两个方法的格式如下:

- public final String format(Date date):将参数的 Date 对象格式化成指定的字符串。
- public Date parse(String source) throws ParseException:将参数字符串解析成 Date 对象。

下面的程序说明了上述方法的使用。

程序 12.5　DateFormatDemo.java

```java
import static java.lang.System.out;
import java.text.DateFormat;
import java.text.ParseException;
import java.util.Date;
import java.util.Locale;
public class DateFormatDemo{
  public static void main(String[] args) {
    // 格式化日期
    Date date = new Date();
    String s = DateFormat.getDateInstance().format(date);
    out.println("Default : " + s);
    s = DateFormat.getDateInstance(DateFormat.SHORT).format(date);
    out.println("DateFormat.SHORT : " + s);
    s = DateFormat.getDateInstance(DateFormat.MEDIUM).format(date);
    out.println("DateFormat.MEDIUM : " + s);
    s = DateFormat.getDateInstance(DateFormat.LONG).format(date);
    out.println("DateFormat.LONG : " + s);
    s = DateFormat.getDateInstance(DateFormat.FULL).format(date);
    out.println("DateFormat.FULL : " + s);
    s = DateFormat.getDateInstance(DateFormat.DEFAULT).format(date);
    out.println("DateFormat.DEFAULT : " + s);
    // 格式化日期/时间
    s = DateFormat.getDateTimeInstance(
    DateFormat.FULL,DateFormat.FULL, Locale.CHINA).format(date);
```

```
        out.println("Dafault Date Time : " + s);
        // 解析日期
        try {
            date = DateFormat.getDateInstance(
                    DateFormat.DEFAULT).parse("2010-08-02");
            out.println("Parsed Date : " + date);
        }catch (ParseException e) {
            out.println(e);
        }
    }
}
```

程序运行结果为:

```
Default : 2013-8-20
DateFormat.SHORT : 13-8-20
DateFormat.MEDIUM : 2013-8-20
DateFormat.LONG : 2013 年 8 月 20 日
DateFormat.FULL : 2013 年 8 月 20 日 星期二
DateFormat.DEFAULT : 2013-8-20
Dafault Date Time : 2013 年 8 月 20 日 星期二 下午 10 时 24 分 42 秒 CST
Parsed Date : Fri Aug 20 10:24:42 CST 2010
```

DateFormat 类是一个抽象类,它的一个具体子类 SimpleDateFormat 允许用户使用指定的模式格式化日期和时间。下面是该类的构造方法:

- public SimpleDateFormat(String pattern)
- public SimpleDateFormat(String pattern,Local locale)

参数 pattern 是一个模式字符串,由具有特殊意义的字符组成。例如,y 表示年份,M 表示月份,d 表示这个月的某一天,G 表示纪元标志等。有关详细的信息,请参阅 API 文档。

参数 locale 用来指定地区,如果没有指定该参数则使用默认地区。

下面的程序演示了 SimpleDateFormat 的使用。

程序 12.6 SimpleDateFormatDemo.java

```
import java.util.*;
import java.text.*;
public class SimpleDateFormatDemo{
    public static void main(String[] args){
        String s = null;
        Date date = new Date();
        SimpleDateFormat sdf = null;
        String pattern[] = {          // 定义了多种日期输出格式
            "G yyyy.MM.dd '时间' HH:mm:ss z",
            "hh 'o''clock' a, zzzz",
            "yyyyy.MMMMM.dd GGG hh:mm aaa",
            "EEE, d MMM yyyy HH:mm:ss Z",
            "yyMMddHHmmssZ",
            "yyyy-MM-dd'T'HH:mm:ss.SSSZ",
        };
        for(int i = 0;i < pattern.length;i++){
```

```
            sdf = new SimpleDateFormat(pattern[i]);
            s = sdf.format(date);
            System.out.println(s);
        }
    }
}
```

程序运行结果为：

```
公元 2010.02.28 时间 00:44:10 CST
12 o'clock 上午, 中国标准时间
02010.二月.28 公元 12:44 上午
期日, 28 二月 2010 00:44:10 + 0800
100228004410 + 0800
2010 - 02 - 28T00:44:10.156 + 0800
```

12.3.2 NumberFormat 类

使用 java.text.NumberFormat 类可以格式化数字，该类提供了格式化和解析任何地区数字的方法。代码可以完全独立于地区习惯，如小数点、千位分隔符、特殊的十进制位数等，甚至不用考虑数字是否是十进制的。

为了格式化当前地区的一个数字，可以使用 NumberFormat 类的工厂方法得到该类的实例，这些方法包括：

- public static NumberFormat getInstance()：返回当前默认地区的普通数字格式。
- public static NumberFormat getInstance (Locale inLocale)：返回指定地区的普通数字格式。
- public static NumberFormat getNumberInstance (Locale inLocale)：返回指定地区的一般数字的格式。
- public static NumberFormat getIntegerInstance (Locale inLocale)：返回指定地区的整数的数字格式。

下面程序演示了 NumberFormat 类的使用。

程序 12.7　NumberFormatDemo.java

```
import java.text.DateFormat;
import java.text.NumberFormat;
import java.text.ParseException;
public class NumberFormatDemo{
    public static void main(String[] args) {
        // 格式化
        long iii = 3000;
        Long jjj = 5000L;
        NumberFormat format = NumberFormat.getInstance();
        System.out.println("Format long : " + format.format(iii));
        System.out.println("Format Long : " + format.format(jjj));
        // 解析
        try {
            Number nnn1 = format.parse("8000");
```

```
            System.out.println("Parsed Number 1 : " + nnn1);
            Number nnn2 = format.parse("9 000");
            System.out.println("Parsed Number 2 : " + nnn2);
        } catch (ParseException e) {
            System.out.println(e);
        }
    }
}
```

程序运行结果为：

```
Format long : 3,000
Format Long : 5,000
Parsed Number 1: 8000
Parsed Number 2: 9
```

表示货币或百分比的数字也是与地区有关的。例如，数字 5000.50，在美国货币表示中为 $5,000.50，在法国货币中显示为 5000,50F。

- public static NumberFormat getCurrencyInstance (Locale inLocale)：返回指定地区的货币的格式。
- public static NumberFormat getPercentInstance (Locale inLocale)：返回指定地区的百分比格式。使用百分比格式，小数 0.53 将显示为 53%。

例如，要将 5000.555 作为美国的货币值显示，应该使用下列代码：

```
NumberFormat currencyFormat =
            NumberFormat.getCurrencyInstance(Locale.US);
System.out.println(currencyFormat.format(5000.555));
```

输出结果为 $5,000.56。如果将地区改为 Locale.GERMANY，输出结果为 5.000,56€。

在 java.util 包中提供了 Currency 类。使用 NumberFormat 类的 getCurrency() 方法可以得到 Currency 类的对象。Currency 类的常用方法有：

- public String getCurrencyCode()：返回该货币对象的 ISO 4217 代码。
- public String getSymbol()：返回该货币对象默认地区的符号。

程序 12.8　CurrencyFormatDemo.java

```
import static java.lang.System.out;
import java.text.NumberFormat;
import java.text.ParseException;
import java.util.Locale;
import java.util.Currency;
public class CurrencyFormatDemo {
    public static void main(String[] args) {
        // 格式化
        double iii = 999.99;
        NumberFormat format = NumberFormat.getCurrencyInstance();
        NumberFormat formatUS = NumberFormat.getCurrencyInstance(Locale.US);
        out.println("Format currency (default): " + format.format(iii));
        out.println("Format currency (US): " + formatUS.format(iii));
```

```
    // 解析
    try {
      Number nnn2 = formatUS.parse(" $ 1234.12");
      out.println("Parsed currency 2 (US) : " + nnn2);
    }catch (ParseException e) {
      out.println(e);
    }
    Currency currency = format.getCurrency();
    out.println("Currency code :" + currency.getCurrencyCode());
    out.println("Currency symbol :" + currency.getSymbol());
  }
}
```

程序运行结果为:

```
Format currency (default): ￥999.99
Format currency (US): $ 999.99
Parsed currency 2 (US) : 1234.12
Currency code : CNY
Currency symbol : ￥
```

12.4　资源包的使用

  一个 Java 应用程序在运行时能够根据客户端请求所来自的国家/地区、语言的不同而显示不同的用户界面。例如,若请求来自一台中文操作系统的客户端计算机,则应用程序响应界面中的各种标签、错误提示和帮助信息均使用中文文字;如果客户端计算机是英文操作系统,则应用程序也能识别并自动以英文界面做出响应。

  首先看下面的程序,当程序运行时显示英文的问候语,这些问候语文本都是硬编码在程序中的。不管客户来自哪个国家、使用什么语言,输出结果都一样,因此该程序不具有国际化功能。

```
public class NotI18N {
  static public void main(String[] args) {
    System.out.println("Hello.");
    System.out.println("How are you?");
    System.out.println("Goodbye.");
  }
}
```

12.4.1　属性文件

  创建国际化应用程序首先需创建资源包,资源包可以作为文件存储或定义为一个类。若作为文件存储则称为属性文件,它的扩展名为 properties,将不同语言的文本信息存储在属性文件中。属性文件中存放的是"键/值"对的文本。每个键都唯一标识特定于某一地区的对象。键均为字符串,值可以是字符串,也可以是其他任意对象类型。假设让该程序支持英语、德语和汉语三种语言,需要建立三个属性文件,它们具有相同的键。

属性文件名有多种写法，但一般格式为：

BaseName_LanguageCode_CountryCode.properties

这里 BaseName 是基本名称，可以是任意名称。为了让 ResourceBundle 对象找到属性文件，文件名必须有基本名称。如果包含其他部分，则用下划线分隔。后面是两个字符的语言代码，再后面是两个字符的国家代码。属性文件的扩展名为 properties。

假设基本名称是 MessageBundle，要建立的属性文件如下：

英语版的属性文件为 MessageBundle_en_US.properties，内容如下：

```
greetings = Hello.
farewell = Goodbye.
inquiry = How are you?
```

德语版的属性文件为 MessageBundle_de_DE.properties，内容如下：

```
greetings = Hallo.
farewell = Tsch.
inquiry = Wie geht's?
```

汉语版的属性文件为 MessageBundle_zh_CN.properties，内容如下：

```
greetings = \u4f60\u597d
farewell = \u518d\u89c1
inquiry = \u4f60\u600e\u4e48\u6837\uff1f
```

在上述文件中，汉字被转换成了 Unicode 码。"你好"的编码为"\u4f60\u597d"。可是，没有人能记住每个汉字的 Unicode 编码，因此对包含汉字的属性文件，必须使用 Java 的 native2ascii 命令进行转换，该命令负责将非西欧文字转换成系统可以识别的文字。可以先使用记事本等编写临时属性文件 Message.properties，内容如下：

```
greetings = 你好
farewell = 再见
inquiry = 你怎么样?
```

然后使用 native2ascii 命令进行转换，如下所示：

native2ascii Message.properties MessageResource_zh_CN.properties

这些属性文件应保存在类查找路径中，在 Eclipse 中应存放在项目的 src 目录下。

12.4.2 使用 ResourceBundle 类

创建了属性文件后，可以使用 java.util.ResourceBundle 类查找和读取特定于用户所在地区的属性文件，并通过 ResourceBundle 类对象的 getString 方法得到某个键的值。

ResourceBundle 是抽象类，通过它的 getBundle 静态方法创建一个实例，它的两个重载的方法格式如下：

```
public static ResourceBundle getBundle(String baseName)
public static ResourceBundle getBundle(String baseName, Locale locale)
```

这里，baseName 为属性文件的基本名称。locale 为地区类的实例。若省略地区参数，则返回默认地区的资源包对象，若指定地区对象，则返回指定地区的资源包对象。

例如：

```
ResourceBundle bundle
    = ResourceBundle.getBundle("MessageBundle", Locale.CHINA);
```

将加载与汉语地区对应的属性文件。如果不能找到合适的属性文件，ResourceBundle 对象就会返回默认的属性文件。默认的属性文件名是基本名称加扩展名 properties。如果找不到默认属性文件，就会抛出一个 java.util.MissingResourceException 异常。

要读取属性文件中的值，需要调用 ResourceBundle 类的 getString 方法，为该方法传递一个键，返回该键的值：

```
public String getString(String key)
```

如果找不到指定的键，将抛出 MissingResourceException 异常。

还可以调用 ResourceBundle 类的 getKeys 方法返回一个包含键的 Enumeration 枚举对象，然后在该对象上迭代就可以得到所有键值。

```
ResourceBundle bundle
        = ResourceBundle.getBundle("MessageBundle");
Enumeration<String> keys = bundle.getKeys();
while(keys.hasMoreElements()){
  String key = (String)keys.nextElement();
  System.out.println(key + ":" + bundle.getString(key));
}
```

下面程序通过指定语言和国家代码创建一个 Locale 对象，然后创建 ResourceBundle 对象 bundle，最后通过资源包对象的 getString 方法输出每个键的值。

程序 12.9　I18NSample.java

```
package com.demo;
import java.util.*;

public class I18NSample {
  static public void main(String[] args) {
    String language = "de";
    String country = "DE";

    Locale currentLocale;
    ResourceBundle bundle;
    currentLocale = new Locale(language, country);
    // currentLocale = Locale.getDefault();
    bundle = ResourceBundle.getBundle(
                "MessageBundle", currentLocale);
    System.out.println(bundle.getString("greetings"));
    System.out.println(bundle.getString("inquiry"));
    System.out.println(bundle.getString("farewell"));
  }
```

}

执行该程序将根据 Locale 对象加载资源包。程序创建了德语地区,所以加载德语资源包。

12.4.3 使用 ListResourceBundle 类

ListResourceBundle 类也用来存放资源,不仅能存放字符串,还能存放其他类型对象,但键仍然是字符串类型。为说明该类的使用,下面创建 ListResource 类,它继承 ListResourceBundle 类,该类的 static 二维对象数组用来存放"键/值"对。注意,最后一个"键/值"对包含一个 ArrayList 对象。getContents 方法返回该资源的二维数组对象。

```
import java.util.*;
public class ListResource extends ListResourceBundle{
  @Override
  protected Object[][] getContents(){
    return resources;
  }
  static Object[][] resources = {
      {"FILE_NOT_FOUND","The file could not be found"},
      {"FILE_EXISTS","The file already exists"},
      {"UNKNOWN","Unknown problem with application"},
      {"PREFIXES",new ArrayList<String>(Arrays.asList("Mr","Ms","Dr"))}
  };
}
```

这里,ArrayList 对象用来存储名称前缀,通过为 Arrays 的 asList 方法传递字符串参数创建。下面代码说明如何使用 ListResource 类,在该类的实例上调用 getString 方法得到某个键的值,调用 getObject 方法可得到 PREFIXES 键的值。

```
ListResource listResource = new ListResource();
System.out.println(listResource.getString("FILE_NOT_FOUND"));
System.out.println(listResource.getString("FILE_EXISTS"));
System.out.println(listResource.getString("UNKNOWN"));
ArrayList<String> salutions =
        (ArrayList)listResource.getObject("PREFIXES");
for(String salution:salutions){
  System.out.println(salution);
}
```

上述代码输出结果为:

```
The file could not be found
The file already exists
Unknown problem with application
Mr
Ms
Dr
```

国际化经常应用在 GUI 程序和 Web 应用程序中,在这些程序的界面中经常显示某些文本,程序就需要对这些文本国际化。

在实践中,大多数国际化应用程序都会根据不同的语言,而不是根据不同的地区,来创建本地化的内容。也就是说,如果一个应用程序为来自德国的人们提供了德语版的文本元素,那它就不可能再为来自瑞士的人们提供另一个德语版的文本元素,那样的话将提高软件开发费用。

12.5 小　　结

Java 语言的设计从最初就是国际化的,其字符和字符串都采用 Unicode 编码。所以,在 Java 程序中很容易实现国际化。Java 通过 Locale 类来封装特定地区的信息,决定地区敏感的信息,如日期、时间、数值、货币等的显示。java.text 包中提供的 DateFormat 类和 NumberFormat 类是最常用的日期和数值格式化类。

编写国际化应用程序需要将每个地区的文本元素保存到一个属性文件中,然后程序通过 java.util.ResourceBundle 对象选择和读取属性文件。

12.6 习　　题

1. 为一个 Calendar 对象设置时区 PST,如何编写代码?
2. 要显示地区是法国的当前日期和时间,如何编写代码?
3. 使用 SimpleDateFormat 类以"yyyy.MM.dd hh:mm:ss"格式显示日期和时间,如何编写代码?
4. 修改下列程序中的错误。

```
import java.text.*;
public class DateOne {
  public static void main(String []args){
    Date d = new Date(1123631685981L);
    DateFormat df = new DateFormat();
    System.out.println(df.format(d));
  }
}
```

5. 有下列程序,在空白处插入(　　)代码可使程序能够编译和运行。

```
import java.text.NumberFormat;
public class Demo2{
  public static void main(String[] args) {
    NumberFormat nf;
    Number data = new Integer(222);
    _____
    System.out.println(nf.format(data));
  }
}
```

A. nf = new NumberFormat();

B. nf = Number.getFormat();

C. nf = NumberFormat.getInstance();

D. nf = NumberFormat.getFormat();

6. 有下列程序，如果要求输出结果如下，请将程序补充完整。

```
import java.util.*;
public class DateTest {
  public static void main(String[] args){
    Date d = new Date(1000000000000L);
    DateFormat[] dfa = new DateFormat[4];
    dfa[0] = DateFormat.getInstance();
    dfa[1] = DateFormat.getDateInstance();
    dfa[2] = DateFormat.getDateInstance(_____);
    dfa[3] = DateFormat.getDateInstance(_____);
    for(DateFormat df : dfa){
      System.out.println(_____);
    }
  }
}
```

程序输出结果为：

01-9-9 上午 9:46
2001-9-9
2001-9-9
2001年9月9日 星期日

7. 在资源属性文件的层次结构中，如果从一个派生的文件中找不到一个键，关于该键的返回值，下面（　　）是正确的。

A. 返回值是空字符串

B. 返回值是 null

C. 返回基本资源包的一个字符串

D. 抛出运行时异常

第13章 多线程基础

Java 语言的一个重要特点是内在支持多线程的程序设计。多线程是指在单个的程序内可同时运行多个不同的线程完成不同的任务。多线程的程序设计具有广泛的应用。

本章主要介绍线程的概念、如何创建多线程的程序、线程的生命周期与状态的改变、线程的同步与互斥等内容。

13.1 线程与线程类

13.1.1 线程的概念

线程的概念来源于操作系统进程的概念。进程是一个程序关于某个数据集的一次运行。也就是说,进程是运行中的程序,是程序的一次运行活动。

线程(thread)则是进程中的一个单个的顺序控制流。线程和进程的相似之处在于,线程和运行的程序都是单个顺序控制流。线程运行需要的资源通常少于进程,因此一般将线程称为轻量级进程。线程被看作是轻量级进程是因为它运行在一个程序的上下文内,并利用分配给程序的资源和环境。

单线程的概念很简单,整个程序中只有一个执行线索,如图 13-1 所示。作为单个顺序控制流,线程必须在运行的程序中得到自己运行的资源,如必须有自己的执行栈和程序计数器。线程内运行的代码只能在该上下文内。

多线程(multi-thread)是指在单个的程序内可以同时运行多个不同的线程完成不同的任务,图 13-2 说明了一个程序中同时有两个线程运行。

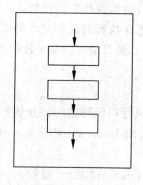

图 13-1　单线程程序示意图

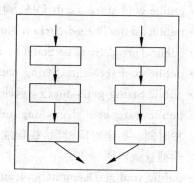

图 13-2　多线程程序示意图

考虑下面一段代码：

```
for(int i = 0; i < 100; i++)
    System.out.println("Runner A = " + i);
for(int j = 0; j < 100; j++)
    System.out.println("Runner B = " + j);
```

这是两个循环。如果使用单线程，两个循环将顺序执行，前一个循环不执行完不可能执行第二个循环。如果需要两个循环同时执行，需要编写多线程的程序。

很多应用程序是用多线程实现的，如浏览器就是多线程应用的例子。在浏览器中，可以一边滚动屏幕，一边下载 Applet 或图像，还可以同时播放动画和声音等。

注意：多线程与多任务不同。多任务是在操作系统下可同时运行多个程序，多线程是在一个程序中的多个同时运行的控制流。

13.1.2 Thread 类和 Runnable 接口

Thread 类是线程类，该类的实例就是一个线程。Thread 类实现了 Runnable 接口，该接口只定义了一个方法，格式为：

```
public abstract void run()
```

这个方法要由实现了 Runnable 接口的类实现。Runnable 对象称为可运行对象，一个线程要执行的任务就写在 run 方法中。run 方法也称为线程体。

Thread 类的常用构造方法如下：

- public Thread(String name)
- public Thread(Runnable target)
- public Thread(Runnable target, String name)

target 为线程运行的目标对象，该对象的类型为 Runnable，当一个线程对象调用 start 方法启动后即运行该目标对象的 run 方法，name 为线程名。Thread 类实现了 Runnable 接口，因此 Thread 对象也是可运行对象，若没有指定目标对象，则以当前类对象为目标对象。若没有指定线程名，则由系统指定。

Thread 类的常用方法有：

- public void run()：线程的线程体，通常在 Thread 类的子类中覆盖该方法。
- public void start()：由 JVM 调用线程的 run 方法，启动线程开始执行。
- public static Thread currentThread()：返回当前正在执行的线程对象的引用。
- public Thread.State getState()：返回当前线程的状态，是 Thread.State 枚举的一个值。
- public void setName(String name)：设置线程名。
- public String getName()：返回线程名。
- public static void sleep(long millis)：使当前正在执行的线程暂时停止执行指定的毫秒时间。指定时间过后，线程继续执行。该方法抛出 InterruptedException 异常，必须捕获或声明抛出。
- public void setDaemon(boolean on)：设置线程为 Daemon(后台)线程。
- public boolean isDaemon()：返回线程是否为 Daemon(后台)线程。

- public static void yield()：使当前执行的线程暂停执行，允许其他线程执行。
- public ThreadGroup getThreadGroup()：返回该线程所属的线程组对象。
- public void interrupt()：中断当前线程。
- public boolean isAlive()：返回指定线程是否处于活动状态。

13.2 线程的创建

本节介绍如何创建和运行线程的两种方法。线程运行的代码就是实现了 Runnable 接口的类的 run 方法或者是 Thread 类的子类的 run 方法，因此构造线程体有两种方法：
- 继承 Thread 类并覆盖它的 run 方法。
- 实现 Runnable 接口并实现它的 run 方法。

13.2.1 继承 Thread 类

通过继承 Thread 类，并覆盖 run 方法，这时就可以用该类的实例作为线程的目标对象。下面的程序定义了 ThreadDemo 类，它继承了 Thread 类并覆盖了 run 方法。

程序 13.1　ThreadDemo.java

```java
public class ThreadDemo extends Thread{
    public ThreadDemo(String name){
        super(name);
    }
    public void run(){
        for(int i = 0; i < 100; i ++){
            System.out.println(getName() + " = " + i);
            try{
                Thread.sleep((int)(Math.random() * 100));
            }catch(InterruptedException e){}
        }
        System.out.println(getName() + " 结束");
    }
    public static void main(String[] args){
        Thread t1 = new ThreadDemo("线程 A");
        Thread t2 = new ThreadDemo("线程 B");
        t1.start();
        t2.start();
    }
}
```

ThreadDemo 类继承了 Thread 类，并覆盖了 run 方法，该方法就是线程体。main() 创建两个线程对象并启动执行，下面是程序输出的部分结果。

```
…
线程 B = 99
线程 A = 95
线程 B 结束
线程 A = 96
```

```
线程 A = 97
线程 A = 98
线程 A = 99
线程 A 结束
```

构造线程时没有指定目标对象,所以线程启动后执行本类的 run 方法。

13.2.2 实现 Runnable 接口

可以定义一个类实现 Runnable 接口,然后将该类对象作为线程的目标对象。实现 Runnable 接口就是实现 run 方法。下面程序通过实现 Runnable 接口构造线程体。

程序 13.2　RunnableDemo.java

```java
public class RunnableDemo implements Runnable{
  public void run(){
    for(int i = 0; i < 100; i ++){
      System.out.println(
          Thread.currentThread().getName() + " = " + i);
      try{
        Thread.sleep((int)(Math.random() * 100));
      }catch(InterruptedException e){}
    }
    System.out.println(Thread.currentThread().getName() + " 结束");
  }

  public static void main(String[] args){
    RunableDemo target = new RunnableDemo();
    Thread t1 = new Thread(target,"线程 A");
    Thread t2 = new Thread(target ,"线程 B");
    t1.start();
    t2.start();
  }
}
```

程序运行结果与程序 13.1 的运行结果类似。

前面介绍了创建线程的两种方法。第一种方法的继承 Thread 类的优点是比较简单,缺点是如果一个类已经继承了某个类,就不能再继承 Thread 类了(因为 Java 语言只支持单继承)。例如,编写 Java Applet 就不能用这种方法。但是可以定义内部类,这样还可以访问外层类的成员。第二种方法实现 Runnable 接口的缺点是稍微复杂一些,但这种方法可以继承其他的类,同时更符合面向对象的设计思想。

13.2.3 主线程

当 Java 应用程序的 main() 开始运行时,JVM 就启动了一个线程,该线程负责创建其他线程,因此称为主线程。请看下面的程序。

程序 13.3　MainThreadDemo.java

```java
public class MainThreadDemo{
```

```java
public static void main(String[] args){
    Thread t = Thread.currentThread(); // 返回当前线程对象
    System.out.println(t);
    System.out.println(t.getName());
    t.setName("MyThread");
    System.out.println(t);
    System.out.println(t.getThreadGroup().getName());
}
}
```

该程序输出结果为：

```
Thread[main , 5, main]
main
Thread[MyThread, 5, main]
main
```

程序在 main() 中声明了一个 Thread 对象 t，然后调用 Thread 类的静态方法 currentThread() 获得当前线程对象，该线程就是主线程。然后重新设置该线程对象的名称，最后输出线程对象、线程对象名和线程组对象名。

实际上在程序 13.1 中有三个线程同时运行。请试着将下段代码加到 main() 中，再执行程序，将看到有三个线程同时运行。

```java
for(int i = 0; i < 100; i++){
    System.out.println(Thread.currentThread().getName() + " = " + i);
    try{
        Thread.sleep((int)(Math.random() * 500));
    }catch(InterruptedException e){}
}
System.out.println(Thread.currentThread().getName() + " DONE");
```

从上述代码执行结果可以看到，在应用程序的 main() 启动时，JVM 就创建一个主线程，在主线程中可以创建其他线程。

13.3 线程的状态与调度

13.3.1 线程的状态

一个线程从创建、运行到结束总是处于下面 6 种状态之一，表示这些状态的值封装在 java.lang.Thread.State 枚举中，在该枚举中定义了下面表示状态的成员：

- NEW：处于这种状态的线程，还没有启动。
- RUNNABLE：处于这种状态的线程正在 JVM 中运行。
- BLOCKED：处于这种状态的线程正在等待监视器锁，以访问某一个对象。
- WAITING：处于这种状态的线程正在无限期地等待另一个线程执行某个特定动作。
- TIMED_WAITING：处于这种状态的线程在等待睡眠指定时间。
- TERMINATED：处于这种状态的线程已经退出。

1. 新建状态

当使用 Thread 类的构造方法创建一个线程对象后，就处于新建状态（NEW）。处于新建状态的线程仅仅是空的线程对象，系统并没有为其分配资源。当线程处于该状态，仅能启动线程，调用任何其他方法是无意义的且会引发 IllegalThreadStateException 异常。

2. 可运行状态

一个新创建的线程并不自动开始运行，要执行线程，必须调用线程的 start 方法。当线程调用 start 方法即启动了线程。start 方法创建线程运行的系统资源，并调度线程运行 run 方法。当 start 方法返回后，线程就处于可运行状态（RUNNABLE）。

处于可运行状态的线程并不一定立即运行 run 方法，线程还必须同其他线程竞争 CPU 时间，只有获得 CPU 时间才可以运行线程。

3. 阻塞状态

线程运行过程中，可能由于各种原因进入阻塞状态。所谓阻塞状态（BLOCKED）是正在运行的线程没有运行结束，暂时让出 CPU，这时其他处于可运行状态的线程就可以获得 CPU 时间，进入运行状态。有关阻塞状态在后面详细讨论。

4. 等待状态

当线程调用 sleep(long millis) 方法使线程进入等待指定时间状态（TIMED_WAITING），直到等待时间过后，线程再次进入可运行状态。当线程调用 wait 方法使当前线程进入等待状态（WAITING），直到另一个线程调用了该对象的 notify 方法或 notifyAll 方法，该线程重新进入运行状态，恢复执行。

5. 结束状态

线程正常结束，即 run 方法返回，线程运行就结束了，此时线程就处于结束状态（TERMINATED）。

13.3.2 线程的优先级和调度

前面说过多个线程可并发运行，然而实际上并不总是这样。由于很多计算机都是单 CPU 的，所以一个时刻只能有一个线程处于运行状态，而可能有多个线程处于可运行状态。对多个处于可运行状态的线程是由 Java 运行时系统的线程调度器（scheduler）来调度的。

每个线程都有一个优先级，当有多个线程处于可运行状态时，线程调度器根据线程的优先级调度线程运行。可以用下面方法设置和返回线程的优先级。

- public final void setPriority(int newPriority)：设置线程的优先级。
- public final int getPriority()：返回线程的优先级。

newPriority 为线程的优先级，取值为 1~10 的整数，数值越大优先级越高。也可以使用 Thread 类定义的常量来设置线程的优先级，这些常量分别是 MIN_PRIORITY、NORM_PRIORITY 和 MAX_PRIORITY，它们分别对应于线程优先级的 1、5 和 10。当创建线程时，如果没有指定它的优先级，则从创建该线程那里继承优先级。

一般来说，只有在当前线程停止或由于某种原因被阻塞，较低优先级的线程才有机会运行。

程序 13.4　ThreadPriorityDemo.java

```java
public class ThreadPriorityDemo {
    // static 嵌套类
    static class CounterThread extends Thread{
        public void run(){
            int count = 0 ;
            while(true){
                try{
                    sleep(1);
                }catch(InterruptedException e){}
                if(count == 5000)
                    break;
                System.out.println(getName() + ":" + count++);
            }
        }
    }
    public static void main(String[] args) {
        CounterThread thread1 = new CounterThread();
        CounterThread thread2 = new CounterThread();
        thread1.setPriority(1);
        thread2.setPriority(10);
        thread1.start();
        thread2.start();
    }
}
```

该程序使用 CounterThead 静态嵌套类创建了两个线程对象,然后将它们的优先级分别设置为 1 和 10。执行该程序,会看到第二个线程应该先结束,因为它的优先级高,会获得较多的 CPU 时间执行。

13.3.3　控制线程的结束

控制线程的结束稍微复杂一点。早期的方法是调用线程对象的 stop 方法,然而由于该方法可能导致线程死锁,因此从 Java 1.1 版开始,不推荐使用该方法结束线程。

通常,是在线程体中通过一个循环来控制线程的结束。如果线程的 run 方法是一个确定次数的循环,则循环结束后,线程运行就结束了,线程进入终止状态。

例如,下面的 run 方法中包含一段循环代码:

```java
public void run(){
    int i = 0;
    while(i < 100){
        i ++;
        System.out.println("i = " + i);
    }
}
```

当该段代码循环结束后,线程就自然结束了。注意一个处于终止状态的线程不能再调用该线程的任何方法。

如果 run 方法是一个不确定循环，一般是通过设置一个标志变量，在程序中通过改变标志变量的值实现结束线程。请看下面的例子。

程序 13.5   ThreadStop.java

```java
import java.util.Date;
public class ThreadStop{
    static class MyTimer implements Runnable{          // 静态内部类
        boolean flag = true;                           // 定义一个标志变量
        public void run(){
            while(flag){                               // 通过 flag 变量控制线程结束
                System.out.println("" + new Date() + "…");
                try{
                    Thread.sleep(1000);
                }catch(InterruptedException e){}
            }
            System.out.println("" + Thread.currentThread().getName() + " 结束");
        }
        public void stopRun(){
            flag = false;                              // 将标志变量设置为 false
        }
    }                                                  //内部类结束

    public static void main(String[] args){
        MyTimer timer = new MyTimer();
        Thread thread = new Thread(timer);
        thread.setName("Timer");
        thread.start();
        for(int i = 0;i < 100;i++){
            System.out.println("" + i);
            try{
                Thread.sleep(100);
            }catch(InterruptedException e){}
        }
        timer.stopRun();                               // 使用户线程结束
    }
}
```

该程序在 MyTimer 类中定义了一个布尔变量 flag，同时定义了一个 stopRun 方法，在其中将该变量设置为 false。在主程序中通过调用该方法改变 flag 变量的值，从而使 run 方法的 while 循环条件不满足，进而实现结束线程的运行。

说明：在 Thread 类中除 stop 方法被标明为不推荐使用外，suspend 方法和 resume 方法也被标明不推荐使用，这两个方法原来用作线程的挂起和恢复。

13.4　线程同步与对象锁

前面程序中的线程都是独立的、异步执行的。但在很多情况下，多个线程需要共享数据资源，涉及线程的同步与对象锁的问题。

13.4.1 资源共享问题

下面以车站售票为例说明资源共享的问题。假设有两个窗口同时出售一次列车的车票,车票就是共享资源,两个窗口为两个线程。这就是多个线程共享资源(车票),如果不加以控制可能会产生冲突。请看下面对该问题的实现。

程序 13.6　Tickets.java

```java
public class Tickets {
  private int amount = 100;
  public int getAmount(){
    return amount;
  }
  public void saleone(){
    amount = amount - 1;
  }
}
```

该类为车票类,是共享资源。变量 amount 表示车票初始数量,getAmount 方法返回目前车票数量,saleone 方法实现卖出一张车票。

下面的 WinThread 类表示售票线程,使用该类创建线程对象模拟售票窗口。

程序 13.7　WinThread.java

```java
public class WinThread extends Thread{
  Tickets tickets = null;
  int n = 0;                                    // 记录售票数量
  public WinThread(Tickets tickets, String name){
    super(name);                                // 设置线程名
    this.tickets = tickets;
  }
  public void run(){
    while(true){
      if(tickets.getAmount() > 0){
        tickets.saleone();
        n = n + 1;                              // 记录售票的数量
        System.out.println(getName() + ":" + n);
        try{
          Thread.sleep(50);
        }catch(InterruptedException e){ }
      }else{
        System.out.println(getName() + "已无票");
        break;
      }
    }
  }
}
```

该类是线程类实现售票。成员变量 tickets 为 Tickets 对象,作为共享资源。n 用来记录该线程卖的票的数量。在 run 方法中的 while 循环中判断 tickets 对象的 amount 决定是否有票,若有则调用 saleone 方法卖出一张票,若无则结束线程。

下面程序中创建两个线程对象,并启动运行。其中,Tickets 类的对象 tick 作为两个线程的共享资源。

程序 13.8 TicketsTest.java

```java
public class TicketsTest {
  public static void main (String[] args) {
    Tickets tick = new Tickets();
    Thread win1 = new WinThread(tick,"窗口 1");
    Thread win2 = new WinThread(tick,"窗口 2");
    win1.start();
    win2.start();
  }
}
```

运行该程序,下面是可能得到的一个结果:

...
窗口 2: 49
窗口 1: 50
窗口 2: 50
窗口 2: 51
窗口 1 已无票.
窗口 2 已无票.

从该运行结果发现,共有 100 张车票,结果两个窗口共卖出了 101 张票,多卖了 1 张,显然出现了错误。多次运行该程序,结果可能不同,有的结果是正确的(两个窗口卖的票之和为 100)。

出现上述错误的原因是:两个线程对象同时操作一个 tick 对象的同一段代码,通常将这段代码段称为临界区(critical section)。在线程执行时,两个线程读出的票的余额可能相同,而都在该余额上卖出一张票,结果是两个窗口卖出两张票,而票的余额却只减 1。

13.4.2 对象锁的实现

上述程序的运行结果说明了多个线程访问同一个对象出现了冲突,为了保证运行结果正确(两个窗口卖票数量之和为 100),可以通过对象锁(object lock)实现。

Java 程序的每个对象都可以有一个对象锁,是通过 synchronized 关键字实现的。通常用该关键字修饰类的方法,这样的方法称为同步方法。任何线程在访问对象的同步方法时,首先必须获得该对象的锁,然后才能进入 synchronized 方法,这时其他线程就不能再同时访问该对象的同步方法了(包括其他的同步方法)。

通常有两种方法实现对象锁。

1. 同步方法

对于上面的程序可以在定义 Tickets 类的 getAmount 方法和 saleone 方法时,在它们前面加上 synchronized 关键字,如下所示:

```java
public synchronized int getAmount(){
  return amount;
```

```
public synchronized void saleone(){
    amount = amount - 1;
}
```

一个方法使用 synchronized 关键字修饰后,当线程调用该方法时,必须先获得对象锁,只有在获得对象锁以后才能进入 synchronized 方法。一个时刻对象锁只能被一个线程持有。如果对象锁正在被一个线程持有,其他线程就不能获得该对象锁,必须等待持有该对象锁的线程释放锁。

如果类的方法使用了 synchronized 关键字修饰,则称该类是线程安全的,否则是线程不安全的。

2. 同步对象

前面实现对象锁是在方法前加上 synchronized 关键字,对于自己定义的类很容易实现,但如果使用类库中的类或别人定义的类在调用一个没有使用 synchronized 关键字修饰的方法时,又要获得对象锁,可以使用下面的格式:

```
synchronized(object){
    // 方法调用
}
```

假如 Tickets 类的方法没有使用 synchronized 关键字,也可以在定义 WinThread 类的 run 方法时按如下方法使用 synchronized 为部分代码加锁。

```
public void run(){
    while(true){
        synchronized (tickets){
            // …
        }
    }
}
```

这样,当一个线程要访问 tickets 对象时,必须获得该对象上的锁,直到同步代码块执行结束后才释放对象锁。对象锁的获得和释放是由 Java 运行时系统自动完成的。

每个类也可以有类锁。类锁控制对类的 synchronized static 代码的访问。请看下面的例子。

```
public class SampleClass{
    static int x, y;
    static synchronized void foo(){
        x++; y++;
    }
}
```

当 foo 方法被调用时(如使用 SampleClass.foo()),调用线程必须获得 SampleClass 类的类锁。

13.4.3 线程间的同步控制

在多线程的程序中,除了要防止资源冲突外,有时还要保证线程的同步。下面通过生产者-消费者模型来说明线程的同步与资源共享的问题。

假设有一个生产者(producer)，一个消费者(consumer)。生产者产生 0~9 的整数，将它们存储在盒子(box)对象中并打印出这些数。消费者从盒子中取出这些整数并将其也打印出来。同时要求生产者产生一个数字，消费者取得一个数字，这就涉及两个线程的同步问题。

这个问题就可以通过两个线程实现生产者和消费者，它们共享一个 Box 对象。如果不加控制就得不到预期的结果。

1. 不同步的设计

首先设计用于存储数据的类，该类的定义如下。

程序 13.9 Box.java

```java
public class Box{
  private int data ;
  public synchronized void put(int value){
    data = value;
  }
  public synchronized int get(){
    return data ;
  }
}
```

Box 类使用一个私有成员变量 data 用来存放整数，put 方法和 get 方法用来设置和返回 data 变量的值。Box 对象为共享资源，所以 put 方法和 get 方法使用 synchronized 关键字修饰。这样当 Producer 对象调用 put 方法时，它将锁定该对象，Consumer 对象就不能调用 get 方法。当 put 方法返回时，Producer 对象释放了 Box 的锁。类似地，当 Consumer 对象调用 Box 的 get 方法时，它也锁定该对象，防止 Producer 对象调用 put 方法。

接下来看 Producer 类和 Consumer 类的定义，假设这两个类的定义如下。

程序 13.10 Producer.java

```java
public class Producer extends Thread {
  private Box box;                              // 被共享的对象
  public Producer(Box c) {
    box = c;
  }
  public void run() {
    for (int i = 0; i < 10; i++) {
      box.put(i);
      System.out.println("Producer " + " put: " + i);
      try {
        sleep((int)(Math.random() * 100));
      } catch (InterruptedException e) { }
    }
  }
}
```

Producer 类是一个线程类，其中定义了一个 Box 类型的成员变量 box，用来存储产生的整数。在该类的 run 方法中，通过一个循环产生 10 个整数，每次产生一个整数，调用 box 对象的 put 方法将其存入该对象中,同时输出该数。

下面是 Consumer 类的定义。

程序 13.11 Consumer.java

```java
public class Consumer extends Thread {
  private Box box;
  public Consumer(Box c) {
    box = c;
  }
  public void run() {
    int value = 0;
    for (int i = 0; i < 10; i++) {
      value = box.get();
      System.out.println("Consumer " + " got: " + value);
    }
  }
}
```

Consumer 类是一个线程类,它的 run 方法中也是一个循环,每次调用 box 的 get 方法返回当前存储的整数,然后输出。

下面是主程序,在 main() 中创建一个 Box 对象 c,一个 Producer 对象 p1,一个 Consumer 对象 c1,然后启动两个线程。

程序 13.12 ProducerConsumerTest.java

```java
public class ProducerConsumerTest {
  public static void main(String[] args) {
    Box c = new Box();
    Producer p1 = new Producer(c);
    Consumer c1 = new Consumer(c);
    p1.start();
    c1.start();
  }
}
```

该程序中对 Box 类的设计,尽管使用了 synchronized 关键字实现了对象锁,但这还不够。程序运行可能出现下面两种情况:

如果生产者的速度比消费者快,那么在消费者还没来得及取出前一个数据,生产者又产生了新的数据,于是消费者就会跳过前一个数据,这样就会产生下面的结果:

Consumer got: 3
Producer put: 4
Producer put: 5
Consumer got: 5
…

反之,如果消费者的速度比生产者快,那么在生产者还没有产生下一个数据前,消费者可能两次取出同一个数据,这样就会产生下面的结果:

```
Producer put: 4
Consumer got: 4
Consumer got: 4
Producer put: 5
...
```

2. 监视器模型

为了避免上述情况发生，就必须使生产者线程向 Box 对象中存储数据与消费者线程从 Box 对象中取得数据同步起来。为了达到这一目的，在 Java 程序中可以采用监视器 (monitor) 模型，同时通过调用对象的 wait 方法和 notify 或 notifyAll 方法实现同步。

下面是修改后的 Box 类的定义：

程序 13.13　Box.java

```java
public class Box{
  private int data ;
  private boolean available = false;         //用来表示数据是否可用
  public synchronized void put(int value){
    while(available == true){                //数据没被取出
      try{
        wait();                              //等待
      }catch(InterruptedException e){}
    }
    data = value;                            //产生数据
    available = true;
    notifyAll();
  }
  public synchronized int get(){
    while(available == false){               //还没有数据
      try{
        wait();                              //等待
      }catch(InterruptedException e){}
    }
    available = false;
    notifyAll();
    return data;                             //取出数据
  }
}
```

这里的成员变量 available 用来指示数据是否可取。当 available 为 true 时表示数据已经产生还没被取走，当 available 为 false 时表示数据已被取走还没有产生新的数据。

当生产者线程进入 put 方法时，首先检查 available 的值，若其为 false，才可执行 put 方法，若其为 true，说明数据还没有被取走，该线程必须等待。因此在 put 方法中调用 Box 对象的 wait 方法使线程进入阻塞状态，同时释放对象锁。直到另一个线程对象调用了 notify()或 notifyAll()，该线程才可恢复运行。

类似地，当消费者线程进入 get 方法时，也是先检查 available 的值，若其为 true，才可执行 get 方法，若其为 false，说明还没有数据，该线程必须等待。因此在 get 方法中调用 Box 对象的 wait 方法使线程进入阻塞状态，同时释放对象锁。

上述过程就是监视器模型,其中 Box 对象为监视器。通过监视器模型可以保证生产者线程和消费者线程同步,结果正确。

程序运行的部分结果如下:

```
...
Producer    put: 7
Consumer    got: 7
Producer    put: 8
Consumer    got: 8
Producer    put: 9
Consumer    got: 9
```

特别注意:wait()、notify()和 notifyAll()是在 Object 类中定义的,并且这些方法只能用在 synchronized 代码段中。它们的定义格式如下。

- public final void wait();
- public final void wait(long timeout);
- public final void wait(long timeout, int nanos)。

调用对象的这些方法使当前线程进入等待状态,直到另一个线程调用了该对象的 notify 方法或 notifyAll 方法,该线程重新进入运行状态,恢复执行。timeout 和 nanos 为等待时间的毫秒和纳秒,当时间到或其他对象调用了该对象的 notify 方法或 notifyAll 方法,该线程重新进入运行状态,恢复执行。wait()的声明抛出了 InterruptedException,因此程序中必须捕获或声明抛出该异常。

notify()方法和 notifyAll()方法的声明格式如下:

- public final void notify();
- public final void notifyAll()。

释放当前对象的锁,通知等待该对象锁的一个或所有的线程继续执行,通常使用 notifyAll 方法。

13.5 小 结

Java 语言内在支持多线程的程序设计。线程是进程中的一个单个的顺序控制流,多线程是指单个程序内可以同时运行多个线程。在 Java 程序中创建多线程的程序有两种方法。一种是继承 Thread 类并覆盖其 run 方法;另一种是实现 Runnable 接口并实现其 run 方法。

线程从创建、运行到结束总是处于下面某个状态:新建状态、可运行状态、等待状态、阻塞状态及结束状态。每个线程都有一个优先级,当有多个线程处于可运行状态时,线程调度器根据线程的优先级调度线程运行。

在很多情况下,多个线程需要共享数据资源,这就涉及线程的同步与资源共享的问题。可以通过对象锁实现线程同步,可使用关键字 synchronized 实现方法同步和对象同步。

13.6 习题

1. 判断下面叙述是否正确。

(1) 一个线程对象运行的目标代码是由 run 方法提供的,但 Thread 类的 run 方法是空的,其中没有内容,所以用户程序要么继承 Thread 类并覆盖其 run 方法,要么使一个类实现 Runnable 接口,并实现其中的 run 方法。

(2) 某程序中的主类不是 Thread 类的子类,也没有实现 Runnable 接口,则这个主类运行时不能控制主线程睡眠。

(3) 一个正在执行的线程对象调用 yield 方法将把处理器让给与其同优先级的其他线程。

(4) 下面的语句将线程对象 mt 的优先级设置为 12:"mt.setPriority(12);"。

(5) Java 语言的线程调度采用抢占式调度策略,既优先级高的线程可以抢占优先级低的线程获得处理器的时间。

(6) 一个线程由于某种原因(如睡眠、发生 I/O 阻塞)从运行状态进入阻塞状态,当排除终止原因后即重新进入运行状态。

(7) 一个线程因为 I/O 操作发生阻塞时,执行 resume() 方法可以使其改变到可运行状态。

2. 书写语句完成下列操作。

(1) 创建一个名为 myThread 的线程对象 mt。

(2) 创建线程对象 mt,它的 run 方法来自实现 Runnable 接口的类 RunnableClass。

(3) 将线程对象 mt 的优先级设置为 3。

(4) 获得当前正在运行的线程对象 mt 的名字。

3. Thread 类的(　　)方法用来启动线程的运行。

　A. run()　　　　B. start()　　　　C. begin()　　　　D. run(Runnable r)

　E. execute(Thread t)

4. 有下面代码:

```
Runnable target = new MyRunnable();
Thread myThread = new Thread(target);
```

若上述代码能够正确编译,MyRunnable 类应如何定义?(　　)

　A. public class MyRunnable extends Runnable{
　　　public void run(){}
　　}

　B. public class MyRunnable Object Runnable{
　　　public void run(){}
　　}

　C. public class MyRunnable implements Runnable{
　　　public void run(){}
　　}

　D. public class MyRunnable implements Runnable{

```java
        public void start(){}
    }
```

5. 下面程序的一个可能输出结果为(　　)。

```java
public class Messager implements Runnable{
    public static void main(String[] args){
        new Thread(new Messager("Tiger")).start();
        new Thread(new Messager("Lion")).start();
    }
    private String name;
    public Messager(String name){
        this.name = name;
    }
    public void run(){
        message(1);
        message(2);
    }
    public synchronized void message(int n){
        System.out.print(name + ": " + n + " ");
    }
}
```

  A. Tiger: 1 Tiger: 2 Lion: 1   B. Tiger: 1 Lion: 2 Tiger: 2 Lion: 1
  C. Tiger: 1 Lion: 1 Lion: 2 Tiger: 2   D. Tiger: 1 Tiger: 2

6. 有下列程序：

```java
public class Foo implements Runnable{
    public void run(Thread t){
        System.out.println("Running");
    }
    public static void main(String[] args){
        new Thread(new Foo()).start();
    }
}
```

  程序运行结果如何？(　　)

  A. 抛出一个异常   B. 程序没有任何输出而结束
  C. 在程序的第 1 行发生编译错误   D. 在程序的第 2 行发生编译错误
  E. 程序输出 "Running" 并结束

7. 有下列程序：

```java
public class X implements Runnable{
    public static void main(String[] args){
        _____
    }
    public void run(){
        int x = 0, y = 0;
        for( ; ; ){
            x++;
            y++;
```

```
        System.out.println("x = " + x + ",y = " + y);
      }
    }
  }
```

下面哪段代码放到下划线处可使 run 方法运行？（　　）

A. X x = new X();
   x.run();

B. X x = new X();
   new Thread(x).run();

C. X x = new X();
   new Thread(x).start();

D. Thread t = new Thread(x).run();

E. Thread t = new Thread(x).start();

8. 有下列程序：

```
class A implements Runnable{
  public int i = 1;
  public void run(){
    this.i = 10;
  }
}
public class Test{
  public static void main(String[] args){
    A a = new A();
    new Thread(a).start();
    int j = a.i;
    System.out.println(j);
  }
}
```

在程序的输出语句中，变量 j 的值是（　　）。

A. 1　　　　　　B. 10　　　　　　C. j 的值不能确定　　D. 1 或 10

9. 阅读下列程序：

```
class Num{
  private int x = 0;
  private int y = 0;
  void increase(){
    x++;
    y++;
  }
  void testEqual(){
    System.out.println(x + "," + y + ":" + (x == y));
  }
}
class Counter extends Thread{
  private Num num;
  Counter(Num num){
    this.num = num;
  }
```

```
    public void run(){
      while(true){
        num.increase();
      }
    }
  }
  public class CounterTest{
    public static void main(String[] args){
      Num num = new Num();
      Thread count1 = new Counter(num);
      Thread count2 = new Counter(num);
      count1.start();
      count2.start();
      for(int i = 0; i<100; i++){
        num.testEqual();
        try{
          Thread.sleep(100);
        }catch(InterruptedException e){ }
      }
    }
  }
```

用两种方法修改该程序,使 main()中 num.testEqual 方法输出的 x、y 值相等。

第 14 章　图形用户界面

许多应用程序都是图形用户界面(graphical user interface，GUI)的，并且程序的运行是事件驱动的。这样的应用程序可以使用户很方便地与程序进行交互。

本章主要介绍 Java 图形用户界面程序的开发方法，其中包括容器和布局管理器，另外还将介绍图形绘制、事件处理模型，最后介绍一些常用组件。

14.1　Swing 概述

为了开发图形界面程序，在 Java 1.2 版之前，Java 提供了一个 AWT 类库，称为抽象窗口工具箱(abstract window toolkit，AWT)。AWT 为程序员提供了构建 GUI 程序的组件，如 Frame、Button、Label 等。使用 AWT 创建 GUI 存在严重缺陷，最重要的是它将可视组件转换为它们各自特定平台的对应元素。这意味着组件的外观由平台而不是由 Java 定义。由于 AWT 组件使用了本机代码资源，所以它们称为重量级的(heavyweight)。

Java 从 1.2 版开始提供了一个新的组件库 Swing。Swing 可以说是第二代 GUI 开发工具集，也是 Java 基础类库(Java Foundation Classes，JFC)的组成部分。

Swing 组件完全用 Java 编写，不依赖于特定平台，因此是轻量级的组件(lightweight component)。轻量级组件具有重要优点，包括高效性和灵活性。由于轻量级组件不会转换为特定平台的元素，每一个组件的外观都由 Swing 确定，而不是由操作系统决定，意味着组件在任何平台下都有一致的行为方式。

由于 Swing 组件比 AWT 组件有很多优点，所以新开发的程序应该使用 Swing 组件而不应该再使用 AWT 组件。但是，要注意 Swing 并没有完全取代 AWT，只是替代了 AWT 包中的 UI 组件(如 Button、TextField 等)，AWT 中的一些辅助类(如 Graphics、Color、Font 等)仍然保持不变。另外，Swing 仍然使用 AWT 的事件模型。

14.2　组件和容器

Swing GUI 包含两个主要项目：组件和容器。但是这种区分只是概念上的，因为所有的容器也都是组件。两者之间的区别在于各自的用途。组件是指独立的可视化控件，如按钮和文本域。容器是一种用来容纳其他组件的特殊组件。为了显示组件，组件必须添加到容器中。因此，所有 GUI 程序都必须至少包含一个容器。由于容器也是组件，因此容器也可以包含其他容器或被其他容器包含。这使得 Swing 能够定义所谓容器层次结构，在其顶层必须是顶级容器。

14.2.1 组件

大多数 Swing 组件都派生于 JComponent 类（顶级容器除外）。JComponent 类提供了所有组件的通用功能。例如，JComponent 支持可插入式外观。JComponent 类继承了 AWT 的 Container 类和 Component 类，因此，Swing 组件是建立在 AWT 组件的基础上的，并且与后者兼容。所有的 Swing 组件类都定义在 javax.swing 包中，表 14-1 列出了 Swing 常用的组件类。

表 14-1 Swing 常用组件类

类 名	类 名	类 名	类 名
JApplet	JButton	JCheckBox	JCheckBoxMenuItem
JColorChooser	JComboBox	JComponent	JDesktopPane
JDialog	JEditorPane	JFileChooser	JFormattedTextField
JFrame	JInternalFrame	JLabel	JLayer
JLayeredPane	JList	JMenu	JMenuBar
JMenuItem	JOptionPane	JPanel	JPasswordFied
JPopupMenu	JProgressBar	JRadioButton	JRadioButtonMenuItem
JRootPane	JScrollBar	JScrollPane	JSeparator
JSlider	JSpinner	JSplitPane	JTabbedPane
JTable	JTextArea	JTextField	JTextPane
JToggleButton	JToolBar	JToolTip	JTree
JViewport	JWindow		

注意：所有的 Swing 组件类都以字母 J 开头。例如，表示标签的类是 JLabel，表示按钮的类是 JButton，表示复选框的类是 JCheckBox。

14.2.2 容器

Swing 定义了两种类型的容器，第一种是顶级容器 JFrame、JApplet 和 JDialog。这三个容器不是继承自 JComponent，而是继承自 AWT 的 Container 类。与 Swing 的其他轻量级组件不同，顶级容器是重量级组件，是 Swing 组件库中的特殊情况。

顾名思义，顶级容器必须位于容器层次结构的顶层。顶级容器不能被其他任何容器包含。而且，每一个容器层次结构都必须由顶级容器开始。通常用于应用程序的顶级容器是 JFrame，用于 Java 小应用程序的顶级容器是 JApplet。

Swing 支持的第二种容器是轻量级容器。轻量级容器继承自 JComponent。轻量级容器包括 JPanel、JScrollPane、JRootPane 等。轻量级容器通常用来组织和管理一组相关的组件，因为轻量级容器可以包含在另一个容器中。因此，可以使用轻量级容器来创建相关控件子组，让它们包含在一个外部容器中。

14.2.3 一个简单的 Swing 程序

每个使用 Swing 的程序必须至少有一个顶层 Swing 容器。对 GUI 应用程序来说，一般应该有一个主窗口，或称框架窗口。在 Swing 中，窗口是由 JFrame 对象实现的。

JFrame 类常用的构造方法有：

- public JFrame()：创建一个没有标题的窗口对象。
- public JFrame(String title)：创建一个以 title 为标题的窗口对象。

下面程序创建了一个空的框架窗口。

程序 14.1　HelloWorldSwing.java

```java
package com.gui;
import javax.swing.*;

public class HelloWorldSwing {
    public static void main(String[] args) {
        JFrame frame = new JFrame("HelloWorldSwing");
        JLabel label = new JLabel("第一个 Swing 程序.",SwingConstants.CENTER);
        frame.setSize(300,100);
        frame.add(label);
        frame.setLocationRelativeTo(null);
        frame.setDefaultCloseOperation(JFrame.EXIT_ON_CLOSE);
        frame.setVisible(true);
    }
}
```

图 14-1　一个简单的窗口程序

该程序运行结果如图 14-1 所示。在 main() 中使用 JFrame 类的构造方法创建一个窗口对象 frame。JFrame 对象是一个矩形窗口，其中包含标题栏以及关闭、最小化、最大化等按钮。也就是说，使用 JFrame 类可以创建一个顶级窗口。通过为构造方法传递一个字符串指定窗口标题。

接下来使用 JLabel 类的构造方法创建一个标签对象，该构造方法的第二个参数指定标签文本的对齐方式，这里使用 SwingConstants 类的常量，CENTER 表示居中对齐。标签是一个最容易使用的 Swing 组件，不接受用户的输入，而只是显示信息，包括文本、图标以及两者的组合。

框架窗口创建后，默认的大小是 0×0 像素的，所以使用 setSize 方法设置窗口的大小，两个参数是用像素表示的宽度和高度，这里分别是 300 像素宽，100 像素高。

下面一行代码实现将标签对象添加到窗口的内容窗格中：

```java
frame.add(label);
```

这里，调用 add 方法将组件添加到窗口的内容窗格中。实际上，要向框架的内容窗格中添加组件，可以调用 getContentPane 方法返回窗口的内容窗格，然后调用 add 方法将组件添加到窗口的内容窗格中。

```java
frame.getContentPane().add(label);
```

注意：在 JFrame 对象上只有 add 方法、remove 方法和 setLayout 方法具有这种特征，它们直接对内容窗格中对象操作。

setLocationRelativeTo 方法用来设置窗口显示的位置，使用 null 参数实现将窗口显示在屏幕中央。

默认情况下,当关闭顶级窗口时(用户单击关闭按钮),窗口从屏幕上消失,但是应用程序并没有终止。这种默认行为在一些情况下很有用,但是并非对大多数应用程序都合适;相反,通常希望在顶级窗口关闭时终止这个应用程序,调用 setDefaultCloseOperation 方法可以实现这一点,如下所示:

```
frame.setDefaultCloseOperation(JFrame.EXIT_ON_CLOSE);
```

窗口创建之后是不可见的,使用 setVisible 方法将窗口设置为可见,这样在屏幕上才可看到运行结果。

需要说明的是,上面的程序并不能响应任何事件,因为 JLabel 是一种被动组件,即 JLabel 不会生成任何事件。因此,程序中没有包含任何事件处理程序。

14.2.4 顶级容器的使用

每一个顶级容器都定义了一组窗格,在层次结构的顶部是根窗格(root pane)的实例。根窗格是一个用来管理其他窗格的轻量级容器。组成根窗格的窗格包括分层窗格(layered pane)、内容窗格(content pane)和玻璃窗格(glass pane)。

分层窗格用来管理菜单栏和内容窗格。内容窗格用来管理放置其上的组件,在窗口中添加的组件就添加在内容窗格中。玻璃窗格是最外层窗格,完全包含了其他窗格。在大多数情况下,不必直接使用玻璃窗格。玻璃窗格用来截获发生在顶级容器上的输入事件,还可以用来在多个组件上绘制。

下面的 TopLevelDemo 程序包含一个绿色的菜单栏(不包含菜单),窗口的内容窗格中是一个黄色的标签。

程序 14.2　TopLevelDemo.java

```java
package com.gui;
import java.awt.*;
import javax.swing.*;

public class TopLevelDemo {
    public static void main(String[] args) {
        JFrame frame = new JFrame("TopLevelDemo");
        // 创建一个菜单栏对象并设置有关属性
        JMenuBar greenMenuBar = new JMenuBar();
        greenMenuBar.setOpaque(true);
        greenMenuBar.setBackground(new Color(154, 165, 127));
        greenMenuBar.setPreferredSize(new Dimension(300, 20));

        JLabel yellowLabel = new JLabel();
        yellowLabel.setOpaque(true);
        yellowLabel.setBackground(new Color(248, 213, 131));
        yellowLabel.setPreferredSize(new Dimension(500, 180));

        // 将菜单条添加到窗口中
        frame.setJMenuBar(greenMenuBar);
        frame.add(yellowLabel, BorderLayout.CENTER);
```

```
        frame.setSize(300,130);
        frame.setLocationRelativeTo(null);
        frame.setDefaultCloseOperation(JFrame.EXIT_ON_CLOSE);
        frame.setVisible(true);
    }
}
```

该程序运行结果如图 14-2 所示。程序中使用 JMenuBar 类创建一个菜单条对象,然后设置该菜单条的属性(是否透明、背景颜色、和最佳大小),对于标签对象也可以设置这些属性。然后使用 setJMenuBar 方法将其添加到窗口中。注意,在将标签添加到容器中时使用的是下面一行代码:

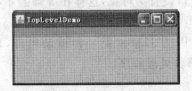

图 14-2　TopLevelDemo 程序运行结果

```
frame.add(yellowLabel, BorderLayout.CENTER);
```

这里,add 方法的第二个参数用来指定将组件添加到内容窗格的位置,BorderLayout 类的常量 CENTER 表示添加到中央。

14.3　容器布局

在许多其他窗口系统中,组件在窗口中的放置是通过硬编码实现的,即通过指定组件在窗口中的绝对位置来对组件布局,如将一个按钮放置在窗口坐标(10,10)处。使用硬编码的方法,用户界面可能在一个系统下显示正常,而在其他系统下显示不正常。

Java 语言的一个特点是强调程序的平台无关性。对于图形用户界面同样是这样。在 Java 的图形界面程序中,是通过为每种容器提供布局管理器实现组件布局的。所谓布局管理器就是为容器设置一个 LayoutManager 对象(布局管理器对象),由它来管理组件在容器中摆放的顺序、位置、大小以及当窗口大小改变后组件如何变化等特征。

通过使用布局管理器机制就可以实现 GUI 的跨平台性,同时避免为每个组件设置绝对位置。常用的布局管理器有 FlowLayout、BorderLayout、GridLayout、CardLayout 和 GridBagLayout,这些类都在 java.awt 包中定义。每种容器都有默认的布局管理器,也可以为容器指定新的布局管理器。使用容器的 setLayout(LayoutManager layout) 方法设置容器的布局。其中参数 LayoutManager 是接口。

下面分别介绍几种常用的布局管理器在 GUI 设计中的应用。

14.3.1　FlowLayout 布局管理器

FlowLayout 布局叫流式布局,是最简单的布局管理器。容器设置为这种布局,那么添加到容器中的组件将从左到右,从上到下,一个一个地放置到容器中,一行放不下,放到下一行。当调整窗口大小后,布局管理器会重新调整组件的摆放位置,组件的大小和相对位置不变,组件的大小采用最佳尺寸。

下面是 FlowLayout 类常用的构造方法:

```
public FlowLayout(int align, int hgap, int vgap)
```

创建一个流式布局管理器对象,并指定添加到容器中组件的对齐方式(align)、水平间距(hgap)和垂直间距(vgap)。对齐方式 align 的取值必须为下列三者之一：FlowLayout. LEFT、FlowLayout. RIGHT、FlowLayout. CENTER，它们是 FlowLayout 定义的整型常量，分别表示左对齐、右对齐和居中对齐。水平间距是指水平方向上两个组件之间的距离，垂直间距是行之间的距离，单位都是像素。

下面程序使用了 FlowLayout 布局管理器，并在内容窗格中添加多个按钮，这些按钮的大小不同。

程序 14.3　FlowLayoutDemo. java

```java
package com.gui;
import java.awt.*;
import javax.swing.*;
public class FlowlayoutDemo{
    public static void main(String[] args) {
        JFrame frame = new JFrame("FlowLayoutDemo");
        frame.setDefaultCloseOperation(JFrame.EXIT_ON_CLOSE);
        // 创建一个 FlowLayout 对象
        FlowLayout layout = new FlowLayout(FlowLayout.CENTER,10,20);
        frame.setLayout(layout); // 设置容器的布局管理器
        frame.add(new JButton("Button 1"));
        frame.add(new JButton("2"));
        frame.add(new JButton("Button 3"));
        frame.add(new JButton("Long - Named Button 4"));
        frame.add(new JButton("Button 5"));
        frame.setSize(300,150);
        frame.setLocationRelativeTo(null);
        frame.setVisible(true);
    }
}
```

图 14-3　流式布局的应用

程序运行结果如图 14-3 所示。

14.3.2　BorderLayout 布局管理器

BorderLayout 布局叫边界式布局，它将容器分成东、南、西、北、中 5 个区域，每个区域可放置一个组件或其他容器。北占据容器的上方，东占据容器的右侧等。中间区域是在东、南、西、北都填满后剩下的区域。

BorderLayout 布局管理器的构造方法有：

public BorderLayout(int hgap, int vgap)

参数 hgap 和 vgap 分别指定使用这种布局时组件之间的水平间隔和垂直间隔距离，单位为像素。

向边界式布局的容器中添加组件应该使用 add(Component c, int index)方法，c 为添加的组件，index 为指定的位置。指定位置需要使用 BorderLayout 类定义的 5 个常量：BorderLayout. PAGE_START、BorderLayout. PAGE_END、BorderLayout. LINE_START、BorderLayout. LINE_END 和 BorderLayout. CENTER。如果不指定位置，组件添加到中央

位置。下面的程序演示了 BorderLayout 布局的使用。

程序 14.4　BorderLayoutDemo.java

```java
package com.gui;
import java.awt.*;
import javax.swing.*;
public class BorderLayoutDemo{
    public static void main(String[] args) {
        JFrame frame = new JFrame("BorderLayoutDemo");
        frame.setDefaultCloseOperation(JFrame.EXIT_ON_CLOSE);
        JButton jButton1 = new JButton("北");
                jButton2 = new JButton("南");
                jButton3 = new JButton("西");
                jButton4 = new JButton("东");
        JTextField jTextField = new JTextField("中");
        frame.setLayout(new BorderLayout(10,10)); // 设置布局管理器
        frame.add(jButton1, BorderLayout.PAGE_START);
        frame.add(jButton2, BorderLayout.PAGE_END);
        frame.add(jButton3, BorderLayout.LINE_START);
        frame.add(jButton4, BorderLayout.LINE_END);
        frame.add(jTextField, BorderLayout.CENTER);

        frame.setSize(300,150);
        frame.setLocationRelativeTo(null);
        frame.setVisible(true);
    }
}
```

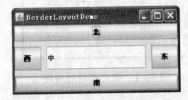

图 14-4　边界式布局的应用

程序运行结果如图 14-4 所示。

实际上,JFrame 窗口的默认布局管理器是 BorderLayout,但是要改变布局的特征就需要使用 setLayout 方法设置。使用 BorderLayout 布局管理器,当窗口的大小改变时,容器中的组件大小相应改变。当窗口垂直延伸时,东、西、中区域也延伸;而当窗口水平延伸时,南、北、中区域也延伸。JFrame、JApplet、JDialog 对象默认使用的是 BorderLayout 布局管理器。

注意:当某个区域没有添加组件时,中央组件会占据无组件的空间,但若没有中央组件,四周组件都有,中央区域空出。

14.3.3　GridLayout 布局管理器

GridLayout 布局叫网格式布局,这种布局简单地将容器分成大小相等的单元格,每个单元格可放置一个组件,每个组件占据单元格的整个空间,调整容器的大小,单元格大小随之改变。

下面是 GridLayout 类的常用构造方法:

```java
public GridLayout(int rows, int cols, int hgap, int vgap)
```

参数 rows 和 cols 分别指定网格布局的行数和列数；hgap 和 vgap 指定组件的水平间隔和垂直间隔，单位为像素。行和列参数至少有一个为 0 值。

向网格布局的容器中添加组件，只需调用容器的 add 方法即可，不用指定位置，系统按照先行后列的次序依次将组件添加到容器中。

程序 14.5　GridLayoutDemo.java

```
package com.gui;
import java.awt.*;
import javax.swing.*;
public class GridLayoutDemo{
  public static void main(String[] args) {
    JFrame frame = new JFrame("GridLayoutDemo");
    frame.setLayout(new GridLayout(3,2));
    // 向容器中添加 8 个按钮
    for(int i = 1; i <= 8; i++){
      frame.add(new JButton("Button " + i));
    }
    frame.setSize(300,150);
    frame.setLocationRelativeTo(null);
    frame.setDefaultCloseOperation(JFrame.EXIT_ON_CLOSE);
    frame.setVisible(true);
  }
}
```

程序中为容器设置的布局管理器为 3 行、2 列的网格布局，结果添加 8 个组件，那么组件的添加顺序是以行为优先。程序运行结果如图 14-5 所示。

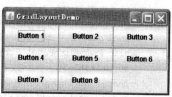

图 14-5　网格式布局的应用

14.3.4　其他布局管理器

除上面介绍的布局管理器外，Java 语言还提供了其他布局管理器，如 CardLayout、GridBagLayout、BoxLayout、GroupLayout 和 SpringLayout 等。每种布局管理器都有自己的特点，应用在特殊的场合，其中有些非常复杂，可应用于较复杂的图形用户界面的设计中。不过，如果界面复杂，可以考虑使用集成开发环境（IDE）来设计用户界面，例如，常用的 IDE 有 Eclipse、NetBeans 等。

在设计图形界面时，Java 也支持组件绝对定位的设计。如果需要手工控制组件在容器中的大小和位置，应该将容器的布局管理器设置为 null，即调用容器的 setLayout(null) 方法，然后调用组件的 setLocation 方法设置组件在容器中的位置、调用 setSize() 或 setBounds() 设置组件的大小，但不推荐使用这种方法。

14.3.5　面板容器及容器的嵌套

由于某一种布局管理器的能力有限，在设计复杂布局时通常采用容器嵌套的方式，即把组件添加到一个中间容器中，再把中间容器作为组件添加到另一个容器中，从而实现复杂的布局。

为实现这个功能，经常使用 JPanel 类，该类是 JComponent 类的子类。JPanel 类对象是一个通用的容器，既可以把它放入其他容器中，也可以在其上放置其他容器和组件，因此这种容器经常在构造复杂布局中作为中间容器,但它不能单独显示,需要放到 JFrame 或 JDialog 这样的顶层容器中。

使用面板容器作为中间容器构建 GUI 程序的一般思想是,先将组件添加到面板上,然后将面板作为一个组件再添加到顶层容器中。

如果要使用面板作为中间容器,首先需要创建面板对象,JPanel 的构造方法如下:

public JPanel(LayoutManager layout)

创建一个面板对象,使用指定的布局管理器对象 layout 设置面板的布局。如果默认将使用默认的布局管理器创建一个面板,面板的默认的布局管理器是 FlowLayout,也可以在创建面板对象后重新设置它的布局。

下面通过一个简单的例子说明面板对象的使用。程序中创建两个 JPanel 对象,然后在一个 JPanel 对象上放置 4 个按钮,将该 JPanel 对象添加到框架的下方,再将另一个 JPanel 对象添加到窗口的中央。

程序 14.6　FrameWithPanel.java

```java
package com.gui;
import java.awt.*;
import javax.swing.*;
public class FrameWithPanel extends JFrame{
    JPanel panel1 = new JPanel(),panel2 = new JPanel();
    public FrameWithPanel(String title){
        super(title);
        panel1.setBackground(Color.CYAN);
        panel2.setLayout(new FlowLayout(FlowLayout.CENTER,20,10));
        panel2.add(new JButton("红色"));
        panel2.add(new JButton("绿色"));
        panel2.add(new JButton("蓝色"));
        panel2.add(new JButton("黄色"));
        add(panel1,BorderLayout.CENTER);
        add(panel2,BorderLayout.PAGE_END);
        setSize(350,150);
        setLocationRelativeTo(null);
        setDefaultCloseOperation(JFrame.EXIT_ON_CLOSE);
        setVisible(true);
    }
    public static void main(String[] args) {
        JFrame frame = new FrameWithPanel("FrameWithPanel");
    }
}
```

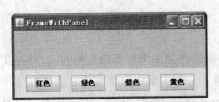

图 14-6　容器嵌套的应用

程序运行结果如图 14-6 所示。

本程序与前面程序不同之处是程序继承了 JFrame 类,然后在 FrameWithPanel 类的构造方法中构建程序的界面,如在面板对象上添加按钮对象、将面板对象添加到顶级容器中等操作。最后,在 main() 中使用 FrameWithPanel 的构造方法创建并显示窗口对象。

14.4 在面板中绘图

在 Java 应用程序和 Java 小应用程序中都可以绘图。虽然可以在框架和小程序中使用 paint 方法直接绘图,但一般不是把图形绘制在顶层容器中,而是绘制在 JPanel 面板上。JPanel 对象除了作为中间容器外,它的另一个主要用途是绘制图形。可以在它的上面绘制字符串和图形甚至显示图像。

14.4.1 在面板中绘图

绘制图形的一般过程是先把图形绘制在中间容器 JPanel 对象上,然后再将中间容器添加到顶层容器的内容窗格上或将其设置为顶层容器的内容窗格。具体步骤是:先创建一个 JPanel 类的子类,并且覆盖 JPanel 类的 paintComponent 方法,然后在该方法中绘图。

paintComponent 方法是在 JComponent 类中定义的,在组件显示时系统调用该方法绘制组件,它的声明格式如下:

```
public void paintComponent(Graphics g)
```

该方法有一个 Graphics 类的参数 g,该对象一般称为图形上下文(graphics context)或绘图对象,它是由 Java 运行系统自动创建的,使用该对象绘制图形。

14.4.2 Graphics 类

Graphics 类是一个抽象类,使用它可以在组件上绘制字符串,还可以绘制其他几何图形,如矩形、圆等。要得到 Graphics 类的对象通常有两种方法。

(1) 在 JPanel 中绘图时需要覆盖 paintComponent 方法,该方法的参数就是 Graphics 类的一个对象。

(2) 调用组件对象的 getGraphics 方法,该方法返回一个 Graphics 类的对象,使用该对象可以在组件上绘图。

Graphics 类定义了若干方法用来绘制各种几何形状,如直线、矩形、椭圆等,还可以绘制图像。

- public void drawLine(int x1, int y1, int x2, int y2):绘制直线。
- public void drawRect(int x, int y, int width, int height):绘制矩形。
- public void drawOval(int x, int y, int width, int height):绘制椭圆。
- public void drawArc((int x, int y, int width, int height, int startAngle, int arcAngle):绘制圆弧。
- publicboolean drawImage(Image img, int x, int y, ImageObserver observer):显示图像。

14.4.3 Color 类

一般情况下显示文字或绘图都使用默认的颜色,可以通过绘图对象设置和改变颜色,如设置面板的背景颜色。通过 Color 类的构造方法创建颜色对象,Color 类的常用的构造方法有：

```
public Color(ing r, int g, int b)
```

使用指定整型的红、绿、蓝颜色分量值创建颜色对象，r、g、b 的取值范围为 0～255。例如，下面的语句创建了颜色对象 c1。

```
Color c1 = new Color(255, 0, 0);    // 创建一个表示红色的颜色对象
```

除了可以用构造方法创建颜色对象外，Color 类中还定义了 13 个颜色常量，如 Color.RED 表示红色。

对于组件，可以调用其 setForeground(Color c) 方法和 setBackground(Color c) 方法设置其前景色和背景色。对于绘图可以调用绘图对象的 setColor(Color c) 方法设置绘图对象的颜色。这些方法都是使用颜色对象作为参数。

14.4.4 Font 类

Font 类的实例包含了有关字体的相关信息。字体的属性包含名字、风格和大小。字体的名字与字处理软件中所用到的字体名是相同。字体有很多种，其数目取决于计算机上所安装的字体数量。

要使用字体需要创建字体对象。Font 类的构造方法如下：

```
public Font(String name, int style, int size)
```

创建指定名称、风格和大小的字体对象。name 为字体名，可以是逻辑字体名。一般有 5 种逻辑名，分别为 Dialog、DialogInput、Monospaced、Serif、SansSerif。若字体名为 null，字体名被设为 Default。可以指定中文字体名称，如"黑体"等。style 为字体风格，需要使用 Font 类的常量来指定，如 Font.PLAIN 表示普通字体、Font.BOLD 表示粗体、Font.ITALIC 表示斜体、Font.BOLD+Font.ITALIC 表示粗斜体等。size 为字号大小。

下面两行语句创建了两个字体对象 font1 和 font2：

```
Font font1 = new Font("TimesRoman" ,Font.PLAIN, 36);
Font font2 = new Font("Courier" ,Font.BOLD + Font.ITALIC, 24);
```

可以调用绘图对象或组件的 setFont(Font f) 方法设置组件和绘图使用的字体。

例如：

```
g.setFont(font1);       // 设置绘图对象使用的字体
btn.setFont(font2);     // 设置按钮文字使用的字体
```

下面的例子是在应用程序窗口中显示一个字符串。

程序 14.7 DrawStringDemo.java

```
package com.gui;
import java.awt.*;
import javax.swing.*;
public class DrawStringDemo extends JFrame{
    private class MyPanel extends JPanel{        // 成员内部类
```

```java
    public void paintComponent(Graphics g){
        super.paintComponent(g);
        g.setColor(new Color(0,0,255));
        g.setFont(new Font("Courier New" ,Font.BOLD + Font.ITALIC, 24));
        g.drawString("Welcome to Java!",50,50);
    }
}
    MyPanel mp = new MyPanel();             // 外层类的成员变量
    public DrawStringDemo(){                // 默认构造方法
      this("No Title");
    }
    public DrawStringDemo(String title){    // 带参数的构造方法
      super(title);
      add(mp, BorderLayout.CENTER);
      setSize(300,150);
      setLocationRelativeTo(null);
      setVisible(true);
      setDefaultCloseOperation(JFrame.EXIT_ON_CLOSE);
    }
    public static void main(String[ ]args){
      new DrawStringDemo("DrawString");
    }
}
```

程序运行结果如图 14-7 所示。

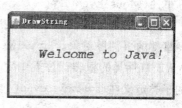

图 14-7　在面板中绘制字符串

14.5　事件处理

图形用户界面是静态的,应该能够响应用户的操作。例如,当用户在 GUI 上单击鼠标或输入一个字符,都会发生事件,程序根据事件类型作出反应就是事件处理。

14.5.1　事件处理模型

Java 事件处理采用事件代理模型,即将事件的处理从事件源对象代理给一个或多个称为事件监听器的对象,事件由事件监听器处理。事件代理模型把事件的处理代理给外部实体,实现了事件源和监听器分离的机制。

事件代理模型涉及三种对象:事件源、事件和事件监听器。

事件源(event source):产生事件的对象,一般来说可以是组件,如按钮、对话框等。当这些对象的状态改变时,就会产生事件。事件源可以是可视化组件,也可以是计时器等不可视的对象。

事件(event):描述事件源状态改变的对象。如按钮被单击,就会产生 ActionEvent 动作事件。

事件监听器(listener):接收事件并对其进行处理的对象。事件监听器对象必须是实现了相应接口的类的对象。

Java 的事件代理模型如图 14-8 所示。

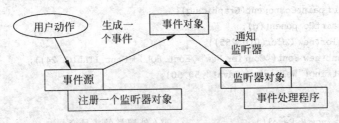

图 14-8　GUI 事件处理模型

首先在事件源上注册事件监听器,当用户动作触发一个事件,运行时系统将创建一个事件对象,然后寻找事件监听器对象来处理该事件。

14.5.2　事件类

为了实现事件处理,Java 定义了大量的事件类,这些类封装了事件对象。Swing 组件可产生多种事件,如点击按钮、选择菜单项会产生动作事件(ActionEvent),移动鼠标将发生鼠标事件(MouseEvent)等。

java.util.EventObject 类是所有事件类的根类,该类定义了 getSource 方法,它返回触发事件的事件源对象。java.awt.AWTEvent 是 EventObject 类的子类,同时又是所有组件 AWT 事件类的根类。该类中定义了 getID 方法,返回事件的类型。AWTEvent 类的常用的子类定义在 java.awt.event 包中,表 14-2 列出了在哪些组件上可以产生哪些事件。

表 14-2　常用事件及产生事件的组件

事件类型	事件名称	产生事件的组件
ActionEvent	动作事件	当按下按钮、双击列表项或选择菜单项时产生该事件
AdjustmentEvent	调整事件	操作滚动条时产生该事件
ComponentEvent	组件事件	当组件被隐藏、移动、调整大小、变为可见时产生该事件
ContainerEvent	容器事件	从容器中添加或删除一个组件时产生该事件
FocusEvent	焦点事件	当一个组件获得或失去键盘焦点时产生该事件
ItemEvent	选项事件	当复选框或列表项被单击时,以及在做出选择,或选择或取消一个可选菜单项时产生该事件
KeyEvent	键盘事件	当从键盘接收输入时产生该事件
MouseEvent	鼠标事件	当拖动、移动、按下或释放鼠标时,或当鼠标进入或退出一个组件时产生该事件
MouseWheelEvent	鼠标轮事件	当滚动鼠标滚轮时产生该事件
TextEvent	文本事件	当一个文本域的值或文本域改变时产生该事件
WindowEvent	窗口事件	当窗口被激活、关闭、取消激活、图标化、解除图标化、打开或关闭时产生该事件

14.5.3　事件监听器

事件的处理必须由实现了相应的事件监听器接口的类对象处理。Java 为每类事件定义了相应的接口。事件类和接口都是在 java.awt.event 包中定义的。表 14-3 列出了常用的事件监听器接口、接口中定义的方法以及所处理的事件。

表 14-3 事件监听器接口、方法及处理的事件

监听器接口	接口中的方法	所处理的事件
ActionListener	actionPerformed(ActionEvent e)	ActionEvent
ItemListener	itemStateChanged(ItemEvent e)	ItemEvent
MouseListener	mouseClicked(MouseEvent e) mouseEntered(MouseEvent e) mouseExited(MouseEvent e) mousePressed(MouseEvent e) mouseReleased(MouseEvent e)	MouseEvent
MouseMotionListener	mouseMoved(MouseEvent e) mouseDragged(MouseEvent e)	MouseEvent
KeyListener	keyPressed(KeyEvent e) keyReleased(KeyEvent e) keyTyped(KeyEvent e)	KeyEvent
FocusListener	focusGained(FocusEvent e) focusLost(FocusEvent e)	FocusEvent
AdjustmentListener	AdjustmentValueChanged(AdjustmentEvent e)	AdjustmentEvent
CompomentListener	componentMoved(ComponentEvent e) componentHiden(ComponentEvent e) componentResized(ComponentEvent e) componentShown(ComponentEvent e)	ComponentEvent
WindowListener	windowOpened(WindowEvent e) windowClosing(WindowEvent e) windowClosed(WindowEvent e) windowActivated(WindowEvent e) windowDeactivated(WindowEvent e) windowIconified(WindowEvent e) windowDeiconified(WindowEvent e)	WindowEvent
ContainerListener	componentAdded(ContainerEvent e) componentRemoved(ContainerEvent e)	ContainerEvent
TextListener	textValueChanged(TextEvent e)	TextEvent

大多数监听器接口与事件类有一定的对应关系，如对于 ActionEvent 事件，对应的接口为 ActionListener，对于 WindowEvent 事件，对应的接口为 WindowListener。这里有一个例外，即 MouseEvent 对应两个接口 MouseListener 和 MouseMotionListener。接口中定义了一个或多个方法，这些方法都是抽象方法，必须由实现接口的类实现，Java 程序就是通过这些方法实现对事件处理的。

14.5.4 事件处理的基本步骤

以一个例子说明使用事件代理模型处理事件的主要步骤。下面的程序要实现如图 14-9 所示的界面。当单击 OK 按钮或 Cancel 按钮时，在标签中显示相应信息。完成

图 14-9 简单的事件处理程序

事件处理的一般步骤为:

(1) 实现相应的监听器接口:根据要处理的事件确定实现哪个监听器接口。例如,要处理单击按钮事件,即 ActionEvent 事件,就需要实现 ActionListener 接口。

(2) 为组件注册监听器:每种组件都定义了可以触发的事件类型,使用相应的方法为组件注册监听器。如果程序运行过程中,对某事件不需处理,也可以不注册监听器,甚至注册了监听器也可以注销。注册和注销监听器的一般方法如下:

```
public void addXxxListener(XxxListener el)      // 注册监听器
public void removeXxxListener(Xxxlistener el)   // 注销监听器
```

只有为组件注册了监听器后,在程序运行时,当发生该事件时才能由监听器对象处理,否则即使发生了相应的事件,事件也不会被处理。

一个事件源可能发生多种事件,因此可以由多个事件监听器处理;反过来一个监听器对象也可以处理多个事件源的同一类型的事件,如上述程序两个按钮可以用一个监听器对象处理。

程序 14.8　ActionEventDemo.java

```java
package com.gui;
import java.awt.*;
import java.awt.event.*;
import javax.swing.*;
public class ActionEventDemo{
  JLabel jLabel = new JLabel("Please Click the Button.",
        SwingConstants.CENTER);
  JButton btn1 = new JButton(" OK "),
        btn2 = new JButton("Cancel");
  JPanel jp = new JPanel();
  public ActionEventDemo(){
    JFrame frame = new JFrame("ActionEvent Demo");
    frame.setDefaultCloseOperation(JFrame.EXIT_ON_CLOSE);
    frame.add(jLabel,BorderLayout.CENTER);
    jp.add(btn1);
    jp.add(btn2);
    frame.add(jp,BorderLayout.PAGE_END);
    ButtonClickListener listener = new ButtonClickListener();
    btn1.addActionListener(listener);            // 为按钮注册监听器
    btn2.addActionListener(listener);
    frame.setSize(300,100);
    frame.setLocationRelativeTo(null);
    frame.setVisible(true);
  }
  // 定义内部类,实现 ActionListener 接口
  public class ButtonClickListener implements ActionListener{
    public void actionPerformed(ActionEvent e){
      if((JButton)e.getSource() == btn1)
        jLabel.setText("你单击了 OK 按钮");          // 修改标签的内容
      else if((JButton)e.getSource() == btn2)
        jLabel.setText("你单击了 Cancel 按钮");
```

```java
      }
    }
    public static void main(String[]args){
      SwingUtilities.invokeLater(new Runnable() {
        public void run() {
          new ActionEventDemo();
        }
      });
    }
  }
```

程序中定义了一个内部类 ButtonClickListener，它实现了 ActionListener 接口中定义的 actionPerformed 方法。该方法中的参数 e 是系统传递给该方法的事件对象。通过该对象可以知道触发该事件的对象，这里使用事件类的 getSource 方法返回触发事件的对象。因为该方法返回值类型为 Object，因此需要转换成 JButton 类型，然后与按钮对象 btn1、btn2 进行比较，确定是哪个按钮触发的事件。最后根据触发事件的按钮不同，为标签 JLabel 设置不同的字符串。setText 方法是 JLabel 类的实例方法，用来动态设置标签的内容。

最后在要触发事件的组件上注册监听器，首先应创建监听器对象，然后为组件注册监听器对象：

```java
ButtonClickListener listener = new ButtonClickListener();
btn1.addActionListener(listener);           // 为按钮注册监听器
btn2.addActionListener(listener);
```

这里调用了 JButton 对象的 addActionListener(listener) 方法为按钮注册事件监听器，其中参数 listener 为监听器对象。

注意：在编写事件处理程序中，忘记注册事件监听器是一个常见的错误，因为没有监听器，所以事件源对象发生事件也不能被响应。

程序中为两个按钮注册监听器使用的是一个对象，这是允许的，即多个组件注册一个监听器对象。同样，一个组件对象也可以注册多个监听器对象。

1. 使用匿名内部类

可以使用匿名内部类为组件注册监听器，对上面的程序就可以使用匿名内部类实现，代码如下：

```java
btn1.addActionListener(new ActionListener(){    // 匿名内部类
  public void actionPerformed(ActionEvent e){
    jLabel.setText("你单击了 OK 按钮");
  }
});                                             // 这里是分号,表示语句的结束
btn2.addActionListener(new ActionListener(){
  public void actionPerformed(ActionEvent e){
    jLabel.setText("你单击了 Cancel 按钮");
  }
});
```

这种方法可以使代码更简捷,一般适用于监听器对象只使用一次的情况。

2. 在分派线程中创建界面

在程序的 main()中只包含一个语句,内容如下:

```
SwingUtilities.invokeLater(new Runnable() {
    public void run() {
        new ActionEventDemo();
    }
});
```

该语句的功能是在一个事件分派线程中创建用户界面,而不是在应用程序的主线程中创建用户界面。事件处理程序是在 Swing 提供的事件分派线程上,而不是在应用程序的主线程上执行的。因此,尽管事件处理程序是应用程序定义的,调用它们的线程却不是由用户的程序创建的。为了避免产生问题(如两个不同的线程同时更新相同的组件),所有的 Swing GUI 组件都必须从事件分派线程,而不是由应用程序主线程创建和更新。但是,main()是在主线程上执行的,因此它不能直接执行创建用户界面的代码,而是创建一个在事件分派线程上执行的 Runnable 对象,再由该对象创建 GUI。

为了能够在事件分派线程上创建 GUI 代码,必须使用 SwingUtilities 类定义的两个方法之一。这两个方法是 invokeLater(Runnable obj)和 invokeAndWait(Runnable obj),如下所示:

```
static void invokeLater(Runnable obj)
static void invokeAndWait(Runnable obj)
        throws InterruptedException, InvocationTargetException
```

这里,obj 是一个 Runnable 对象,它的 run 方法将由事件分派线程调用。这两个方法的区别是 invokeLater 方法立即返回,而 invokeAndWait 方法将会等待 obj.run()返回后才返回。通常使用 invokeLater 方法,但当构造 applet 的初始 GUI 时,需要使用 invokeAndWait 方法。

14.5.5 常见的事件处理

1. 鼠标事件

在一个组件上点击、松开、移动和拖动鼠标时,就会产生鼠标事件,共有下面 7 种鼠标事件:点击、按钮按下、按钮释放、进入组件、离开组件、移动和拖动等事件。

处理鼠标事件可以使用 MouseEvent 类的方法。例如,若要判断发生了哪个鼠标事件,可以使用 getID 方法,然后与 MouseEvent 类定义的常量比较。下面程序功能是,程序运行后在窗口中拖动鼠标,画出任意的线条。

程序 14.9 MouseEventDemo.java

```
package com.gui;
import java.awt.*;
import java.awt.event.*;
import javax.swing.*;
class MyPanel extends JPanel implements
        MouseListener,MouseMotionListener{
```

```java
    int x = 0, y = 0;
    public MyPanel(){
        addMouseListener(this);            // 注册监听器
        addMouseMotionListener(this);
    }
    public void mousePressed(MouseEvent e){
        x = e.getX();                      // 得到起点坐标
        y = e.getY();
    }
    public void mouseDragged(MouseEvent e){
        int newX = e.getX();               // 得到终点坐标
        int newY = e.getY();
        Graphics g = getGraphics();        // 返回面板的绘图对象
        g.setColor(Color.BLUE);
        g.drawLine(x, y, newX, newY);      // 绘制直线
        x = newX;                          // 将当前点设置为新的起点
        y = newY;
    }
    public void mouseReleased(MouseEvent e){}
    public void mouseEntered(MouseEvent e){}
    public void mouseExited(MouseEvent e){}
    public void mouseClicked(MouseEvent e){}
    public void mouseMoved(MouseEvent e){}
}

public class MouseEventDemo extends JFrame{
    public MouseEventDemo(){
        super("Mouse Event Demo");
        MyPanel mp = new MyPanel();
        setContentPane(mp);                // 将 mp 对象设置为框架的内容窗格
        setSize(400,200);
        setLocationRelativeTo(null);
        setDefaultCloseOperation(JFrame.EXIT_ON_CLOSE);
        setVisible(true);
    }
    public static void main(String[ ]args){
        SwingUtilities.invokeLater(new Runnable() {
            public void run() {
                new MouseEventDemo();
            }
        });
    }
}
```

该程序对鼠标事件的处理,是在一个面板中实现的。程序运行效果如图 14-10 所示。

2. 键盘事件

键盘事件包括三种：键按下、键松开、键按下又松开。键盘事件是 KeyEvent 类的对象。通过键盘事件，

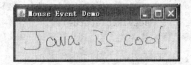

图 14-10 MouseEventDemo 运行结果

可以利用按键来控制和执行一些操作,或从键盘上进行输入。要处理键盘事件必须实现 KeyListener 接口中的三个方法。

下面程序使用键盘事件处理用户输入的字符。如果用户按字符键,则在面板中显示该字符,如果用户按方向键,字符在面板中移动。

程序 14.10　KeyEventDemo.java

```java
package com.gui;
import java.awt.*;
import java.awt.event.*;
import javax.swing.*;
class MyPanel2 extends JPanel implements KeyListener{
  int x = 20,y = 30;
  char keyChar = 'A';
  public MyPanel2(){
    addKeyListener(this);           // 注册监听器
  }
  public void keyPressed(KeyEvent e){
    switch(e.getKeyCode()){
      case KeyEvent.VK_DOWN: y += 10;break;
      case KeyEvent.VK_UP: y -= 10;break;
      case KeyEvent.VK_LEFT: x -= 10;break;
      case KeyEvent.VK_RIGHT: x += 10;break;
      default:keyChar = e.getKeyChar();
    }
    repaint();                      // 重新绘制面板
  }
  public void keyReleased(KeyEvent e){}
  public void keyTyped(KeyEvent e){ }
  public void paintComponent(Graphics g){
    super.paintComponent(g);
    g.setFont(new Font("TimesRoman",Font.PLAIN,32));
    g.drawString(String.valueOf(keyChar),x,y);
    requestFocus();                 // 使面板获得焦点
  }
}
public class KeyEventDemo extends JFrame{
  MyPanel2 mp = new MyPanel2();
  public KeyEventDemo(){
    super("Key Event Demo");
    setDefaultCloseOperation(JFrame.EXIT_ON_CLOSE);
    setLayout(new BorderLayout());
    add(mp, BorderLayout.CENTER);
    setSize(250, 100);
    setLocationRelativeTo(null);
    setVisible(true);
  }

  public static void main(String[]args){
    SwingUtilities.invokeLater(new Runnable() {
```

```
        public void run() {
          new KeyEventDemo();
        }
    });
  }
}
```

程序运行结果如图 14-11 所示。

每个键盘事件都有一个相关的键字符和键编码,分别通过 KeyEvent 类的 getKeyChar()和 getKeyCode()获得。另外,在 KeyEvent 类中为许多键定义了常量。

图 14-11　KeyEventDemo 运行结果

为了方便事件处理程序的编写,Java 类库为一些事件监听器提供了事件适配器类,这些类实现了相应监听器的方法,但方法体为空。用户定义事件监听器就可以继承这些类并覆盖有关的方法而不需要覆盖所有的方法,从而可使监听器的编写简单一些。

使用这种方法需要注意的是:覆盖事件适配器类中的方法一定要一致,否则 Java 认为是新定义的方法,这样可能达不到事件处理的效果。

提示:为了避免在覆盖超类方法时将方法名写错,可以使用注解。在要覆盖的方法前添加@Override 注解。这样,如果方法不是要覆盖的方法,编译器将给出错误提示。

14.5.6　实例:升国旗奏国歌

编写程序模拟升国旗同时奏国歌。升国旗可以通过将国旗图像文件(china.gif)绘制在面板对象中,为了实现国旗上升效果,需要每隔一定时间(如 250 毫秒)重新绘制面板。为实现同时播放国歌,需要定义一个线程类,在该类中首先获得声音文件(china.mid),在其上创建一个音频剪辑对象,然后在线程的 run 方法中调用音频的 paly 方法播放。

下面程序中,SongThread 是播放声音线程类;ImagePanel 是绘制图像类,实现了 Runnable 接口,它的对象将作为升旗线程的目标对象。

程序 14.11　RaisingFlag.java

```
package com.gui;
import javax.swing.*;
import java.applet.Applet;
import java.applet.AudioClip;
import java.awt.*;
import java.net.URL;

class SongThread extends Thread{
  URL url = this.getClass().getResource("china.mid");
  AudioClip audio = Applet.newAudioClip(url);
  public void run(){
    audio.play();
  }
}

class ImagePanel extends JPanel implements Runnable{
```

```
    ImageIcon imageIcon = new ImageIcon("china.gif");
    Image img = imageIcon.getImage();
    int y = 230;
    public void paintComponent(Graphics g){
      super.paintComponent(g);
      g.drawImage(img,50,y,this);       // 在不同位置绘制国旗图像
    }
    public void run(){
      while(y > 10){
        y = y - 1;
        repaint();                      // 重新绘制面板
        try{
          Thread.sleep(250);            // 线程睡眠 250 毫秒
        }catch(InterruptedException e){}
      }
    }
  }

public class RaisingFlag extends JFrame{
    ImagePanel img = new ImagePanel();
    public RaisingFlag() {
      super("RaisingFlag");
      add(img,BorderLayout.CENTER);

      setSize(250,330);
      setLocationRelativeTo(null);
      setDefaultCloseOperation(JFrame.EXIT_ON_CLOSE);
      setVisible(true);
      new SongThread().start();         // 创建并启动声音线程
      new Thread(img).start();          // 创建并启动绘图线程
    }

    public static void main(String[] args) {
      SwingUtilities.invokeLater(new Runnable() {
        public void run() {
          new RaisingFlag();
        }
      });
    }
  }
```

该程序运行结果如图 14-12 所示。

图 14-12　RaisingFlag 运行结果

14.6　常用组件

Swing 包含大量的组件，如 JLabel、JButton、JTextField、JComboBox、JList、JMenu 等。本节介绍几个常用组件。

14.6.1 JLabel 类

JLabel 表示一个标签,即不可编辑文本的一个显示区域。JLabel 既可以显示文本,也可以显示图片。它甚至可以绘制 HTML 标签,以便可以创建一个显示多颜色或多文本的标签。下面是 JLabel 类的一个常用构造方法:

```
JLabel(String text, Icon icon, int alignment)
```

用 text 指定标签上的文本,可以使用 HTML 标签,但必须以＜html＞开头,以＜/html＞结束。icon 指定标签上显示的图标。alignment 指定水平对齐方法,应使用 SwingConstants 类的常量。可以只用文字创建标签,也可以只用图标创建标签。

JLabel 类的最常用方法是 setText(String text),可设置标签上的文本内容。如果希望显示多种字体或多种颜色,可以传递 HTML 标签。

下面程序创建一个包含图标和文本的标签。

程序 14.12 LabelDemo.java

```
package com.gui;
import java.awt.*;
import javax.swing.*;
public class LabelDemo{
  public static void main(String[] args) {
    JFrame frame = new JFrame("Label Demo");
    ImageIcon imageIcon = new ImageIcon("duke.gif");
    JLabel jLabel = new JLabel(
        "<html>欢迎<br><font color = 'blue'>进入本系统</font></html>",
        imageIcon,SwingConstants.LEFT);
    frame.add(jLabel, BorderLayout.CENTER);
    frame.setSize(250,100);
    frame.setLocationRelativeTo(null);
    frame.setDefaultCloseOperation(JFrame.EXIT_ON_CLOSE);
    frame.setVisible(true);
  }
}
```

程序运行结果如图 14-13 所示。

图 14-13 JLabel 对象的使用

14.6.2 JButton 类

按钮是最常用的组件,在 Swing 中定义了许多不同类型的按钮,其中最常用的是命令按钮,它是 JButton 类的实例。下面是 JButton 类的一个构造方法:

```
JButton(String text, Icon icon)
```

用 text 指定按钮上的文字,icon 指定按钮上显示的图标。可以只用文字创建按钮,也可以只用图标创建按钮。

JButton 类的常用方法有:
- public String getText():返回按钮上的文本内容。

- public void setText(String text)：设置按钮上的文本内容。
- public String getActionComamnd()：返回按钮触发的动作事件的命令名,默认返回按钮上的文本。
- public void setActionCommand(String command)：设置按钮触发的动作事件的命令名。默认使用按钮上的文字作为动作命令名。
- public void addActionListener(ActionListener l)：为按钮对象注册动作事件监听器。

在按钮对象上可以产生多种事件,不过最常使用的事件是 ActionEvent。为使按钮能响应该事件,必须实现 ActionListener 接口中的 actionPerformed 方法。下面程序当用户单击按钮时,标签中消息向左和向右移动。

程序 14.13　ButtonDemo.java

```java
package com.gui;
import java.awt.*;
import java.awt.event.ActionListener;
import java.awt.event.ActionEvent;
import javax.swing.*;
public class ButtonDemo extends JFrame implements ActionListener {
    private JLabel j = new JLabel("Welcome to Java");
    private JButton jbtLeft = new JButton("左移");
    private JButton jbtRight = new JButton("右移");
    public ButtonDemo() {
        JPanel jpButtons = new JPanel();
        jpButtons.setLayout(new FlowLayout());
        jpButtons.add(jbtLeft);
        jpButtons.add(jbtRight);
        // 设置按钮工具提示
        jbtLeft.setToolTipText("向左移动文本");
        jbtRight.setToolTipText("向右移动文本");
        //设置按钮上显示的字体
        j.setFont(new Font("Courier",Font.BOLD,24));
        getContentPane().setBackground(Color.GREEN);
        setLayout(new BorderLayout());
        add(j, BorderLayout.CENTER);
        add(jpButtons, BorderLayout.PAGE_END);
        //为按钮注册监听器
        jbtLeft.addActionListener(this);
        jbtRight.addActionListener(this);
        setTitle("单击按钮,试试看!");
        setSize(350, 200);
        setLocationRelativeTo(null);
        setVisible(true);
        setDefaultCloseOperation(JFrame.EXIT_ON_CLOSE);
    }
    // 处理动作事件
    public void actionPerformed(ActionEvent e) {
        if (e.getSource() == jbtLeft) {
```

```
            int x = j.getX() - 10;
            int y = j.getY();
            j.setLocation(x,y);
        }
        else if (e.getSource() == jbtRight) {
            int x = j.getX() + 10;
            int y = j.getY();
            j.setLocation(x,y);
        }
    }
    public static void main(String[] args) {
        SwingUtilities.invokeLater(new Runnable() {
            public void run() {
                new ButtonDemo();
            }
        });
    }
}
```

程序运行结果如图 14-14 所示。

图 14-14　JButton 对象的使用

14.6.3　JTextField 类

JTextField 类表示单行文本框，通常用来接收用户输入的文本。可以使用下面的构造方法创建一个文本框：

JTextField(String text, int columns)

text 为文本框中初始文本，columns 为指定列数。

JTextField 类的常用方法有：

- public void setText(String t)：设置文本框中的文本。
- public String getText()：返回文本框中的文本。
- public void setEditable(boolean b)：设置用户是否可以修改文本框的内容，参数为 false 时不可修改。
- public void setColumns(int columns)：设置文本框中的列数。
- public int getColumns()：返回文本框中的列数。
- public void setFont(Font f)：设置文本框中使用的字体。
- public void setHorizontalAlignment(int alignment)：设置文本在文本框中的对齐方式。参数 alignment 的取值可为：JTextField.LEFT、JTextField.RIGHT、JTextField.CENTER3 种，分别表示左对齐、右对齐和居中对齐。

JTextField 能产生 ActionEvent 事件以及 KeyEvent 事件。在文本框中按 Enter 键将引发 ActionEvent 事件，改变文本内容则引发 KeyEvent 事件。下面程序使用 JTextField 对象输入数据、计算并显示结果，如图 14-15 所示。

图 14-15　JTextField 对象的使用

程序 14.14　CalculateDemo.java

```java
package com.gui;
import java.awt.*;
import java.awt.event.*;
import javax.swing.*;
public class CalculateDemo extends JFrame implements ActionListener{
    private JTextField jtfNum1,jtfNum2,jtfResult;
    private JButton jbtAdd,jbtSub,jbtMul,jbtDiv;
    JPanel p1 = new JPanel();
    JPanel p2 = new JPanel();
    public CalculateDemo(){
        setTitle("Calculate Demo");
        p1.setLayout(new FlowLayout());
        p1.add(new JLabel("操作数 1"));
        p1.add(jtfNum1 = new JTextField(5));
        p1.add(new JLabel("操作数 2"));
        p1.add(jtfNum2 = new JTextField(5));
        p1.add(new JLabel("结果"));
        p1.add(jtfResult = new JTextField(8));
        jtfResult.setEditable(false);      //设置文本框不可编辑
        p2.setLayout(new FlowLayout());
        p2.add(jbtAdd = new JButton("加法"));
        p2.add(jbtSub = new JButton("减法"));
        p2.add(jbtMul = new JButton("乘法"));
        p2.add(jbtDiv = new JButton("除法"));
        jbtAdd.addActionListener(this);
        jbtSub.addActionListener(this);
        jbtMul.addActionListener(this);
        jbtDiv.addActionListener(this);
        add(p1,BorderLayout.CENTER);
        add(p2,BorderLayout.PAGE_END);
        pack();                            // 以紧缩的形式显示界面
        setVisible(true);
        setLocationRelativeTo(null);
        setResizable(false);               // 设置用户不能改变窗口大小
        setDefaultCloseOperation(JFrame.EXIT_ON_CLOSE);
    }
    public void actionPerformed(ActionEvent e){
        String command = e.getActionCommand();
        if(command.equals("加法"))
            calculate('+');
        else if(command.equals("减法"))
            calculate('-');
        else if(command.equals("乘法"))
            calculate('*');
        else if(command.equals("除法"))
            calculate('/');
    }
    private void calculate(char operator){
        int num1 = Integer.parseInt(jtfNum1.getText().trim());
```

```java
        int num2 = Integer.parseInt(jtfNum2.getText().trim());
        int result = 0;
        switch(operator){
          case '+':result = num1 + num2;break;
          case '-':result = num1 - num2;break;
          case '*':result = num1 * num2;break;
          case '/':result = num1/num2;break;
        }
        jtfResult.setText(Integer.toString(result));
    }
    public static void main(String[] args) {
        SwingUtilities.invokeLater(new Runnable() {
          public void run() {
            new CalculateDemo();
          }
        });
    }
}
```

JTextField 类还有个子类 JPasswordField。它是一种特殊的文本框，一般用于输入密码。为了防止密码被别人看到，用户输入的字符并不回显，而是显示一个"*"。

14.6.4 JTextArea 类

使用 JTextArea 对象可以显示多行文本。下面是 JTextArea 的常用构造方法：

`JTextArea(String text, int rows, int columns)`

text 为文本区的初始文本，rows 和 columns 分别指定文本区的行数和列数。JTextArea 类的常用方法有：

- public void setText(String text)：设置文本区的文本。
- public void setFont(Font f)：设置文本区当前使用的字体。
- public void copy()：将选定的文本复制到剪贴板。
- public void cut()：将选定的文本剪切。
- public void paste()：将剪贴板中的文本粘贴到当前光标所在位置。
- public void selectAll()：选定所有文本。
- public void replaceSelection(String content)：用指定的文本替换选定的文本。
- public String getSelectedText()：返回选定的文本。

由于 JTextArea 不能管理滚动条，若需要使用滚动条，可将其放入 JScrollPane 内。例如：

```
JTextArea ta = new JTextArea();
JScrollPane pane = new JScrollPane(ta);
add(pane,BorderLayout.CENTER);
```

14.6.5 JCheckBox 类

JCheckBox 类称为复选框或检查框。创建复选框的同时可以为其指明文本说明标签，这个文本标签用来说明复选框的意义和作用。创建复选框需使用 JCheckBox 类的构造方法，其常用的构造方法有：

JCheckBox(String text, Icon icon, boolean selected)

在上述构造方法中参数 text 为复选框上的标签；selected 为状态，值为 true 为选中状态，false 则为非选中状态；Icon 为使用图标的复选框。

使用 JCheckBox 类的实例方法 isSelected() 可以返回复选框的状态，如果复选框被选中返回 true，否则返回 false。

在复选框上可以产生 ItemEvent 事件，因此要处理该事件必须实现 ItemListener 接口的 itemStateChanged 方法，以决定在复选框是否选中时作出的响应。

实现 ItemListener 接口的一般方法如下：

```
public void itemStateChanged(ItemEvent e){
  if(e.getSource() instanceof JCheckBox){
    if(jchk1.isSelected())
      // 处理代码
    if(jchk2.isSelected())
      // 处理代码
  }
}
```

14.6.6 JRadioButton 类

JRadioButton 类称为单选按钮，外观上类似于复选框。不过复选框不管选中与否外观都是方形的，而单选按钮是圆形的。另外它只允许用户从一组选项中选择一个选项。

JRadioButton 类的常用构造方法有：

JRadioButton (String text, Icon icon, boolean selected)

构造方法中的参数含义与复选框构造方法参数含义相同。通常将多个单选按钮作为一组，此时一个时刻只能选中一个按钮。将多个单选按钮作为一组，需要创建一个 javax.swing.ButtonGroup 类的实例，并用 add 方法将单选按钮添加到该实例中，如下所示：

```
ButtonGroup  btg = new ButtonGroup();
btg.add(jrb1); //将单选按钮添加到按钮组中
btg.add(jrb2);
```

上述代码创建了一个单选按钮组，这样就不能同时选择 jrb1 和 jrb2 了，也可以使用 ButtonGroup 的 remove 方法将单选按钮从组中去掉。

对于单选按钮可以使用 isSelected 方法判断是否被选中，用 getText 方法获得按钮的文本。JRadioButton 对象也可以产生 ItemEvent 事件，该事件的处理方法与 JCheckBox 的处理方法相同。下面程序测试了单选按钮和复选框的使用。

程序 14.15　RadioCheckDemo.java

```
package com.gui;
import java.awt.*;
import java.awt.event.*;
```

```java
import javax.swing.*;
public class RadioCheckDemo extends JFrame
                      implements ItemListener{
  JPanel panelCheck = new JPanel();
  JPanel panelRadio = new JPanel();
  JRadioButton jrb1 = new JRadioButton("苹果"),
          jrb2 = new JRadioButton("橘子"),
          jrb3 = new JRadioButton("香蕉");
  ButtonGroup btg = new ButtonGroup();
  JCheckBox ck1 = new JCheckBox("文学"),
          ck2 = new JCheckBox("艺术"),
          ck3 = new JCheckBox("体育");
  JTextArea ta = new JTextArea(3,20);
  JScrollPane jsp = new JScrollPane(ta);
  public RadioCheckDemo(){
    super("RadioCheckBox Demo");
    panelCheck.add(ck1);panelCheck.add(ck2);panelCheck.add(ck3);

    btg.add(jrb1); btg.add(jrb2); btg.add(jrb3);
    panelRadio.add(jrb1); panelRadio.add(jrb2); panelRadio.add(jrb3);
    add(panelRadio,BorderLayout.PAGE_START);
    add(panelCheck,BorderLayout.CENTER);
    add(jsp,BorderLayout.PAGE_END);

    ck1.addItemListener(this);
    ck2.addItemListener(this);
    ck3.addItemListener(this);
    jrb1.addItemListener(this);
    jrb2.addItemListener(this);
    jrb3.addItemListener(this);

    setSize(300,180);
    setLocationRelativeTo(null);
    setDefaultCloseOperation(JFrame.EXIT_ON_CLOSE);
    setVisible(true);
  }
  public void itemStateChanged(ItemEvent e){
    String s1 = "你最喜欢的水果是:";
    String s2 = "你的爱好包括:";
    if(jrb1.isSelected())     s1 = s1 + jrb1.getText() + "\n";
    if(jrb2.isSelected())     s1 = s1 + jrb2.getText() + "\n";
    if(jrb3.isSelected())     s1 = s1 + jrb3.getText() + "\n";
    if(ck1.isSelected())
      s2 = s2 + ck1.getText() + " ";
    if(ck2.isSelected())
      s2 = s2 + ck2.getText() + " ";
    if(ck3.isSelected())
      s2 = s2 + ck3.getText() + " ";
    ta.setText(s1 + s2);
  }
  public static void main(String[]args){
```

```
        SwingUtilities.invokeLater(new Runnable() {
          public void run() {
              new RadioCheckDemo();
          }
        });
    }
}
```

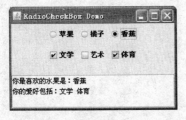

图 14-16 单选按钮和复选框示例

程序运行结果如图 14-16 所示。

14.6.7 JComboBox 类

JComboBox 一般叫组合框或下拉列表框,是一些项目的简单列表,用户能够从中进行选择用来限制用户的选择范围并可避免对输入数据的有效性检查。

JComboBox 类的构造方法有:

JComboBox(Object[] items)

这里,items 通常是一个字符串数组,构成组合框的选项。

JComboBox 类常用的方法有:

- public void addItem(Object anObject):向组合框中添加一个选项,可以是任何对象。
- public void removeItem(Object anObject):删除指定的选项。
- public void removeAllItem():删除所有的选项。
- public int getSelectedIndex():得到组合框中的被选中的选项的序号,序号从 0 开始。
- public Object getSelectedItem():得到组合框中的被选中的选项。

JComboBox 对象可以引发 ActionEvent 事件和 ItemEvent 事件以及其他事件。当使用鼠标选中某个选项时将引发 ItemEvent 事件。下面的程序演示了组合框的使用。

程序 14.16 ComboBoxDemo.java

```
package com.gui;
import java.awt.*;
import java.awt.event.*;
import javax.swing.*;
public class ComboBoxDemo extends JFrame
                 implements ItemListener{
    JPanel panel = new JPanel();
    JComboBox<String> os = new JComboBox<>(),        // 这里使用了泛型语法
                      browser = new JComboBox<>();
    JTextArea ta = new JTextArea(4,20);
    JScrollPane jsp = new JScrollPane(ta);
    public ComboBoxDemo(){
        super("ComboBox Demo");
        os.addItem("Windows");   os.addItem("Linux");
        os.addItem("Solaries");  os.addItem("MacOS");
```

```java
        browser.addItem("Internet Explore");
        browser.addItem("Netscape Navigator");
        browser.addItem("Mosaic");
        panel.add(os);
        panel.add(browser);
        add(panel,BorderLayout.PAGE_START);
        add(jsp,BorderLayout.CENTER);

        os.addItemListener(this);
        browser.addItemListener(this);
        setSize(350,180);
        setLocationRelativeTo(null);
        setDefaultCloseOperation(JFrame.EXIT_ON_CLOSE);
        setVisible(true);
    }
    public void itemStateChanged(ItemEvent e){
        String s1 = "操作系统:",
               s2 = "浏览器:";
        s1 = s1 + os.getSelectedItem() + "\n";
        s2 = s2 + browser.getSelectedItem();
        ta.setText(s1 + s2);
    }
    public static void main(String[ ]args){
        SwingUtilities.invokeLater(new Runnable() {
            public void run() {
                new ComboBoxDemo();
            }
        });
    }
}
```

程序运行结果如图 14-17 所示。　　　　　　　　图 14-17　JComboBox 的使用

14.6.8　JOptionPane 类

对话框通常用来显示消息或接受用户的输入。使用 Java 可以创建两种类型的对话框：用户定制对话框和标准对话框。创建用户定制的对话框可以使用 JDialog 类，创建标准对话框需要使用 JOptionPane 类。

标准对话框通常包括图标区域、消息区域、输入值区域和选项按钮区域等。可以使用 JOptionPane 类中定义的静态方法弹出一个对话框。在 JOptionPane 类中定义了几个静态方法，可以用来创建标准对话框。使用 JOptionPane 类创建的对话框都是模态的，每个对话框都阻塞当前线程直到用户交互结束。使用 JOptionPane 类创建的标准对话框有"消息"对话框、"输入"对话框、"确认"对话框和"选项"对话框。

使用 showInputDialog() 创建"输入"对话框，如图 14-18 所示。使用 showMessageDialog 方法创建"消息"对话框，如图 14-19 所示。使用 showConfirmDialog 方法创建"确认"对话框，如图 14-20 所示。使用 showOptionDialog() 创建"选项"对话框，如图 14-21 所示。

图 14-18 "输入"对话框

图 14-19 "消息"对话框

图 14-20 "确认"对话框

图 14-21 "选项"对话框

下面的程序实现的功能是程序运行时随机生成一个 1~100 的整数,要求用户通过标准对话框猜出该数。

程序 14.17 GuessNumber.java

```java
package com.gui;
import javax.swing.*;
public class GuessNumber{
  public static void main(String[] args){
    int magic = -1;           // 存放随机产生的整数
    int guess = -1;           // 存放用户猜的数
    String s = null;
    while(true){
      magic = (int)(Math.random() * 100) + 1;
      try{
        s = JOptionPane.showInputDialog(null," 请输入你猜的数(1~100)");
        guess = Integer.parseInt(s);
        while(guess != magic ){
          if(guess > magic)
            JOptionPane.showMessageDialog(
                       null," 猜的数太大了!");
          else
            JOptionPane.showMessageDialog(
                       null," 猜的数太小了!");
          s = JOptionPane.showInputDialog(
                       null," 请输入你猜的数(1~100)");
          guess = Integer.parseInt(s);
        }
        int i = JOptionPane.showOptionDialog(
                null," 恭喜你!答对了!\n" + "继续猜吗?",
                "是否继续", JOptionPane.YES_NO_OPTION,
                JOptionPane.QUESTION_MESSAGE,null,null,null);
        if(i == 0)
          continue;
        else
```

```
            break;
        }catch(NumberFormatException e){
            JOptionPane.showMessageDialog(null,"数字非法!");
            continue;
        }
    }// end while
    }
}
```

程序中使用 showInputDialog 方法接收用户输入的整数,使用 showMessageDialog 方法为用户显示提示信息,使用 showOptionDialog()提示用户是否继续猜数。用户输入的数据存放在 String 变量 s 中,因此需要使用 Integer 类的 parseInt 方法转换,并且需要捕获 NumberFormatException 异常。

14.6.9 JFileChooser 类

JFileChooser 类用来创建文件对话框。有两种类型的文件对话框:打开文件对话框和保存文件对话框。打开文件对话框是用于打开文件的,保存文件对话框是用于保存文件的。

文件对话框也是模态的,即当文件对话框显示时,阻塞程序其他部分运行,直到关闭为止。要创建文件对话框对象,可以使用 JFileChooser 类的构造方法,它的常用构造方法如下:

- public JFileChooser():创建一个指向用户默认目录的文件对话框对象。
- public JFileChooser(File currentDirectory):使用 File 对象指定的目录,创建一个文件对话框对象。
- public JFileChooser(String currentDirectory):使用 String 对象指定的目录,创建一个文件对话框对象。

JFileChooser 类常用的方法有:

- public int showOpenDialog(Componemt parent):显示打开文件对话框,parent 为对话框的父组件,返回值类型为 int,它可以与 JFileChooser 类的常量 APPROVE_OPTION、CANCEL_OPTION 比较判断单击的是哪个按钮。
- public int showSaveDialog(Component parent):显示保存文件对话框,参数的含义与打开对话框相同。
- public void setDialogTitle(String dialogTitle):设置文件对话框的标题。
- public String getDialogTitle():返回文件对话框的标题。
- public void setDialogType(int dialogType):设置文件对话框的类型,类型有三种,可以通过下面的 JFileChooser 类的常量指定类型:OPEN_DIALOG、SAVE_DIALOG、CUSTOM_DIALOG。
- public int getDialogType():返回文件对话框的类型。
- public void setCurrentDirectory(File dir):设置当前的路径。
- public File getCurrentDirectory():返回当前的路径。
- public void setSelectedFile(File dir):设置当前选择的文件。

- public File getSelectedFile ()：返回当前选择的文件。
- public void setFileFilter (FileFilter filter)：设置文件过滤器对象。

14.6.10 菜单组件

在几乎所有的图形界面的应用程序中，都提供菜单的功能。Java 语言支持两种类型的菜单：下拉菜单和弹出式菜单。可在 Swing 的所有顶级容器（JFrame、JApplet、JDialog）中添加菜单。

Java 提供了 6 个实现菜单的类：JMenuBar、JMenu、JMenuItem、JCheckBoxMenuItem、JRadioButtonMenuItem、JPopupMenu。

JMenuBar 是最上层的菜单栏，用来存放菜单。JMenu 是菜单，由用户可以选择的菜单项 JMenuItem 组成。JCheckBoxMenuItem 和 JRadioButtonMenuItem 分别是检查框菜单项和单选按钮菜单项，JPopupMenu 是弹出菜单。

1. 菜单的设计与实现

在 Java 程序中实现菜单首先创建一个顶级容器，然后创建一个菜单栏并把它与顶级容器关联

```
JMenuBar jmb = new JMenuBar();           // 创建一个菜单栏对象
frame.setJMenuBar(jmb);                   // 将菜单栏与框架关联
```

创建菜单，然后把菜单添加到菜单栏上。可以使用下列构造方法创建菜单，下面是创建菜单的例子：

```
JMenu fileMenu = new JMenu("文件(F)");    //创建菜单
JMenu helpMenu = new JMenu("帮助(H)");
jmb.add(fileMenu);                        //将菜单添加到菜单栏上
jmb.add(helpMenu);
```

创建菜单项并把它们添加到菜单上。

```
fileMenu.add(new JMenuItem("新建"));      //创建一个菜单项并添加到菜单上
fileMenu.add(new JMenuItem("打开"));
fileMenu.addSeparator();                   // 向菜单中添加一条分隔线
fileMenu.add(new JMenuItem("打印"));
```

2. 菜单事件处理

当菜单项被选中时，将触发 ActionEvent 事件，因此要处理该事件，程序必须实现 ActionListener 接口，下面是一个简单的示例：

```
public class ML implements ActionListener{
  public void actionPerformed(ActionEvent e){
    String m = e.getActionCommand();
    if(m.equals("关于")){
      JOptionPane.showMessageDialog(MenuDemo.this,
              "This is an Application\\nVersion 0.0001");
    }
  }
}
```

下面程序实现简单的文本编辑器的功能,该程序可以打开、编辑和保存文件。

程序 14.18   NotePadDemo.java

```java
package com.gui;
import java.awt.*;
import java.io.*;
import java.awt.event.*;
import javax.swing.*;
public class NotePadDemo extends JFrame implements ActionListener{
    private JMenuItem jmiNew,jmiOpen,jmiSave,jmiExit,jmiAbout,jmiTopic,
                jmiCut,jmiCopy,jmiPaste,jmiUndo,jmiRedo;
    private JTextArea jta = new JTextArea();
    private JLabel jlbStatus = new JLabel();
    private JFileChooser chooser = new JFileChooser();

    public NotePadDemo(){
      setTitle("无标题 - 记事本");
      JMenuBar mb = new JMenuBar();            // 创建菜单栏对象
      setJMenuBar(mb);
      JMenu fileMenu = new JMenu("文件(F)"),
            editMenu = new JMenu("编辑(E)"),
            helpMenu = new JMenu("帮助(H)");
      fileMenu.setMnemonic('F');               // 设置热键
      mb.add(fileMenu);                        // 将菜单添加到菜单栏上
      mb.add(editMenu);
      mb.add(helpMenu);
      fileMenu.add(jmiNew = new JMenuItem("新建(N)"));
      fileMenu.add(jmiOpen = new JMenuItem("打开(O)"));
      fileMenu.add(jmiSave = new JMenuItem("保存(S)"));
      fileMenu.addSeparator();
      fileMenu.add(jmiExit = new JMenuItem("退出(E)"));

      editMenu.add(jmiCut = new JMenuItem("剪切"));
      editMenu.add(jmiCopy = new JMenuItem("复制"));
      editMenu.add(jmiPaste = new JMenuItem("粘贴"));
      editMenu.addSeparator();
      editMenu.add(jmiUndo = new JMenuItem("撤销添加"));
      editMenu.add(jmiRedo = new JMenuItem("重做"));

      helpMenu.add(jmiTopic = new JMenuItem("帮助主题"));
      helpMenu.addSeparator();
      helpMenu.add(jmiAbout = new JMenuItem("关于记事本"));

      jmiNew.setMnemonic('N');
      jmiOpen.setAccelerator(
```

```java
            KeyStroke.getKeyStroke(KeyEvent.VK_O,ActionEvent.CTRL_MASK));
        chooser.setCurrentDirectory(new File("."));

        add(new JScrollPane(jta),BorderLayout.CENTER);
        add(jlbStatus,BorderLayout.PAGE_END);

        jmiOpen.addActionListener(this);
        jmiSave.addActionListener(this);
        jmiAbout.addActionListener(this);
        jmiExit.addActionListener(this);
        setSize(600,400);
        setLocationRelativeTo(null);
        setVisible(true);
        setDefaultCloseOperation(JFrame.EXIT_ON_CLOSE);
    }
    public void actionPerformed(ActionEvent e){

        if(e.getSource() == jmiOpen){
          open();
        }else if(e.getSource() == jmiSave){
          save();
        }else if(e.getSource() == jmiAbout)
          JOptionPane.showMessageDialog(this,
            "用 Java 语言开发的记事本程序",
            "关于记事本",
            JOptionPane.INFORMATION_MESSAGE);
        else if(e.getSource() == jmiExit)
          System.exit(0);
    }
    private void open(){                    // 打开文件方法
      if(chooser.showOpenDialog(this) == JFileChooser.APPROVE_OPTION){
        File file = chooser.getSelectedFile();
        try{
          BufferedInputStream in = new BufferedInputStream(
                  new FileInputStream(file));
          byte[] b = new byte[in.available()];
          in.read(b,0,b.length);
          jta.append(new String(b,0,b.length));
          in.close();
          jlbStatus.setText("打开文件:" + file.getName());
          this.setTitle(file.toString() + " - 记事本");
        }catch(IOException ex){
          jlbStatus.setText("打开文件错误:" + file.getName());
        }
      }
    }
    private void save(){                    // 保存文件方法
      if(chooser.showSaveDialog(this) == JFileChooser.APPROVE_OPTION){
        File file = chooser.getSelectedFile();
        try{
          BufferedOutputStream out = new BufferedOutputStream(
```

```
        new FileOutputStream(file));
      byte[] b = (jta.getText()).getBytes();
      out.write(b,0,b.length);
      out.close();
      jlbStatus.setText("文件已经保存:" + file.getName());
    }catch(IOException ex){
      jlbStatus.setText("保存文件错误: " + file.getName());
    }
  }
}
public static void main(String[] args) {
  try{
    UIManager.setLookAndFeel(
      UIManager.getSystemLookAndFeelClassName());
  }catch(Exception e){}
  SwingUtilities.invokeLater(new Runnable() {
    public void run() {
      new NotePadDemo();
    }
  });
}
```

程序运行结果如图 14-22 所示。

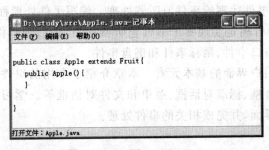

图 14-22 简单记事本程序

可以为菜单项设置图标、热键和快捷键。为菜单设置图标需调用菜单项的 setIcon 方法，为该方法指定一个图像文件。

例如：

```
jmiNew.setIcon(new ImageIcon("images/new.gif"));
jmiOpen.setIcon(new ImageIcon("images/open.gif"));
```

为菜单或菜单项设置热键，使用 setMnemonic 方法，设置热键后，可以通过同时按 Alt 键和热键选择菜单或菜单项。

例如：

```
fileMenu.setMnemonic('F');
jmiOpen.setMnemonic('O');
```

可以使用 setAccelerator 方法为菜单或菜单项设置快捷键。相比之下，快捷键更为方便,如设置了快捷键,可以同时按下 Ctrl 键和快捷键直接选择菜单项。下面把 Ctrl+O 键设为菜单项 jmiOpen 的快捷键。

```
jmiOpen.setAccelerator(
    KeyStroke.getKeyStroke(KeyEvent.VK_O,ActionEvent.CTRL_MASK));
```

setAccelerator()需要一个 KeyStroke 类对象。这里通过 KeyStroke 类的静态方法 getKeyStroke()创建一个按键的实例,常量 VK_O 代表 O 键,常量 CTRL_MASK 表示同时按下 Ctrl 键。

main()中的下列代码用来设置界面的外观,这里使用系统外观。

```
try{
    UIManager.setLookAndFeel(
        UIManager.getSystemLookAndFeelClassName());
}catch(Exception e){}
```

14.7 小　　结

本章主要介绍了 Java GUI 程序设计的基本技术,包括组件和容器的概念;容器的布局管理器,包括边界式布局、流式布局和网格式布局。

本章还介绍了 GUI 程序的事件处理方法和常用组件。Java 的事件处理采用的是事件代理模型,即将发生的事件代理给事件监听器处理。编写事件处理程序,首先应该确定事件源及其发生的事件,然后确定实现哪个事件监听器接口,最后为事件源注册事件监听器对象。常用的事件包括窗口事件、鼠标事件和键盘事件。

组件是构成图形用户界面的基本元素。本章介绍了常用的组件类,包括按钮、文本框、复选框、单选按钮、组合框、标准对话框、菜单和文件对话框等。学习本章后,读者应该能够创建简单的图形用户界面,并完成相关的事件处理。

14.8 习　　题

1. JFrame 的内容窗格和 JPanel 的默认的布局管理器分别为(　　)。
    A. 流式布局和边界式布局　　　　　B. 边界式布局和流式布局
    C. 边界式布局和网格布局　　　　　D. 都是边界式布局
2. 下列叙述正确的是(　　)。
    A. AWT 组件和 Swing 组件可以混合使用
    B. JFrame 对象的标题一旦设置就不能改变
    C. 容器没有用 setLayout 方法设置布局管理器就不使用布局管理器
    D. 一个组件可以注册多个监听器,一个监听器也可以监听多个组件
3. 对下列程序,下面(　　)选项是正确的。

```
import java.awt.*;
import javax.swing.*;
public class Test extends JFrame{
```

```java
    public Test(){
       add(new JLabel("Hello"));
       add(new JTextField("Hello"));
       add(new JButton("Hello"));
       pack();
       setVisible(true);
    }
    public static void main(String[] args){
       new Test();
    }
}
```

A. 显示一个窗口,但没有标签、文本框或按钮
B. 显示一个窗口,上端是一个标签,标签下面是文本框,文本框下面是按钮
C. 显示一个仅有一个按钮的窗口
D. 显示一个窗口,左面是标签,标签右面是文本框,文本框右面是按钮

4. 有下列程序,下面(   )选项是正确的。

```java
import java.awt.*;
import javax.swing.*;
public class MyWindow extends JFrame{
    public static void main(String[] args){
       MyWindow mw = new MyWindow ();
       mw.pack();
       mw.setVisible(true);
    }
    public MyWindow (){
       setLayout(new GridLayout(2,2));
       JPanel p1 = new JPanel();
       add(p1);
       JButton b1 = new JButton("One");
       p1.add(b1);
       JPanel p2 = new JPanel();
       add(p2);
       JButton b2 = new JButton("Two");
       p2.add(b2);
       JButton b3 = new JButton("Three");
       p2.add(b3);
       JButton b4 = new JButton("Four");
       add(b4);
    }
}
```

程序运行后,当窗口大小改变时:
A. 所有按钮的高度都可以改变   B. 所有按钮的宽度都可以改变
C. Three 按钮可以改变宽度   D. Four 按钮可以改变高度和宽度

5. 编写程序,实现如图 14-23 所示的图形用户界面,要求如下:
① 创建一个框架并将其布局管理器设置为 FlowLayout。
② 创建两个面板并把它们添加到框架中。

③ 每个面板包含三个按钮,面板使用 FlowLayout 布局管理器。

6. 编写程序,实现如图 14-24 所示的界面,要求 4 个按钮大小相同。提示:使用一个面板对象,将其布局设置为网格式布局,然后将按钮添加到面板中。

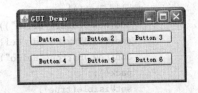

图 14-23 一个简单的图形用户界面

7. 编写程序,实现如图 14-25 所示的界面,要求单击按钮将窗口上部的背景颜色设置为相应的颜色。

提示:使用面板 JPanel 对象设计布局。设置颜色可以调用容器的 setBackground (Color c)方法,参数 Color 可以使用 java.awt.Color 类的常量,如 Color.RED 等。

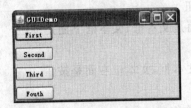

图 14-24 包含 4 个按钮的窗口

图 14-25 改变背景颜色

8. 编写程序,其外观是一个窗口,其中放置一个文本区(JTextArea),下方放置三个按钮,三个按钮名分别为"确定"、"取消"、"退出",单击前两个按钮,在文区中显示按钮上文字,单击"退出"按钮,关闭并退出程序。

9. 编写程序,实现如图 14-26 所示的界面。要求在文本框中输入有关信息,单击"确定"按钮,在下面的文本区域中显示信息,单击"清除"按钮将文本框中的数据清除。

10. 编写一个如图 14-27 所示的简单计算器程序,实现 double 类型数据的加减乘除功能。

图 14-26 输入数据界面

图 14-27 一个简单的计算器

11. 编写一个界面如图 14-28 所示的程序,当单击"开始"按钮时随机产生一个两位整数,在文本框中不断显示,但单击"停止"按钮时,停止显示并将当前产生的数显示在一个标签中。

图 14-28 随机产生两位整数

第15章　数据库编程

许多应用程序需要访问数据库。Java 程序通过 JDBC 访问数据库。本章首先介绍使用 JDBC 连接数据库的步骤,然后介绍使用 JDBC API、预处理语句、可滚动和可更新的结果集等。学习本章内容要求读者具有一定的数据库和 SQL 知识。

15.1　JDBC 概述

JDBC 是 Java 程序访问数据库的标准接口,由一组 Java 语言编写的类和接口组成,这些类和接口称为 JDBC API。JDBC API 为 Java 语言提供一种通用的数据访问接口。

JDBC 的基本功能包括建立与数据库的连接,发送 SQL 语句,处理数据库操作结果。

15.1.1　两层和三层模型

JDBC API 支持两层和三层的数据库访问模型。两层模型即客户机/数据库服务器结构,也就是通常所说的 C/S(Client/Server)结构。该结构如图 15-1 所示。

在两层模型中,Java 应用程序直接和数据源对话。这需要一个能够和被访问的特定数据源进行通信的 JDBC 驱动程序。用户的 SQL 命令被传送给数据库或其他数据源,SQL 语句的执行结果返回给用户。数据源可以位于用户通过网络连接的其他机器上。这被称为是客户服务器配置,用户机器为客户,存放数据源的机器为服务器。网络可以是企业内部网,也可以是 Internet。

三层模型是指客户机/应用服务器/数据库服务器结构,也就是通常所说的 B/S 结构,即浏览器/服务器结构,该结构如图 15-2 所示。

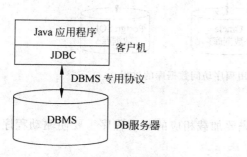

图 15-1　数据库访问的两层模型

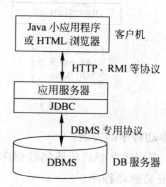

图 15-2　数据库访问的三层模型

在三层模型中,客户机通过浏览器或 Java 小应用程序发出 SQL 请求,该请求首先传送到应用服务器,应用服务器再通过 JDBC 与特定的数据库服务器连接,由数据库服务器处理该 SQL 语句,然后将结果返回给应用服务器,再由应用服务器将结果发送给客户机。这里的应用服务器一般是 Web 服务器,是一个"中间层"。

15.1.2 JDBC 驱动程序与安装

目前有多种类型的数据库,每种数据库都定义了一套 API,这些 API 一般都是用 C/C++ 语言实现的。因此需要有在程序收到 JDBC 请求后将其转换成适合于数据库系统的方法调用。把完成这类转换工作的程序叫做数据库驱动程序。

1. 驱动程序的类型

在 Java 程序中可以使用的驱动程序有 4 种类型,常用的有 JDBC-ODBC 桥驱动程序和专为某种数据库而编写的驱动程序两种。

1) JDBC-ODBC 桥驱动程序

JDBC-ODBC 桥驱动程序是为了与 Microsoft 公司的 ODBC 连接而设计的。ODBC 称为开放数据库连接,是 Windows 系统与各种数据库进行通信的软件。通过该驱动程序与 ODBC 进行通信,当然就可以与各种数据库系统进行通信了。但是,Sun 公司不推荐使用这种方法与数据库连接,只是在不能获得数据库专用的 JDBC 驱动程序或在开发阶段使用这种方法。

2) 专为某种数据库而编写的驱动程序

由于 ODBC 具有一定的缺陷,因此许多数据库厂商专门开发了针对 JDBC 的驱动程序,这类驱动程序大多是用纯 Java 语言编写的,Sun 公司推荐使用这种驱动程序。

Java 应用程序访问数据库的一般过程如图 15-3 所示。应用程序通过 JDBC 驱动程序管理器加载相应的驱动程序,通过驱动程序与具体的数据库连接,然后访问数据库。

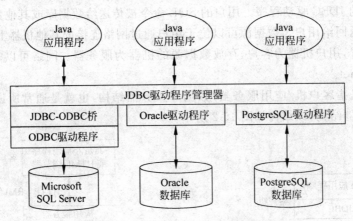

图 15-3　Java 应用程序访问数据库的过程

2. 驱动程序的安装

Java 应用程序要成功访问数据库,首先要加载相应的驱动程序。要使驱动程序加载成功,必须安装驱动程序。

若使用 JDBC-ODBC 桥驱动程序连接数据库,不需要安装驱动程序,因为在 Java API

中已经包含了该驱动程序。

若使用专用驱动程序连接数据库,必须安装驱动程序。有的数据库管理系统本身安装后就安装了 JDBC 驱动程序(如 Oracle 数据库),这时只要将驱动程序文件添加到 CLASSPATH 环境变量中即可。

对没有提供驱动程序的数据库系统(如 PostgreSQL、MySQL 数据库等),需要单独下载驱动程序。然后需要在 CLASSPATH 环境变量中指定该驱动程序文件,这样 Java 应用程序才能找到其中的驱动程序。

例如,要使用 PostgreSQL 数据库的 JDBC 驱动程序,应首先到 http://jdbc.postgresql.org/下载。针对不同版本的JDK,下载适当版本的JDBC,如对JDK 7 应该下载 JDBC 4。下载的文件通常是打包的 JAR 文件,将该文件添加到 CLASSPATH 环境变量中即可。

15.1.3 JDBC API 介绍

使用 JDBC API 可以访问从关系数据库到电子表格的任何数据源,使开发人员可以用纯 Java 语言编写完整的数据库应用程序。JDBC API 已经成为 Java 语言的标准 API,目前的最新版本是 JDBC 4.1。在 JDK 中是通过 java.sql 和 javax.sql 两个包提供的。

java.sql 包提供了为基本的数据库编程服务的类和接口,如驱动程序管理的类 DriverManager、创建数据库连接 Connection 接口、执行 SQL 语句以及处理查询结果的类和接口等。

java.sql 包中常用的类和接口之间的关系如图 15-4 所示。图中类与接口之间的关系表示通过使用 DriverManager 类可以创建 Connection 连接对象,通过 Connection 对象可以创建 Statement 语句对象或 PreparedStatement 语句对象,通过语句对象可以创建 ResultSet 结果集对象。

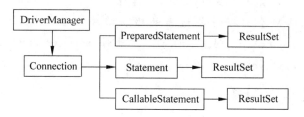

图 15-4　java.sql 包中的接口和类之间的生成关系

javax.sql 包主要提供了服务器端访问和处理数据源的类和接口,如 DataSource、RowSet、RowSetMetaData、PooledConnection 接口等,可以实现数据源管理、行集管理以及连接池管理等。

15.2　数据库连接步骤

使用 JDBC API 连接和访问数据库,一般分为 5 个步骤:加载驱动程序;建立连接对象;创建语句对象;获得 SQL 语句的执行结果;关闭建立的对象,释放资源。下面详细介绍这些步骤。

15.2.1 加载驱动程序

要使应用程序能够访问数据库，必须首先加载驱动程序。加载驱动程序一般使用 Class 类的 forName 静态方法，格式为：

`public static Class<?> forName(String className)`

该方法返回一个 Class 类的对象。参数 className 为字符串表示的完整的驱动程序类的名称，若找不到驱动程序将抛出 ClassNotFoundException 异常。

对于不同的数据库，驱动程序的类名是不同的。如果使用 JDBC-ODBC 桥驱动程序，其名称为 sun.jdbc.odbc.JdbcOdbcDriver，它是 JDK 自带的，不需要安装。加载该驱动程序的语句如下：

`Class.forName("sun.jdbc.odbc.JdbcOdbcDriver");`

如果要加载数据库厂商提供的专门的驱动程序，应该给出专门的驱动程序名。如加载 PostgreSQL 数据库驱动程序的语句如下：

`Class.forName("org.postgresql.Driver");`

另一种加载驱动程序的方法是使用 DriverManager 类的静态方法 registerDriver() 注册驱动程序，如下所示。

`DriverManager.registerDriver(new org.postgresql.Driver());`

其中，org.postgresql.Driver 为 PostgreSQL 的驱动程序类。

提示：如果使用 JDBC 4.0 及以上版本，则可以采用动态加载驱动程序的方法。不需要使用 Class.forName 方法加载驱动程序。只需将包含 JDBC 驱动程序的 JAR 文件添加到 CLASSPATH 中，JVM 会自动寻找适当的驱动程序。例如，对 PostgreSQL 数据库，在 postgresql-9.2-1002.jdbc4.jar 文件中的 META-INF/services/java.sql.Driver 文件中的内容是 org.postgresql.Driver。

15.2.2 建立连接对象

1. DriverManager 类

DriverManager 类是 JDBC 的管理层，作用于应用程序和驱动程序之间。DriverManager 类跟踪可用的驱动程序，并在数据库和驱动程序之间建立连接。

建立数据库连接的方法是调用 DriverManager 类的 getConnection 静态方法，该方法的声明格式为：

- public static Connection getConnection(String dburl)
- public static Connection getConnection(String dburl, String user, String password)

参数 dburl 表示 JDBC URL，user 表示数据库用户名，password 表示口令。DriverManager 类维护一个注册的 Driver 类的列表。调用该方法，DriverManager 类试图从注册的驱动程序中选择一个合适的驱动程序，然后建立到给定的 JDBC URL 的连接。如果不能建立连接将抛出 SQLException 异常。

在某些情况下,用户也可以越过 JDBC 管理层而直接调用 Driver 的方法与数据库建立连接。Driver 的 connect 方法使用该 JDBC URL 建立实际的连接。例如,有两个驱动程序可以连接到数据库,而用户希望使用某个特定的驱动程序时就可以采用这种方法。然而,一般情况下,由 DriverManager 类来建立连接会更简单。

2. JDBC URL

JDBC URL 与一般的 URL 不同,用来标识数据源,这样驱动程序就可以与它建立连接。下面是 JDBC URL 的标准语法,包括由冒号分隔的三个部分:

jdbc:< subprotocol >:< subname >

其中,jdbc 表示协议,JDBC URL 的协议总是 jdbc。subprotocol 表示子协议,表示驱动程序或数据库连接机制的名称,如使用 JDBC-ODBC 桥驱动程序访问数据库,子协议就是 odbc,如果使用专用驱动程序,子协议名通常为数据库厂商名,如 oracle。subname 为子名称,表示数据库标识符,该部分内容随数据库驱动程序的不同而不同。

如果通过 JDBC-ODBC 桥驱动程序连接数据库,URL 的形式为:

"jdbc: odbc: DataSourceName"

DataSourceName 为 ODBC 数据源名。使用这种方法连接数据库,需要先在计算机上建立 ODBC 数据源。关于如何建立数据源将在 15.3 节详细介绍。假设数据源名为 productDS,则数据库 JDBC URL 为:

"jdbc: odbc: productDS"

如果使用数据库厂商提供的专门的驱动程序连接数据库,JDBC URL 可能更复杂一些。对于不同的数据库,使用的 JDBC URL 各不相同。例如,下面代码说明了如何建立一个到 PostgreSQL 数据库的连接。

```
String dburl = "jdbc:postgresql://127.0.0.1:5432/webstore"
Connection conn = DriverManager.getConnection(
                dburl, "automan", "hacker");
```

上述代码中 5432 为数据库服务器使用的端口号,数据库名为 webstore,用户名为 automan,口令为 hacker。

表 15-1 列出了常用数据库 JDBC 连接代码。

表 15-1 常用数据库的 JDBC 连接代码

数据库	连接代码
Oracle	Class.forName("oracle.jdbc.driver.OracleDriver"); Connection conn = DriverManager.getConnection("jdbc: oracle: thin:@dbServerIP: 1521: ORCL",user,password);
MySQL	Class.forName("com.mysql.jdbc.Driver"); Connection conn = DriverManager.getConnection("jdbc: mysql: //dbServerIP: 3306/dbName? user=userName&password=password");

续表

数据库	连接代码
PostgreSQL	Class.forName("org.postgresql.Driver"); Connection conn = DriverManager.getConnection("jdbc:postgresql://dbServerIP/dbName", user, password);
ODBC	Class.forName("sun.jdbc.odbc.JdbcOdbcDriver"); Connection conn = DriverManager.getConnection("jdbc:odbc:DSNName", user, password);
SQL Server	Class.forName("com.micrsoft.jdbc.sqlserver.SQLServerDriver"); Connection conn = DriverManager.getConnection("jdbc:microsoft:sqlserver://dbServerIP:1433;databaseName=master", user, password);

表中，forName 方法中的字符串为驱动程序名，getConnection 方法中的字符串即为 JDBC URL，其中 dbServerIP 为数据库服务器的主机名或 IP 地址，端口号为相应数据库的默认端口。

提示：从 JDBC 3.0 开始，在标准扩展 API 中提供了一个 DataSource 接口可以替代 DriverManager 建立数据库连接。DataSource 对象可以用来产生 Connection 对象。

3. Connection 对象

Connection 对象代表与数据库的连接，也就是在加载的驱动程序与数据库之间建立连接。一个应用程序可以与一个数据库建立一个或多个连接，或与多个数据库建立连接。

得到连接对象后，可以调用 Connection 接口的方法创建 SQL 语句对象以及在连接对象上完成各种操作，下面是 Connection 接口的常用方法：

- public Statement createStatement()：创建一个 Statement 对象，使用该方法执行不带参数的 SQL 语句。
- public void setAutoCommit(boolean autoCommit)：设置通过该连接对数据库的更新操作是否自动提交，默认情况为 true。
- public boolean getAutoCommit()：返回当前连接是否为自动提交模式。
- public void commit()：提交对数据库的更新操作，使更新写入数据库。只有当 setAutoCommit() 设置为 false 时才应该使用该方法。
- public void rollback()：回滚对数据库的更新操作。只有当 setAutoCommit() 设置为 false 时才应该使用该方法。
- public void close()：关闭该数据库连接。在使用完连接后应该关闭，否则连接会保持一段比较长的时间，直到超时。
- public boolean isClosed()：返回该连接是否已被关闭。

15.2.3 创建语句对象

SQL 语句对象有 Statement、PreparedStatement 和 CallableStatement 三种。通过调用 Connection 接口的相应方法可以得到这三种语句对象。本节只讨论 Statement 对象，PreparedStatement 对象将在 15.4 节讨论。

Statement 接口对象主要用于执行一般的 SQL 语句,常用方法有:
- public ResultSet executeQuery(String sql):执行 SQL 查询语句。参数 sql 为用字符串表示的 SQL 查询语句。查询结果以 ResultSet 对象返回。
- public int executeUpdate(String sql):执行 SQL 更新语句。参数 sql 用来指定更新 SQL 语句,该语句可以是 INSERT、DELETE、UPDATE 语句或无返回的 SQL 语句,如 SQL DDL 语句 CREATE TABLE。该方法返回值是更新的行数,如果语句没有返回则返回值为 0。
- public boolean execute(String sql):执行可能有多个结果集的 SQL 语句,sql 为任何的 SQL 语句。如果语句执行的第一个结果为 ResultSet 对象,该方法返回 true,否则返回 false。
- public Connection getConnection():返回产生该语句的连接对象。
- public void close():释放 Statement 对象占用的数据库和 JDBC 资源。

执行 SQL 语句使用 Statement 对象的方法。对于查询语句,调用 executeQuery(String sql)方法,该方法的返回类型为 ResultSet,再通过调用 ResultSet 的方法可以对查询结果的每一行进行处理。

例如:

```
String sql = "SELECT * FROM products";
ResultSet rst = stmt.executeQuery(sql);
while(rst.next()){
  System.out.print(rst.getString(1) + "\t");
}
```

对于更新语句,如 INSERT、UPDATE、DELETE,须使用 executeUpdate(String sql)方法。该方法返回值为整数,用来指示被影响的行的数目。

15.2.4 ResultSet 对象

ResultSet 对象表示 SQL 查询语句得到的记录集合,称为结果集。结果集一般是一个记录表,其中包含列标题和多个记录行,一个 Statement 对象一个时刻只能打开一个 ResultSet 对象。

每个结果集对象都有一个游标。所谓游标(cursor)是结果集的一个标志或指针。对新产生的 ResultSet 对象,游标指向第一行的前面,可以调用 ResultSet 的 next 方法,使游标定位到下一条记录。如果游标指向一个具体的行,就可以调用 ResultSet 对象的方法,对查询结果处理。

1. ResultSet 的常用方法

ResultSet 接口提供了对结果集操作的方法,常用的方法如下:

public boolean next() throws SQLException

将游标从当前位置向下移动一行。第一次调用 next 方法将使第一行成为当前行,以后调用游标依次向后移动。如果该方法返回 true,说明新行是有效的行,若返回 false,说明已无记录。

可以使用 getXxx 方法检索当前行字段值，由于结果集列的数据类型不同，所以应该使用不同的 getXxx 方法获得列值。例如，若列值为字符型数据，可以使用下列方法检索列值：

- public String getString(int columnIndex)：返回结果集中当前行指定列号的列值，结果作为字符串返回。columnIndex 为列在结果行中的序号，序号从 1 开始。
- public String getString(String columnName)：返回结果集中当前行指定列名的列值，columnName 为列在结果行中的列名。

下面列出了返回其他数据类型的方法，这些方法都可以使用这两种形式的参数。

- public short getShort(int columnIndex)：返回指定列的 short 值。
- public byte getByte(int columnIndex)：返回指定列的 byte 值。
- public int getInt(int columnIndex)：返回指定列的 int 值。
- public long getLong(int columnIndex)：返回指定列的 long 值。
- public float getFloat(int columnIndex)：返回指定列的 float 值。
- public double getDouble(int columnIndex)：返回指定列的 double 值。
- public boolean getBoolean(int columnIndex)：返回指定列的 boolean 值。
- public Date getDate(int columnIndex)：返回指定列的 Date 对象值。
- public Object getObject(int columnIndex)：返回指定列的 Object 对象值。
- public int findColumn(String columnName)：返回指定列名的列号，列号从 1 开始。
- public int getRow()：返回游标当前所在行的行号。

2. 数据类型转换

在 ResultSet 对象中的数据为从数据库中查询出的数据，调用 ResultSet 对象的 getXxx 方法返回的是 Java 数据类型，因此这里就有数据类型转换的问题。实际上调用 getXxx 方法就是把 SQL 数据类型转换为 Java 语言数据类型，表 15-2 列出了 SQL 数据类型与 Java 数据类型的转换。

表 15-2 SQL 数据类型与 Java 数据类型的对应关系

SQL 数据类型	Java 数据类型	SQL 数据类型	Java 数据类型
CHAR	String	DOUBLE	double
VARCHAR	String	NUMERIC	java.math.BigDecimal
BIT	boolean	DECIMAL	java.math.BigDecimal
TINYINT	byte	DATE	java.sql.Date
SMALLINT	short	TIME	java.sql.Time
INTEGER	int	TIMESTAMP	java.sql.Timestamp
REAL	float	CLOB	Clob
FLOAT	double	BLOB	Blob
BIGINT	long	STRUCT	Struct

15.2.5 关闭有关对象

数据库访问结束后，应该关闭有关对象。可以使用每种对象的 close 方法关闭对象。若使用 Java 7，可以通过 try-with-resources 结构实现资源的自动关闭。

15.3 数据库访问示例

本节讨论使用 JDBC-ODBC 桥驱动程序连接 Mirosoft Access 数据库和使用专门的驱动程序连接 PostgreSQL 数据库。

15.3.1 访问 Microsoft Access 数据库

假设在 Microsoft Access 中建立一个名为 webstore 的数据库,其中建一个名为 products 的表,数据如表 15-3 所示。

表 15-3 products 表的数据

prod_id	pname	brand	price	stock
P3	笔记本计算机	联想	4900.00	8
P4	3G 手机	诺基亚	2300.00	5
P1	数码相机	奥林巴斯	1330.00	3
P2	MP4 播放器	索尼	1990.00	5
P5	台式计算机	戴尔	4500.00	10

表中,prod_id 为商品号;pname 为商品名称;brand 为品牌;price 为价格;stock 为库存量。使用 JDBC-ODBC 桥驱动程序访问 webstore 数据库的具体步骤如下。

1. 建立 ODBC 数据源

在"控制面板"的"管理工具"中选择"数据源(ODBC)",打开"ODBC 数据源管理器"。选择"系统 DSN"选项卡,单击"添加"按钮,打开"创建新数据源"对话框,在该对话框中选择驱动程序,这里选择 Microsoft Access Driver(*.mdb)驱动程序,然后单击"完成"按钮。

在打开的"ODBC Microsoft Access 安装"对话框中输入数据源名,这里输入 productDS,单击"选择"按钮打开"选择数据库"对话框,在其中选择该数据源使用的数据库 webstore,然后单击"确定"按钮。这样就建立了一个名为 productDS 的数据源,与 webstore 数据库相连。

2. 访问数据库

建立数据源后,就可以通过 JDBC-ODBC 桥驱动程序访问 Access 数据库了。下面的应用程序在控制台输出 products 表中的信息。

程序 15.1 AccessDemo.java

```
import java.sql.*;
public class AccessDemo{
  public static void main(String[] args) throws Exception {
    // 加载 JDBC-ODBC 桥驱动程序
    try{
      Class.forName("sun.jdbc.odbc.JdbcOdbcDriver");
    }catch(ClassNotFoundException cne){
      cne.printStackTrace();
    }
    String dburl = "jdbc:odbc:productDS";
```

```java
      String sql = "SELECT * FROM products WHERE prod_id<= 'P3'";
      try(Connection conn = DriverManager.getConnection(dburl,"","");
        Statement stmt = conn.createStatement();
        ResultSet rst = stmt.executeQuery(sql))
      {
        while(rst.next()){
          System.out.println(rst.getString(1) + "\t" +
          rst.getString(2) + "\t" + rst.getString(3) + "\t" + rst.getDouble(4);
        }
      }catch(SQLException se){
        se.printStackTrace();
      }
    }
}
```

程序运行结果如下所示：

```
P3    笔记本电脑    联想        4900.008
P1    数码相机      奥林巴斯    1330.003
P2    MP4 播放器    索尼        1990.005
```

提示：使用 JDBC-ODBC 桥驱动程序访问 Access 数据库也可以不用建立 ODBC 数据源，只要将 JDBC URL 指定为：

"jdbc:odbc:driver={Microsoft Access Driver (*.mdb)};DBQ=C:\\webstore.mdb"

其中，C:\\webstore.mdb 为数据库名。

15.3.2 访问 PostgreSQL 数据库

假设在 PostgreSQL 服务器中创建了一个名为 postgres 的登录角色，然后使用该角色建立一个名为 postgres 的数据库，并在该数据库中创建了一个名为 products 的数据表。表的字段名和数据同表 15.3。

下面程序以 postgres 用户，口令 postgres 连接到本地机上的 postgres 数据库查询并输出 products 表的数据。

程序 15.2 ProductDemo.java

```java
import java.sql.*;
public class ProductDemo{
    public static void main(String[] args){
        try{
            // 加载 PostgreSQL 数据库驱动程序
            Class.forName("org.postgresql.Driver");
        }catch(ClassNotFoundException cne){
            cne.printStackTrace();
        }
        String dburl = "jdbc:postgresql://127.0.0.1:5432/postgres";
        String user = "postgres";
        String password = "postgres";
```

```java
String sql = "SELECT * FROM products WHERE prod_id<='P3'";
try{
  Connection conn =
    DriverManager.getConnection(dburl,user,password);
  Statement stmt = conn.createStatement();
  ResultSet rst = stmt.executeQuery(sql))
{
  while(rst.next()){
    System.out.println(rst.getString(1) + "\t" +
      rst.getString(2) + "\t" + rst.getString(3) +
      "\t" + rst.getDouble(4));
  }
}catch(SQLException se){
  se.printStackTrace(); }
}
}
```

程序的运行结果与程序 15.1 的运行结果相同。

说明：PostgreSQL 数据库安装时，并不安装 JDBC 驱动程序。应该到 PostgreSQL 网站（http://jdbc.postgresql.org/）下载 JDBC 驱动程序并安装到本地机，然后将驱动程序文件添加到 CLASSPATH 环境变量中。在 Eclipse 中应添加外部库。

15.4 预处理语句

Statement 对象在每次执行 SQL 语句时都将该语句传给数据库，这在多次执行同一个语句时效率较低。为了提高语句的执行效率，可以使用 PreparedStatement 接口对象。它是 Statement 的子接口。

15.4.1 创建 PreparedStatement 对象

如果数据库支持预编译，使用 PreparedStatement 接口对象可以将 SQL 语句传给数据库作预编译，以后每次执行这个 SQL 语句时，速度就可以提高很多。另外，PreparedStatement 对象还可以创建带参数的 SQL 语句，在 SQL 语句中指出接收的参数，然后进行预编译。

创建 PreparedStatement 对象使用 Connection 接口的 prepareStatement 方法。与创建 Statement 对象不同的是需要给该方法传递一个 SQL 命令。用 Connection 的下列方法创建 PreparedStatement 对象。

- public PreparedStatement prepareStatement(String sql)：使用给定的 SQL 命令创建一个 PreparedStatement 对象，在该对象上返回的 ResultSet 是只能向前滚动的、不可更新、不可保持的结果集对象。
- public PreparedStatement prepareStatement(String sql, int type, int concurrency)：使用给定的 SQL 命令创建一个 PreparedStatement 对象，在该对象上返回的 ResultSet 可以通过 type 和 concurrency 参数指定是否可滚动、可更新。

- public PreparedStatement prepareStatement(String sql, int type, int concurrency, int holdability)：该方法是 JDBC 3.0 增加的方法，除了通过 type 和 concurrency 参数指定 ResultSet 是否可滚动、可更新外，还可通过 holdability 参数指定结果集是否是可保持的。

可保持的 ResultSet 对象是指当执行一条新的 SQL 命令或调用 commit() 时是否关闭之前打开的 ResultSet。JDBC 3.0 可以让 ResultSet 对象一直处于打开状态。要指定结果集是否是可保持的，可使用 ResultSet 接口的常量。

- ResultSet.HOLD_CURSOR_OVER_COMMIT，当修改被提交后，不关闭 ResultSet 对象。
- ResultSet.CLOSE_CURSOR_OVER_COMMIT，当修改被提交后，关闭 ResultSet 对象。

15.4.2 带参数的 SQL 语句

PreparedStatement 对象通常用来执行带参数的 SQL 语句，通过使用带参数的 SQL 语句可以大大提高 SQL 语句的灵活性。此时需要在 SQL 语句中通过问号(?)指定参数，每个问号为一个参数，它是实际参数的占位符。在 SQL 语句执行时参数将被实际数据替换。

例如：

```
String sql = "INSERT INTO products VALUES(?,?,?,?,?)";
PreparedStatement pstmt = conn.prepareStatement(sql);
```

1. 设置占位符

创建 PreparedStatement 对象之后，在执行该 SQL 语句之前，必须用数据替换每个占位符。每个占位符都是通过它们的序号被引用，从 SQL 字符串左边开始，第一个占位符的序号为 1，依次类推。可以通过 PreparedStatement 接口中定义的 setXxx 方法为占位符设置具体的值。例如，下面方法分别为占位符设置整数值和字符串值：

- public void setInt(int parameterIndex, int x)：这里 parameterIndex 为参数的序号，x 为一个整数值。
- public void setString(int parameterIndex, String x)：为占位符设置一个字符串值。

每个 Java 基本类型都有一个对应的 setXxx 方法，此外，还有许多对象类型，如 Date 和 BigDecimal 都有相应的 setXxx 方法。关于这些方法的详细信息请参考 Java API 文档。

对于前面的 INSERT 语句，使用下面的代码设置每个占位符的值：

```
pstmt.setString(1,"P8");
pstmt.setString(2,"苹果平板电脑");
pstmt.setDouble(4, 4900.00);
```

注意：在执行 SQL 语句之前必须设置所有参数，否则会抛出 SQLException 异常。

使用预处理语句还有另外一个好处，每次执行这个 SQL 命令时已经设置的值不需要再重新设置，也就是说设置的值是可保持的。另外，还可以使用预处理语句执行批量更新。

2. 用复杂数据设置占位符

使用 PreparedStatement 对象的另一个好处是可以在数据库中插入和更新复杂数据。

例如,如果向表中插入日期或时间数据,数据库对日期的格式有一定的格式规定,如果不符合格式的要求,数据库不允许插入数据。因此,一般要查看数据库文档来确定使用什么格式。使用预处理语句就不必如此。

使用预处理语句对象可以对要插入到数据库的数据进行处理。对于日期、时间和时间戳的情况,只要简单地创建相应的 java.sql.Date 或 java.sql.Time 对象,然后把它传给预处理语句对象的 setDate() 或 setTime() 即可。

例如:

```
//假设 getSqlDate()方法返回给定日期的 Date 对象
java.sql.Date d = getSqlDate("23-Jul-05");
pstmt.setDate(1, d); //将第一个参数设置为 d
```

3. 设置空值

如果需要为某个占位符设置空值,需要使用 PreparedStatement 对象的 setNull 方法,该方法有下面两种格式:

- public void setNull(int parameterIndex, int sqlType);
- public void setNull(int parameterIndex, int sqlType, String typeName)。

参数 parameterIndex 是占位符的索引;sqlType 参数是指定 SQL 类型,它的取值为 java.sql.Types 类中的常量。在 java.sql.Types 类中,每个 JDBC 类型都对应一个 int 常量。例如,如果想把 String 列设置为空,应该使用 Types.VARCHAR,这里 VARCHAR 是 SQL 的字符类型。如果要把一个 Date 列设置为空,应该使用 Types.DATE。

typeName 参数用来指定用户定义类型名或 REF 类型,用户定义类型包括 STRUCT、DISTINCT、Java 对象类型及命名数组类型等。

4. 执行预处理语句

设置好预处理语句的全部参数后,调用 PreparedStatement 对象有关方法执行语句,对不同的预处理语句应使用不同的执行方法。

- public boolean execute():执行任何的预处理 SQL 语句。
- public ResultSet executeQuery():执行预处理语句中的 SQL 查询语句。
- public int executeUpdate():执行预处理语句中的 SQL 的 DML 语句,如 INSERT、UPDATE 或 DELETE 等,返回这些语句所影响的行数。该方法还可以执行如 CREATE、ALTER、DROP 等无返回值(实际返回 0)的 DDL 语句。

如对预处理的更新语句调用 executeUpdate 方法,如下所示:

```
pstmt.executeUpdate();
```

注意:对于预处理语句,必须调用这些方法的无参数版本,如 executeQuery() 等。如果调用 executeQuery(String)、executeUpdate(String) 或 execute(String) 等方法,将抛出 SQLException 异常。如果在执行 SQL 语句之前没有设置全部参数,也会抛出一个 SQLException 异常。

15.4.3 DAO 设计模式及应用

数据访问对象(data access object,DAO)模式是应用程序访问数据的一种方法。因为在同一个应用程序中往往会有许多组件需要持久存储有关的对象,所以创建一个专门用来持久存储数据的层是一个很好的主意。

在 DAO 模式中,程序员通常要为需要持久存储的每一种数据类型编写一个相应的类。如要存储 Product 信息就需要编写一个 ProductDao 类。一个典型的 DAO 类应该提供以下功能:添加、删除、修改、检索、查找等功能。例如,ProductDao 类需要支持以下方法:

```
public void addProduct(Product product)
public void updateProduct(Product product)
public void deleteProduct(String productId)
public Product getProduct(String productId)
```

DAO 模式有很多变体,这里采用一种比较简单的形式。首先定义一个抽象类 BaseDao,它负责建立数据库连接,然后定义 ProductDao 类,完成有关操作。

下面首先创建实体类 Product,该类对象用来存放商品信息,与 products 表的记录对应,代码如下。

程序 15.3 Product.java

```java
package com.dao;

public class Product {
    private String prod_id;
    private String pname;
    private String brand;
    private double price;
    private int stock;
    public Product() {
        super();
    }
    public Product(String prod_id, String pname, String brand,
                double price, int stock) {
        this.prod_id = prod_id;
        this.pname = pname;
        this.brand = brand;
        this.price = price;
        this.stock = stock;
    }
    public String getProd_id() {
        return prod_id;
    }
    public void setProd_id(String prod_id) {
        this.prod_id = prod_id;
    }
    public String getPname() {
        return pname;
    }
    public void setPname(String pname) {
        this.pname = pname;
    }
```

```java
    public String getBrand() {
        return brand;
    }
    public void setBrand(String brand) {
        this.brand = brand;
    }
    public double getPrice() {
        return price;
    }
    public void setPrice(double price) {
        this.price = price;
    }
    public int getStock() {
        return stock;
    }
    public void setStock(int stock) {
        this.stock = stock;
    }
}
```

该类中定义了一个带参数的构造方法,可以创建 Product 对象,另外为每个属性定义了 setter 方法和 getter 方法。

下面是 BaseDao 类的代码。

程序 15.4 BaseDao.java

```java
package com.dao;
import java.sql.*;

public abstract class BaseDao{
    private static String driver = "org.postgresql.Driver";
    private static String dburl = "jdbc:postgresql://localhost/postgres";
    private static String username = "postgres";
    private static String password = "postgres";
    private static Connection conn = null;
    static{ // 静态初始化器
        try{
            // 加载驱动程序
            Class.forName(driver);
        }catch(Exception e){}
    }
    public BaseDao(){}
    public Connection getConnection() throws SQLException{
        if(conn == null){
            conn = DriverManager.getConnection(
                    dburl,username,password);
        }
        return conn;
    }
}
```

该程序在 static 初始化块中加载驱动程序,通过 getConnection 方法创建或返回数据库连接对象。

程序 15.5　ProductDao.java

```java
package com.dao;
import java.sql.*;

public class ProductDao extends BaseDao{
  // 添加商品方法
  public void addProduct(Product product){
    String sql = "INSERT INTO products VALUES(?,?,?,?,?)";
    try(Connection conn = getConnection();
      PreparedStatement pstmt = conn.prepareStatement(sql)){
      pstmt.setString(1, product.getProd_id());
      pstmt.setString(2, product.getPname());
      pstmt.setString(3, product.getBrand());
      pstmt.setDouble(4, product.getPrice());
      pstmt.setInt(5, product.getStock());
      pstmt.executeUpdate();
    }catch(SQLException se){
      se.printStackTrace();
    }
  }
  // 修改商品方法
  public void updateProduct(Product product){
    String sql = "UPDATE products SET prod_id = ?, pname = ?," +
      "brand = ?,price = ?,stock = ?";
    try(Connection conn = getConnection();
        PreparedStatement pstmt = conn.prepareStatement(sql)){
      pstmt.setString(1, product.getProd_id());
      pstmt.setString(2, product.getPname());
      pstmt.setString(3, product.getBrand());
      pstmt.setDouble(4, product.getPrice());
      pstmt.setInt(5, product.getStock());
      pstmt.executeUpdate();
    }catch(SQLException se){
      se.printStackTrace();
    }
  }
  // 删除商品方法
  public void deleteProduct(String productId){
    String sql = "DELETE FROM products WHERE prod_id = ?";
    try(Connection conn = getConnection();
        PreparedStatement pstmt = conn.prepareStatement(sql)){
      pstmt.setString(1, productId);
      pstmt.executeUpdate();
    }catch(SQLException se){
      se.printStackTrace();
    }
  }
}
```

```java
// 查询商品方法
public Product getProduct(String productId){
    String sql = "SELECT * FROM products WHERE prod_id = ?";
    ResultSet resultSet = null;
    Product product = null;
    try(Connection conn = getConnection();
        PreparedStatement pstmt = conn.prepareStatement(sql)){
        pstmt.setString(1, productId);
        resultSet = pstmt.executeQuery();
        if(resultSet.next()){
            product = new Product(
                resultSet.getString(1),resultSet.getString(2),
                resultSet.getString(3),resultSet.getDouble(4),
                resultSet.getInt(5));
        }
    }catch(SQLException se){
        se.printStackTrace();
    }
    return product;
}
```

该程序实现了几个数据库操作的常用方法：addProduct()用来插入一个商品记录、updateProduct()用来修改一个商品、deleteProduct()用来删除一个商品、getProduct()用来查询一个商品。

下面是一测试程序，用来创建一个 Product 对象，然后使用 addProduct()插入数据库。

程序 15.6　ProductTest.java

```java
package com.dao;

public class ProductTest {
    public static void main(String[] args) {
        ProductDao dao = new ProductDao();
        Product product = new Product("P8","3G 手机","Samsung",3500.00,10);
        dao.addProduct(product); // 将商品添加到数据库中
    }
}
```

15.5　可滚动和可更新的 ResultSet

可滚动的 ResultSet 是指在结果集对象上不但可以向前访问结果集中的记录，还可以向后访问结果集中的记录。可更新的 ResultSet 是指不但可以访问结果集中的记录，还可以更新结果集对象。

15.5.1　可滚动的 ResultSet

要使用可滚动的 ResultSet 对象，必须使用 Connection 对象带参数的 createStatement

方法创建的 Statement，之后在该对象上创建的结果集才是可滚动的，该方法的格式为：

public Statement createStatement(int resultType, int concurrency)

如果这个 Statement 对象用于查询，那么这两个参数决定 executeQuery 方法返回的 ResultSet 是否是一个可滚动、可更新的 ResultSet。

参数 resultType 的取值应为 ResultSet 接口中定义的下面常量：

- ResultSet.TYPE_SCROLL_SENSITIVE；
- ResultSet.TYPE_SCROLL_INSENSITIVE；
- ResultSet.TYPE_FORWARD_ONLY。

前两个常量用于创建可滚动的 ResultSet。如果使用 TYPE_SCROLL_SENSITIVE 常量，当数据库发生改变时，这些变化对结果集是敏感的，即数据库变化对结果集可见；如果使用 TYPE_SCROLL_INSENSITIVE 常量，当数据库发生改变时，这些变化对结果集是不敏感的，即这些变化对结果集不可见。使用 TYPE_FORWARD_ONLY 常量将创建一个不可滚动的结果集。

对可滚动的结果集，ResultSet 接口提供了下面的移动游标的方法：

- public boolean previous() throws SQLException：游标向前移动一行，如果存在合法的行返回 true，否则返回 false。
- public boolean first() throws SQLException：移动游标使其指向第一行。
- public boolean last() throws SQLException：移动游标使其指向最后一行。
- public boolean absolute(int rows) throws SQLException：移动游标使其指向指定的行。
- public boolean relative(int rows) throws SQLException：以当前行为基准相对移动游标的指针，rows 为向后或向前移动的行数。rows 若为正值是向前移动，若为负值为向后移动。
- public boolean isFirst() throws SQLException：返回游标是否指向第一行。
- public boolean isLast() throws SQLException：返回游标是否指向最后一行。

15.5.2 可更新的 ResultSet

在使用 Connection 的 createStatement(int , int) 创建 Statement 对象时，指定第二个参数的值决定是否创建可更新的结果集，该参数也使用 ResultSet 接口中定义的常量，如下所示：

- ResultSet.CONCUR_READ_ONLY；
- ResultSet.CONCUR_UPDATABLE。

使用第一个常量创建只读的 ResultSet 对象，不能通过它更新表。使用第二个常量则创建可更新的 ResultSet 对象。例如，下面语句创建的 rst 对象就是可滚动和可更新的结果集对象：

```
Statement stmt = conn.createStatement(ResultSet.TYPE_SCROLL_SENSITIVE,
            ResultSet.CONCUR_UPDATABLE);
ResultSet rst = stmt.executeQuery("SELECT * FROM books");
```

得到可更新的 ResultSet 对象后,就可以调用适当的 updateXxx 方法更新当前行指定的列值。对于每种数据类型,ResultSet 都定义了相应的 updateXxx 方法。

- public void updateInt(int columnIndex, int x):用指定的整数 x 的值更新当前行指定的列的值,其中 columnIndex 为列的序号。
- public void updateInt(String columnName, int x):用指定的整数 x 的值更新当前行指定的列的值,其中 columnName 为列名。
- public void updateString(int columnIndex, String x):用指定的字符串 x 的值更新当前行指定的列的值,其中 columnIndex 为列的序号。
- public void updateString(String columnName, String x):用指定的字符串 x 的值更新当前行指定的列的值,其中 columnName 为列名。

每个 updateXxx 方法都有两个重载的版本,一个是第一个参数是 int 类型的,用来指定更新的列号;另一个是第一个参数是 String 类型的,用来指定更新的列名。第二个参数的类型与要更新的列的类型一致。有关其他方法请参考 Java API 文档。

下面是通过可更新的 ResultSet 对象更新表的方法:

- public void updateRow() throws SQLException:执行该方法后,将用当前行的新内容更新结果集,同时更新数据库。
- public voidcancelRowUpdate() throws SQLException:取消对结果集当前行的更新。
- public void moveToInsertRow() throws SQLException:将游标移到插入行。它实际上是一个新行的缓冲区。当游标处于插入行时,调用 updateXxx 方法用相应的数据修改每列的值。
- public void insertRow() throws SQLException:将当前新行插入到数据库中。
- public void deleteRow() throws SQLException:从结果集中删除当前行,同时从数据库中将该行删除。

当使用 updateXxx 方法更新了当前行的所有列之后,调用 updateRow 方法把更新写入表中。调用 deleteRow 方法从一个表或 ResultSet 中删除一行数据。

要插入一行数据首先应该使用 moveToInsertRow 方法将游标移到插入行,当游标处于插入行时,调用 updateXxx 方法用相应的数据修改每列的值,最后调用 insertRow 方法将新行插入到数据库中。在调用 insertRow 方法之前,该行所有的列都必须给定一个值。调用 insertRow 方法之后,游标仍位于插入行。这时,可以插入另外一行数据,或移回到刚才 ResultSet 记住的位置(当前行位置)。通过调用 moveToCurrentRow 方法返回到当前行,也可以在调用 insertRow 方法之前调用 moveToCurrentRow 方法取消插入。

下面代码说明了如何在 products 表中修改一件商品的信息:

```
static String sql =
    "SELECT prod_id, pname FROM products WHERE prod_id = 'P8'";
rset = stmt.executeQuery(sql);
rset.next();
rset.updateString(2,"笔记本计算机");
rset.updateRow();              // 更新当前行
```

15.5.3 实例：访问数据库的 GUI 程序

编写如图 15-5 所示的图形界面程序，要求通过按钮实现对 products 表中记录的查询、插入、删除及修改功能。提示：需使用可滚动、可更新的结果集对象。

图 15-5 通过按钮操作表记录

程序 15.7 ProductQueryDemo.java

```java
package com.dao;

import javax.swing.*;
import java.awt.*;
import java.awt.event.*;
import java.sql.*;
public class ProductQueryDemo extends JFrame implements ActionListener{
    JPanel panel = new JPanel(),
           panel1 = new JPanel(),
           panel2 = new JPanel(),
           panel3 = new JPanel(),
           panel4 = new JPanel();
    JButton first = new JButton("第一"),
            next  = new JButton("下一"),
            prior = new JButton("前一"),
            last  = new JButton("最后"),
            insert = new JButton("插入"),
            delete = new JButton("删除"),
            update = new JButton("修改");
    JTextField jtf1 = new JTextField(10),
               jtf2 = new JTextField(30),
               jtf3 = new JTextField(20),
               jtf4 = new JTextField(10),
               jtf5 = new JTextField(10);
    Connection conn = null;
    Statement stmt = null;
    ResultSet rst = null;
    public ProductQueryDemo(){          // 构造方法
        super("Product Operation");
        try{
            Class.forName("org.postgresql.Driver");
            String url = "jdbc:postgresql://localhost/postgres";
            String user = "postgres";
```

```java
            String password = "postgres";
            conn = DriverManager.getConnection(url,user,password);
            panel.setLayout(new GridLayout(3,1,10,10));
            panel1.setLayout(new FlowLayout(FlowLayout.LEFT));
            panel1.add(new JLabel("商品号:"));
            panel1.add(jtf1);
            panel1.add(new JLabel("商品名:"));
            panel1.add(jtf2);
            panel2.setLayout(new FlowLayout(FlowLayout.LEFT));
            panel2.add(new JLabel("品牌:"));
            panel2.add(jtf3);
            panel2.add(new JLabel("价格:"));
            panel2.add(jtf4);
            panel3.setLayout(new FlowLayout(FlowLayout.LEFT));
            panel3.add(new JLabel("库存量:"));
            panel3.add(jtf5);
            panel.add(panel1);
            panel.add(panel2);
            panel.add(panel3);
            panel4.add(first);
            panel4.add(next);
            panel4.add(prior);
            panel4.add(last);
            panel4.add(insert);
            panel4.add(delete);
            panel4.add(update);
            add(panel,BorderLayout.CENTER);
            add(panel4,BorderLayout.PAGE_END);
            stmt = conn.createStatement(ResultSet.TYPE_SCROLL_SENSITIVE,
                        ResultSet.CONCUR_UPDATABLE);
            rst = stmt.executeQuery("SELECT * FROM products");
            rst.first();
            jtf1.setText(rst.getString(1));
            jtf2.setText(rst.getString(2));
            jtf3.setText(rst.getString(3));
            jtf4.setText(rst.getDouble(4) + "");
            jtf5.setText(rst.getInt(5) + "");
        }catch(Exception e){
          System.out.println(e);
        }
        first.addActionListener(this);
        next.addActionListener(this);
        prior.addActionListener(this);
        last.addActionListener(this);
        insert.addActionListener(this);
        delete.addActionListener(this);
        update.addActionListener(this);
        setSize(450,200);
        setLocationRelativeTo(null);
        setVisible(true);
        setDefaultCloseOperation(JFrame.EXIT_ON_CLOSE);
```

```java
    }
    public void actionPerformed(ActionEvent ae){
      try{
        if(ae.getSource() == first){
          rst.first();
          reset();
        }else if(ae.getSource() == next){
          rst.next();
          reset();
        }else if(ae.getSource() == prior){
          rst.previous();
          reset();
        }else if(ae.getSource() == last){
          rst.last();
          reset();
        }else if(ae.getSource() == insert){
          rst.moveToInsertRow();
          insert();
        }else if(ae.getSource() == update){
          update();
        }else if(ae.getSource() == delete){
          rst.deleteRow();
        }
      }catch(Exception e){e.printStackTrace();}
    }
    private void reset(){
      try{
        jtf1.setText(rst.getString(1));
        jtf2.setText(rst.getString(2));
        jtf3.setText(rst.getString(3));
        jtf4.setText(rst.getDouble(4) + "");
        jtf5.setText(rst.getInt(5) + "");
      }catch(Exception e){e.printStackTrace();}
    }
    private void insert(){          // 插入记录方法
      try{
        String productid = jtf1.getText();
        String pname = jtf2.getText();
        String brand = jtf3.getText();
        double price = Double.parseDouble(jtf4.getText());
        int stock = Integer.parseInt(jtf5.getText());
        rst.updateString(1,productid);
        rst.updateString(2,pname);
        rst.updateString(3,brand);
        rst.updateDouble(4,price);
        rst.updateInt(5,stock);
        rst.insertRow();
      }catch(Exception e){e.printStackTrace();}
    }
    private void update(){          // 修改记录方法
      try{
```

```java
            String productid = jtf1.getText();
            String pname = jtf2.getText();
            String brand = jtf3.getText();
            double price = Double.parseDouble(jtf4.getText());
            int stock = Integer.parseInt(jtf5.getText());
            rst.updateString(1,productid);
            rst.updateString(2,pname);
            rst.updateString(3,brand);
            rst.updateDouble(4,price);
            rst.updateInt(5,stock);
            rst.updateRow();
            }catch(Exception e){e.printStackTrace();}
        }
    public static void main(String []args){
        try{
            UIManager.setLookAndFeel(
                UIManager.getSystemLookAndFeelClassName());
            }catch(Exception e){}
        new ProductQueryDemo();
        }
}
```

该程序将数据库连接和操作代码直接写在了一个程序,也可以使用 DAO 设计模式改写该程序。

15.6 小 结

本章介绍了使用 JDBC 开发数据库应用程序的基础知识。JDBC 是 Java 程序访问数据库的标准接口,它由一组 Java 类和接口组成。通过 JDBC API,应用程序很容易访问数据库。

使用 JDBC API 访问数据库的一般步骤是,加载 JDBC 驱动程序,建立连接对象,创建语句对象,执行 SQL 语句得到结果集对象;调用 ResultSet 的有关方法就可以完成对数据库的操作,关闭建立的各种对象。

为了提高语句的执行效率和调用数据库的存储过程,可以使用 PreparedStatement 接口和 CallableStatement 接口对象。使用可滚动的和可更新的结果集对象可以更灵活的操作结果集并可通过结果集对象实现对记录的添加、删除和修改操作。

15.7 习 题

1. 简述数据库访问的两层模型和三层模型。
2. 什么是 JDBC?它由什么组成?
3. 什么是数据库驱动程序?它的作用是什么?如何安装和加载驱动程序?
4. 什么是 JDBC URL?它的作用是什么?一般由几部分组成?试给出一个实际的 JDBC URL。

5. 试比较 Statement 和 PreparedStatement 对象的异同。
6. 简述使用 JDBC 开发数据库应用程序的一般步骤。
7. JDBC 驱动程序按其性质的不同,可以分为 JDBC-ODBC 桥等(　　)种类型。
   A. 3　　　　　　B. 4　　　　　　C. 5　　　　　　D. 2
8. 要加载 Sun 的 JDBC-ODBC 桥驱动程序应该调用(　　)方法。
   A. Class.forName("sun.jdbc.odbc.JdbcOdbcDriver")
   B. DriverManager.getConnection();
   C. executeQuery()并给定一个 Statement 对象。
   D. 装载 JDBC-ODBC 桥驱动程序不需要做任何事情。
9. 下面的叙述中(　　)是不正确的。
   A. 调用 DriverManager 类的 getConnection 方法可以获得连接对象。
   B. 调用 Connection 对象的 createStatement 方法可以得到 Statement 对象。
   C. 调用 Statement 对象的 executeQuery 方法可以得到 ResultSet 对象。
   D. 调用 Connection 对象的 prepareStatement 方法可以得到 Statement 对象。
10. 在 JDBC API 中,可通过(　　)对象执行 SQL 语句。
    A. java.sql.RecordSet　　　　　　B. java.sql.Connection
    C. java.sql.Statement　　　　　　D. java.sql.PreparedStatement
11. Oracle 是一种著名的数据库管理系统,该数据库安装后其 JDBC 驱动程序也一并安装到系统中。如果假设其驱动程序名为 oracle.jdbc.driver.OracleDriver,JDBC URL 的格式为 jdbc:oracle:thin:@dbServerIP:1521:dbName,这里 dbServerIP 为主机的数据库服务器的 IP 地址、dbName 为数据库名。

如果已经在 Oracle 中建立了一个名为 HumanResource 的数据库,其中建有 Employee 表,该表的结构如下:

```
ENO CHAR(8)
ENAME VARCHAR(20)
SSEX CHAR(1)
BIRTHDAY DATE
SALARY DOUBLE
```

请编写程序访问该数据库 Employee 表的数据。

12. 编写如图 15-6 所示的图形用户界面的程序,要求在文本框中输入任意的 SQL 查询语句,按 Enter 键或单击"执行"按钮,在文本区中显示查询结果。如果 SQL 语句有错误,显示一个标准对话框。

图 15-6　通过 SQL 语句查询数据库

参 考 文 献

[1] Budi Kurniawan. Java 7 程序设计. 俞黎敏译. 北京：机械工业出版社，2012.
[2] Herbert Schildt. 新手学 Java 7 编程. 第 5 版. 石磊译. 北京：清华大学出版社，2012.
[3] Bruce Eckel. Java 编程思想. 第 4 版. 陈昊鹏译. 北京：机械工业出版社，2007.
[4] Ken Arnold, James Gosling, David Holmes. Java 程序设计语言. 第 4 版. 陈昊鹏译. 北京：人民邮电出版社，2006.
[5] Y. Daniel Liang. Java 语言程序设计. 基础篇. 英文版第 8 版. 北京：机械工业出版社，2012.
[6] Y. Daniel Liang. Java 语言程序设计. 进阶篇. 英文版第 8 版. 北京：机械工业出版社，2012.
[7] Walter Savitch. Java 完美编程. 第 3 版. 施平安，李牧译. 北京：清华大学出版社，2008.
[8] 李芝兴. Java 程序设计之网络编程. 北京：清华大学出版社，2006.
[9] 李发致. Java 面向对象程序设计教程. 北京：清华大学出版社，2004.
[10] 葛志春. Java 面向对象编程. 北京：机械工业出版社，2007.
[11] 林信良. Java JDK 6 学习笔记. 北京：清华大学出版社，2007.
[12] Philip Heller, Simon Roberts. Java 2 认证考试学习指南. 第 4 版. 英文版. 北京：电子工业出版社，2004.
[13] The Java Tutorials, http://docs.oracle.com/javase/tutorial/,2013.

图书资源支持

感谢您一直以来对清华版图书的支持和爱护。为了配合本书的使用，本书提供配套的素材，有需求的用户请到清华大学出版社主页(http://www.tup.com.cn)上查询和下载，也可以拨打电话或发送电子邮件咨询。

如果您在使用本书的过程中遇到了什么问题，或者有相关图书出版计划，也请您发邮件告诉我们，以便我们更好地为您服务。

我们的联系方式：

地　　址：北京海淀区双清路学研大厦A座707

邮　　编：100084

电　　话：010-62770175-4604

资源下载：http://www.tup.com.cn

电子邮件：weijj@tup.tsinghua.edu.cn

QQ：883604(请写明您的单位和姓名)

用微信扫一扫右边的二维码，即可关注清华大学出版社公众号"书圈"。

扫一扫
资源下载、样书申请
新书推荐、技术交流